DIANWANG SHEBEI JIZHONG JIANKONG JISHU

电网设备
集中监控技术

国网天津市电力公司　组编

U0292680

中国电力出版社
CHINA ELECTRIC POWER PRESS

内 容 提 要

本书构建了变电站设备集中监控运行及管理的完整的知识体系。从变电站集中监控系统的构成入手，详细介绍了变电站一、二次及辅助设备的结构及运行原理，阐述每类设备的监控信息释义及处置方式，并对监控信息接入及验收、集中监控许可、监控运行及分析的原则、内容和要求进行了详细论述。

本书共包括 8 章，分别为概述、变电站集中监控对象、变电站设备监控信息释义及处置、变电站设备监控信息接入及验收、变电站集中监控许可、变电站设备集中监控运行管理、变电站集中监控运行分析和输变电设备状态在线监测。

本书可作为各级调控机构设备监控管理人员、调控运行人员，厂站运维检修人员以及新入职员工的参考用书和培训教材。

图书在版编目（CIP）数据

电网设备集中监控技术 / 国网天津市电力公司组编．—北京：中国电力出版社，2019.6
ISBN 978-7-5198-2857-8

Ⅰ．①电…　Ⅱ．①国…　Ⅲ．①电网–电气设备–电力监控系统　Ⅳ．①TM7

中国版本图书馆 CIP 数据核字（2019）第 056496 号

出版发行：中国电力出版社
地　　址：北京市东城区北京站西街 19 号（邮政编码 100005）
网　　址：http://www.cepp.sgcc.com.cn
责任编辑：邓慧都（010-63412636）
责任校对：黄　蓓　太兴华
装帧设计：赵丽媛
责任印制：石　雷

印　　刷：三河市万龙印装有限公司
版　　次：2019 年 6 月第一版
印　　次：2019 年 6 月北京第一次印刷
开　　本：787 毫米×1092 毫米　16 开本
印　　张：19
字　　数：451 千字
印　　数：0001—2000 册
定　　价：86.00 元

前　言

随着电网规模的不断扩大和变电站综合自动化技术水平的逐步提高，变电站监控形式也发生了变化，从早期的变电站有人值班，转变为通过集控中心进行监控。集控中心人员通过远动信息，实现对变电站一、二次设备及辅助设备信息的远程监控。

2012 年，国家电网公司实施管理创新，大力推进"三集五大"体系建设，将变电站集中监控业务纳入调度机构，实施"调控一体化"，调控中心集中监控变电站的规模大幅提高，监控运行人员大幅削减，实现了效率效益的提升。

提高效率效益的同时，也对监控运行和设备监控管理人员提出了更高的要求，需要强化对现场设备结构和运行原理的学习，熟悉现场操作与处置，对各类设备信息保持高度的敏感，保证现场设备健康运行，并服务电网调度运行。

本书构建了变电站设备集中监控运行及管理的完整的知识体系。从变电站集中监控系统的构成入手，详细介绍了变电站一、二次及辅助设备的结构及运行原理，阐述每类设备的监控信息释义及处置方式，并对监控信息接入及验收、集中监控许可、监控运行及分析的原则、内容和要求进行了详细论述。适用于各级调控机构设备监控管理人员、调控运行人员，厂站运维检修人员以及新入职员工的学习参考和培训教学。

本书共包括 8 章，第 1 章概述，主要介绍了变电站监控模式发展历程，阐述了变电站集中监控系统总体架构；第 2 章变电站集中监控对象，介绍了一、二次及辅助设备的基础知识和基本原理；第 3 章变电站设备监控信息释义及处置，依据《变电站设备监控信息规范》（Q/GDW 11398—2015），对各类设备典型监控信息的含义、可能产生的原因、造成后果、处置原则等内容进行了介绍；第 4 章变电站设备监控信息接入及验收，介绍了变电站投产前有关设备监控信息各项技术要求及管理要求；第 5 章变电站集中监控许可，介绍了变电站纳入调控机构集中监控运行前的技术条件和管理要求；第 6 章变电站设备集中监控运行管理，从集中监视、告警及缺陷处置、远方遥控三大方面详细描述了监控运行管理制度和相关要求；第 7 章变电站集中监控运行分析，介绍了常规监控运行分析和基于大数据技术的监控运行分析；第 8 章输变电设备状态在线监测，明确了纳入调控机构集中监视范围的在线监测告警信息，主要包括技术较为成熟、数据稳定可靠和重要输变电设备的在线监测告警信息。

本书编制过程中得到了多名具有设备监控一线运行及管理经验的专家和同行的帮助与指导，同时参考了国家电网有限公司设备监控相关规范、规章及规定，以及兄弟单位的相关论文、著作，在此一并表示感谢。

由于时间仓促，书中难免存在疏漏之处，敬请广大读者批评指正。

编　者

2018 年 12 月

目　　录

第1章

概　述

1.1　变电站监控模式发展历程

1.1.1　电力系统的特点

电力系统是由发电、输电、变电、配电和用电等环节组成的电能生产、传输、分配和消费的复杂系统，各个环节构成一个整体。电力系统由发电机、变压器、电力线路、并联电容器、电抗器和各种用电设备组成。发电厂发出电能，通过变压器、输电线路和配电线路传送，分配到各个电力用户。为保障电力系统的安全运行，电力系统还包括继电保护、自动装置、远程通信和调度管理等相应的系统和设备。与其他工业系统相比，电力系统具有如下特点：

（1）电能不能大量的存储。电能的生产、输送、分配和用户用电过程是同时进行的，电力系统中任何时刻各类发电设备产生的功率必须等于该时刻各用电设备所需的功率与输送、分配各环节中损耗的功率之和，如果不能保持实时平衡，将危及用电的安全性和连续性。因而，对电能生产的协调和管理提出了很高的要求。

（2）电磁过程的快速性。电力系统中任何一处局部运行状态的改变或故障，都会很快地影响到与之相连的系统，仅依靠人工操作是无法保证电力系统的正常和稳定运行的。所以，电力系统的运行必须依靠能够对信息就地处理的继电保护和自动装置，以及能够对信息进行全局处理的电网调度自动化系统。

（3）电能质量要求严格。电能的质量主要反映在电网电压水平和频率波动两个方面。电力系统正常运行时，电压和频率必须在规定的允许范围内变化。

经过一百多年的发展，电力系统的容量和规模逐渐扩大，已发展成特高压、超高压、大容量、区域电网互联的超大规模系统。大规模复杂电力系统的形成，一方面提高了系统的运行效率，增强了大范围资源优化配置的能力；另一方面也增加了系统的不确定性，如发用电平衡破坏、设备故障、局部事故处理不当等情况，都可能引发全局性问题。为了保证可靠的持续供电、保证良好的电能质量、保证系统运行的经济性，调度自动化系统为此提供了核心的技术保障。

1.1.2　变电站在电力系统中的定位

在电力系统中，电网是联系发电和用电的设施和设备的统称。电网属于输送和分配电能的中间环节，它主要由连接成网的输电线路、变电站、配电站和配电线路组成。变电站是电网的主要组成部分，他的主要作用是对电压和电流进行变换、接受电能及分配电能，可以看作是电能传输的交换机。同时他也是电网运行数据的最主要来源，是电网操作控制的执行地，是智能电网"电力流、信息流、业务流"三流汇集的焦点。

变电站由主变压器、母线、断路器、隔离开关、避雷器、并联电容器、互感器等设备或元件集合而成。它具有汇集电源、变换电压等级、分配电能等功能。电力系统内的继电保护装置、自动控制装置、调度控制的远动设备等也装在变电站内。因此，变电站是电力系统的重要组成部分。

电力系统是一个连续运行的系统，电能的生产、传输分配和消耗都是同时完成的。因此变电站的运行也是连续的。为了掌握变电运行状态，需要对有关电气量进行连续测量，供运行监视、记录；为了保障变压器、输电线路的安全运行，需要进行过电流、过电压等安全保护；为了向电网调度控制提供、反映系统运行状态，需要将表征电网运行的有关信息向上级调度传送；为了向用户提供合格的电能，需要进行有关的控制调节。这些功能绝大部分不可能由人工来完成，而需要采用自动化技术。

变电站作为电力系统的一个重要环节，其运行具有电力系统中电能快速变化和电气过程快速传播的特点。因此，当系统运行出现异常情况时，必须做出快速反应，及时处理，这是人工手动操作力所不能及的，必须采用自动化技术。

1.1.3　变电站集中监控发展历程

变电站自动化系统技术发展对无人值班管理模式起到了极大的促进作用。有人值班和无人值班是两种不同的管理模式，变电站综合自动化系统技术的发展和功能的不断完善，为无人值班模式的应用提供了必要的基础。在 20 世纪四五十年代，无人值班已经在我国一些大城市实行，如上海、广州、天津等城市，一些 35kV 变电站实行无人值班，这种无人值班变电站的一、二次设备与有人值班变电站完全一样，没有任何信息送往调度室。其一、二次设备的运行工况如何，只能由检修人员到现场后才能知道，因此这类无人值班模式只适合于重要性不高的变电站。到 20 世纪 60 年代，随着远动技术的发展，在变电站开始应用遥测、遥信技术，从而进入了变电站的运行工况远方监视阶段，这比起没有"四遥"功能的无人值班变电站来说，已前进了一大步。但是这个阶段的遥测、遥信功能还是很有限的，如遥信只传送事故总信号和一些开关位置信号。值班员通过事故总信号知道变电站发生故障，可及早派人到变电站或线路寻找故障和进行检修，这对及早恢复供电是很有好处的。但如果要对开关进行操作，还必须到变电站现场才行。20 世纪 80 年代末、90 年代初，在引进、学习和消化国外先进技术的基础上，我国微机化技术和自动化技术在变电站中的应用得到了迅速发展。微机型的远动终端装置（remote terminal unit，RTU）的功能和性能有了很大提高，具有遥测、遥信和遥控功能，有少数还具有遥调功能。这使无人值班技术又上了一个台阶，特别是变电站综合自动化系统的不断研究开发和投入运行，对提高变电站的自动化水平和遥控的可靠性起到很大作用，也促进了调度自动化实用化的深入开展和电网调度管理水平的提高。可以说，变电站无人值班和变电站综合自动化技术的发展是我国电网技术进步的重要标志。

随着电网规模不断扩大和变电站综合自动化水平的提高，一些地区陆续出现了集控中心，承担一定地域范围内多座变电站的集中监控工作。初期的集控中心可以分为两类：一类是独立建设的集控站监控系统；另一类是直接将站端的监控系统通过远程终端的方式延伸至集控中心。由于技术条件限制和管理方面的差异，当时的集控中心管辖的变电站数量不多，一个地区往往需要建设多个集控中心，监控效率较低。

随着国家电网公司的"三集五大"体系建设，管理要求的不断提高，"大运行"体系建设提出"调控一体化"，变电站设备监控业务改由各级调度中心承担，调度中心也相应地改名为调控中心，变电站实施无人值班集中监控。智能变电站一体化监控系统的推广应用，也进一步促进无人值班集中监控管理模式的推广和完善。

1.2 变电站集中监控系统总体架构

调控中心对电网系统的运行进行统一管理的基本技术手段和任务主要体现在两个方面：一方面是将表征电力系统运行状态和发电厂、变电站的有关线路负荷、断路器位置、保护装置动作情况等实时信息采集到调度控制中心；另一方面是把调度控制中心控制断路器开或者断、主变压器分接头位置升或者降、发电机出力增加或者减少等命令发往发电厂和变电站，对设备进行控制和调节。因此，为了适应这种管理需要，逐步发展调度自动化技术，即应用通信、计算机技术对远方的运行设备进行监视和控制，以实现远程测量、信号、控制和调节等各项功能。

变电站集中监控系统的核心功能是监视控制和数据采集，从功能上看，属于调度自动化系统功能之一。从目前调度、监控专业合一的趋势看，监控技术支持系统作为调度自动化系统的一部分使用是发展的方向。

调度自动化系统主要由三部分组成：① 厂站端系统；② 信息传输系统；③ 调度主站系统。其总体架构如图1-1所示。

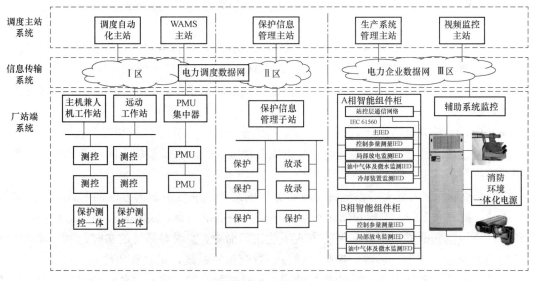

图1-1 调度自动化系统总体架构示意图

3

1.2.1 厂站端系统

自动化厂站端系统主要起到两方面的作用：

（1）采集电站中各种表征电力系统运行状态的实时信息，并根据需要向调度控制中心转发各种监视、分析和控制所需的信息。采集的量包括遥测、遥信量、电度量以及保护的动作信号等。

（2）接受上级调度中心根据需要发出的操作、控制和调节命令，直接操作或转发给本地执行单元或执行机构。执行量包括开关投切操作命令，变压器分接头位置切换操作，发电机功率调整、电压调整，电容电抗器投切，发电调相切换甚至修改继电保护的整定值。

上述功能通常在厂站端由远动装置实现，或以微机为核心的远方终端 RTU 实现。有远动装置或 RTU 的厂站直接与调度中心相连，或由其他厂站转发。信息采集和执行子系统是调度自动化的基础，相当于自动化系统的眼和手，是自动化系统可靠运行的保证。

1.2.2 信息传输系统

厂站端系统采集的信息及时、无误地通过信息传输系统送给调度控制中心。现代电力系统中的信息传输系统，其传输信道主要采用电话、电力线载波、微波和光纤，偏僻的山区或沙漠有少量采用卫星通信。电力线载波利用电力系统本身的特点，投资少，但信道少，传输质量差。目前新建的系统主要采用了光纤通信，因为光纤通信可靠性高、速度快，容量大，而且现在光纤通信的制造成本已大大降低。

1.2.3 调度主站系统

调度主站系统是调度自动化系统的核心，主要由计算机系统组成。它要完成的基本功能有：

（1）实时信息的处理。包括形成正确表征电网当时运行情况的实时数据库，确定电网的运行状态。

（2）离线分析。可以编制运行计划，编制检修计划，进行各种统计数据的整理分析。

（3）提高电能质量方面。自动发电控制（AGC）用以维持系统频率在额定值，及联络线功率在预定的范围之内；无功电压控制保证系统电压水平在允许的范围之内，同时使系统网损尽可能小。

（4）保证系统安全方面。包括对当前系统的安全监视、安全分析和安全校正。

（5）保证经济性方面。主要是由计算机做出决策，如何调整系统中的可调变量，使系统运行在最经济的状态。

（6）人机联系。通过人机系统将计算机分析的结果以调度员最为方便的形式显示给调度员。通过人机联系系统，调度员随时可以了解他所关心的信息，随时掌握系统运行情况，通过种种信息做出判断并以十分方便的方式下达决策命令，实现对系统的实时控制。人机联系系统包括模拟盘、图形显示器、控制台键盘、音响报警系统、记录打印绘图系统。

主站系统监控着所有变电站的运行情况，一旦故障，将造成不可估量的损失。因此，条件具备的地区可以建设主、备两套主站系统，各自实现相同的功能，互为备用，以提高主站系统的运行可靠性。

1.3 变电站监控系统

变电站自动化系统的发展与计算机、远动等技术的发展密切相关，其发展主要经历了以下四个阶段：

（1）变电站传统的监视、测量和控制系统阶段。由各种继电器、测量仪表、控制开关、光字牌、信号灯、警铃、喇叭及相关一次设备的辅助触点通过导线，并根据特定逻辑关系连接，构成变电站的二次回路，实现变电站的监视、测量、告警和控制功能。变电站值班人员定时记录盘表测量值，并用电话告知远方调度值班人员。

（2）远动终端装置（RTU）阶段。随着电网的发展，变电站传统的监视、测量和控制系统已经不能满足安全稳定运行的要求。远方传输系统应运而生。除传统的监视、测量和控制系统外，变电站增加了一套远动终端装置（RTU）。变电站端 RTU 自动采集相关的测量量、主要设备的状态量和信号量，通过电力通信网将这些量传送给远方调度端的远动装置，并在调度屏上显示，实现对变电站的遥测和遥信功能。远方调度值班人员也可通过远动系统，将控制和调节命令传送给变电站端 RTU，实现对断路器和变压器有载分接开关的"遥控"和"遥调"。随着远动技术的发展，远动装置的技术性能不断提高，应用功能不断扩展，出现了以 RTU 设备为中心的监控系统。它是在增强型 RTU 设备基础上增设了后台监视、测量显示和控制功能。其优点是功能简单，造价较低；缺点是控制和高级应用功能较弱，扩展性能较差。

（3）变电站综合自动化系统。随着计算机技术、通信网络技术和现代控制技术的快速发展，变电站综合自动化系统异军突起。计算机监控系统应用计算机技术、自动控制技术、信息处理和传输等技术，对变电站监控系统功能进行重新组合和优化设计，取代了传统的监控系统，而且与变电站端 RTU 合二为一，实现了软硬件和信息资源共享。通过利用当代计算机和通信技术，改变了传统二次设备通信模式，实现了信息共享，减少了连接电缆和占地面积；提高了自动化水平，减轻了值班员操作量，减少了维修工作量；能够提供各级调度中心更多的信息，以便及时掌握电网及变电站运行情况；提高变电站可控性，更多地采用了远方集中控制、操作、反事故措施等。

（4）智能变电站一体化监控系统。2000 年后，电子产品性能的极大提高和电子式及光电式互感器的应用，又产生了可以在户外恶劣环境下工作的二次装置，促进了网络化、数字化、全分散式的数字化变电站的出现。对数字化变电站提出更高级别的应用功能和管理的要求，就出现了智能化变电站一体化监控系统。智能变电站一体化监控系统指满足全站信息数字化、通信平台网络化、信息共享标准化的基本要求，通过系统集成优化，实现全站信息的统一接入、统一存储和统一展示，实现运行监视、操作与控制、信息综合分析与智能告警、运行管理和辅助应用等功能。

1.3.1 变电站监控系统的结构

总结变电站自动化系统发展过程，经历了变电站传统的监视、测量和控制系统，远动终端装置（RTU），变电站综合自动化系统，智能变电站一体化监控系统四个阶段。其系统结构也是随之逐步发展的，在此仅对变电站综合自动化系统和智能变电站一体化监控系统结构做简要介绍。

1.3.1.1 变电站综合自动化系统结构

变电站综合自动化系统是以变电站内的电气间隔和元件（变压器、电抗器、电容器等）为对象开发、生产、应用的计算机监控系统，其结构特点主要表现在以下三个方面：

（1）分层式的结构。传统变电站综合自动化系统，整个变电站的一、二次设备被划分为三层，即站控层、间隔层和过程层。其结构示意图如图1-2所示。

1）过程层主要指变电站内的变压器和断路器、隔离开关及其触点，电流、电压互感器等一次设备。过程层设备通过二次电缆与间隔层设备连接。

2）间隔层一般按断路器间隔划分，具有测量单元、控制单元和继电保护装置，这些独立的单元通过网络或串行总线与站控层联系。

3）站控层包括全站性的监控主机、远动通信机等。现在站控层一般设局域网供各主机之间和监控主机与间隔层之间交换信息。

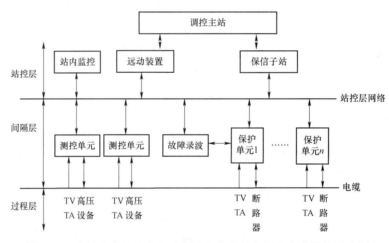

图1-2　传统变电站综合自动化系统变电站分层分布式结构示意图

（2）分布式的结构。所谓分布是指变电站计算机监控系统的构成在资源逻辑或拓扑结构上的分布，主要强调从系统结构的角度和处理功能上的分布问题。在图1-2中，由于间隔层的各智能电子装置（IED）是以微处理器为核心的计算机装置，站控层各设备也是由计算机装置组成的，它们之间通过网络相连，因此，从计算机系统结构的角度来说，变电站自动化综合系统的间隔层和站控层构成的是一个计算机系统，而按照"分布式计算机系统"的定义——由多个分散的计算机经互联网络构成的统一的计算机系统，该计算机系统又是一个分布式的计算机系统。在这种结构的计算机系统中，各计算机既可以独立工作，分别完成分配给自己的各种任务，又可以彼此之间相互协调合作，在通信协调的基础上实现系统的全局管理。在分层分布式结构的变电站综合自动化系统中，间隔层和站控层共同构成的分布式的计算机系统，间隔层各设备与站控层的各计算机分别完成各自的任务，并且共同协调合作，完成对全变电站的监视、控制等任务。

分布式结构方便系统扩展和维护，局部故障不影响其他模块正常运行。

（3）面向间隔的结构。分层分布式结构的变电站综合自动化系统"面向间隔"的结构特点主要表现在：间隔层设备的设置是面向电气间隔的，即对应于一次系统的每一个电气间隔，分别布置有一个或多个智能电子装置来实现对该间隔的测量、控制、保护及其他任务。

1.3.1.2　智能变电站一体化监控系统

随着电子式互感器的诞生，IEC 61850 系列标准的颁布实施，以太网通信技术的应用和智能断路器技术的发展，变电站自动化技术向着数字化技术延伸。以数字化变电站为技术基础，采用先进、可靠、集成、低碳、环保的智能设备，以全站信息数字化、通信平台网络化、信息共享标准化为基本要求，自动完成信息采集、测量、控制、保护计量和监测等基本功能，以及自动控制、智能调节、在线分析决策、协调互动等高级功能的变电站就是智能变电站。"三层两网"结构是智能变电站的典型结构。变电站一体化监控系统如图 1-3 所示。

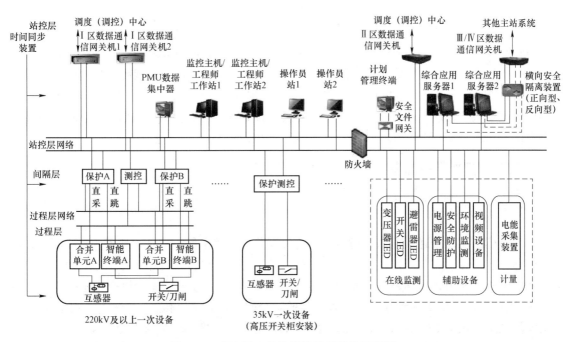

图 1-3　变电站一体化监控系统结构示意图

"三层两网"结构中的"三层"指变电站的过程层、间隔层和站控层；"两网"指过程层网络和站控层网络。

站控层借助通信网络（通信网络是站控层和间隔层之间数据传输的通道）完成与间隔层之间的信息交换，从而实现对全变电站所有一次设备的当地监控功能以及间隔层设备的监控、变电站各种数据的管理及处理功能（如图 1-3 中的当地监控主站及工程师站）；同时，它还经过通信设备（如图 1-3 中的远动主站），完成与调度中心之间的信息交换，从而实现对变电站的远方监控。

过程层包括变压器、断路器、隔离开关、电压/电流互感器等一次设备及其所属的智能组件以及独立的智能电子装置（IED）。合并单元汇集采集的数据并按 FT3、IEC 61850-9-

1/2 对外发送数据。过程层网络是连接过程层的智能化一次设备和保护、测控、状态等间隔层二次设备的通信网络。它主要传送两类报文，即采样值（SV）报文和面向通用对象的变电站事件（GOOSE）报文。

间隔层各智能电子装置（IED）利用电流互感器、电压互感器、变送器、继电器等设备获取过程层各设备的运行信息，如电流、电压、功率、压力、温度等模拟量信息以及断路器、隔离开关等的位置状态，从而实现对过程层进行监视、控制和保护，并与站控层进行信息的交换，完成对过程层设备的遥测、遥信、遥控、遥调等任务。在变电站综合自动化系统中，为了完成对过程层设备进行监控和保护等任务，设置了各种测控装置、保护装置、保护测控装置、电能计量装置以及各种自动装置等，它们都可被看作是 IED。其主要功能包括：① 汇总本间隔过程层实时数据信息；② 实施对一次设备保护控制功能；③ 实施本间隔操作闭锁功能；④ 实施操作同期及其他控制功能；⑤ 对数据采集、统计运算及控制命令的发出；⑥ 承上启下的通信功能等。

站控层网络是连接间隔层和站控层设备之间的网络，它完成制造报文规范（MMS）数据传输和变电站 GOOSE 连闭锁等功能。站控层的主要任务是通过两级高速网络汇总全站的实时数据信息，将有关数据信息送往电网调度或控制中心，接收电网调度或控制中心有关控制命令，转间隔层、过程层执行，站控层具有对间隔层、过程层设备的在线维护、在线组态、在线修改参数等功能。站控层包括自动化站级监控系统、站域控制、通信系统、对时系统等组成部分，实现面向全站设备的监视、控制、告警及信息交互功能。

1.3.2　监控数据采集原理

1.3.2.1　遥信

遥信信息用来传送断路器、隔离开关的位置状态，继电保护、自动装置的动作状态，以及其他一些运行状态信号，如厂站端事故总信号、发电机组转为调相运行状态。动作状态只可能取两种状态值，如断路器位置可以取"合"或"开"，设备状态可以取"运行"或"停止"，因此只用一位二进制数，即用码字中的一个码元，就可以传送一个遥信对象的状态。按国际电工委员会 IEC 标准，以"0"表示断开状态，以"1"表示闭合状态。

远动信息以分组码方式传送，对遥信信息，发送端把多个遥信对象编成一组，每个对象的状态用一位二进制数，即一位码元表示。为此，需要对遥信对象的状态进行采集编码，方能形成遥信码字。接收端将收到的遥信信息通过灯光或其他方式进行显示，使调度人员能直接观察到遥信对象的状态，从而实现远方监视。

断路器和隔离开关等的位置信号，通常由它们的辅助触点获得。这些辅助接点离远动装置通常比较远、连线较长、沿途干扰也较大。为了防止干扰，避免这些连线将干扰引入远动装置，在远动装置与电力设备二次回路之间要有隔离措施，一般采用继电器或光电耦合器作为隔离器件。光电耦合器件体积小，具有较好的抗干扰能力，输入和输出之间的绝缘耐压可达上千伏。断路器位置信号经光电耦合器隔离后送至三态门的输入端。三态门的输出端与微机的数据总线相连。三态门未被选中时处于高阻态。当 CPU 需要读取遥信状态数据时发出读三态门的命令，三态门被选中，有关状态信号被引入数据总线，由 CPU 读入。

在无人值班变电站中，遥信信息占站内自动监测系统采集量的很大一部分，它的正确与否，直接影响系统的运行方式、自动化设备的正确动作和调度人员的决策。所以对遥信做了很多重点技术处理工作，如隔离、抗干扰（硬件、软件）和去抖动等措施。为了进一步提高对开关量遥信检测的正确性，可以采取双接点遥信的处理方法。所谓双接点遥信，就是将开关的合闸、跳闸接点同时接到系统中，以 10、01 表示合闸、跳闸，以 11、00 表示开关故障。

由于接点继电器的机械特性等原因，开关变位时接点有抖动，并且两个接点不可能同时发生变化。目前一般变电站自动化系统处理双接点遥信有两种方法。第一种是延时报警法，收到双接点遥信变化后，延迟一定的时间后，再去判别开关是否故障或是否变位，缺点是延迟时间难确定，也影响了响应速度；第二种是直接判别法，收到双接点遥信变化后，根据双接点遥信的实际变化，进行分析、判别，缺点是会将接点的抖动过程误认为开关故障或开关变位。

随着自动化技术的不断发展，自动化设备采集的遥信量在不断加大，而对遥信信息的准确性要求也越来越高。为了分析系统事故，遥信动作的先后顺序及确切的时间也成为自动化系统一个重要功能。电力系统中的断路器状态平时一般很少变动，一旦电力系统发生故障造成断路器动作或产生保护状态变化，必须快速准确采集遥信状态，然后传向调度端，以利于事故的处理。因此，自动化设备对遥信信息的采集处理就显得非常重要，并体现在快速和准确两个方面上。根据 DL/T 5003—2005《电力系统调度自动化设计技术规程》要求，遥信变化传送时间不大于 3s，事件顺序记录分辨率不大于 2ms。因此，对于遥信功能指标，要满足事件顺序记录分辨率和遥信变位传送时间两个指标。

为满足遥信变化传送时间要求，在自动化设备对遥信的传输规约处理上可以采取无遥信变位时不发送或采用隔一段时间定时发送的方式，一旦发生遥信变位，则插入传送紧急处理的方式。这样，在处理遥信信息的问题上，一方面，可以尽量减少资源的占用；另一方面，一旦需要处理遥信信息，要保证处理的速度和准确性，从而保证遥信状态反应及时和信息的可靠传输。

为达到快速准确采集遥信状态，自动化设备本身对变位遥信信息的采集和处理一般采用软件扫查或硬件中断等方式，在软件扫查方式中，CPU 不断扫查各断路器的状态，如发现有变位就予以处理。在硬件中断方式中，以专用的硬件对断路器位置状态进行监视，如发现变位就申请中断，由 CPU 进行处理。

1.3.2.2 遥测

监控系统通过对相关模拟量处理、显示和远方传输，完成对变电站设备和电网的测量功能。其采集信号包括电流、电压、有功功率、无功功率、功率因数、频率及油温等。

在微机远动应用初期，RTU 的遥测数据采集普遍采用直流采样，即对经过直流整流后的直流量进行采样测量。在直流采样中，遥测数据的采集采用经变送器的直流采样方法来完成数据的采集工作。即将所需采集的有关信息，如交流电压、交流电流、有功功率、无功功率等，通过利用变送器模拟电路（主要是运算放大器）变换成相应的直流量，一般转换为 0～5V（有功功率、无功功率为 ±5V）的直流电压供微机检测。

由于直流采样存在各种不足和微机技术的不断发展，近年来交流采样技术得到了迅速的发展，与传统的直流采样方法相比，交流采样方法速度快、投资省、工作可靠、维护简单且具有较大的灵活性，交流采样以其优异的性能价格比，逐步取代了传统的直流采样方法。

交流采样变送器是将二次测得的电压、电流经高精度的 TA、TV 变成计算机可测量的交流小信号，按一定规律对被测信号的瞬时值进行采样，然后通过运算，求出被测电压、电流的有效值和有功功率、无功功率等。由于这种方法能够对被测量的瞬时值进行采样，因而实时性好，相位失真小。它用软件代替了硬件的功能，因而使硬件的投资大大减小。

交流采样法主要取决于两个因素：测量精度和测量速度。交流采样相当于用一条阶梯曲线代替一条光滑的正弦曲线，其理论误差主要有两项：一项是用时间上的离散数据近似代替时间上的连续数据所产生的误差，这主要取决于 A/D 的转换速度和 CPU 的处理速度；另一项是将连续的电压和电流进行量化而产生的量化误差，这主要取决于 A/D 转换器的位数。在交流采样方式中，对于有功功率、无功功率和功率因数，是通过采样所得到的 u、i 计算出来的。

随着电子式互感器的发展，其二次输出是数字量，不需要在合并单元经 A/D 转换。这又有别于直流采样和交流采样。合并单元同步采集互感器输出的三相电流和电压数字信息，经过组帧处理后，按照一定的格式输送给二次保护和控制设备。

1.3.2.3　遥控及遥调

在电网调度自动化系统中，遥控就是调度中心发出命令去控制远方变电站的断路器，进行合闸或分闸操作。遥控和遥调是远动装置的主要功能之一，由于其命令是由主站端发向厂站端，所以被称为下行命令，相应的命令信息就是下行信息。

遥控是一项十分重要的操作，首先由调度端向厂站发送由遥控操作性质（"合闸"或"跳闸"）和遥控对象（厂站号和被操作的断路器或隔离开关序号）等组成的遥控命令，为可靠起见，通常此遥控命令连发三遍。厂站端收到遥控命令后将此命令返送给调度端进行校核。返送校核有两种方式：一种方式是将收到的遥控命令存储后照原样直接返送给调度端；另一种方式是将遥控命令送给有关的遥控选择继电器，将这些继电器的动作情况编成相应的代码后再返送给调度端。调度端收到返送的遥控信息，经核对与原来所发的遥控命令完全一致才发遥控执行命令，厂站端只有在收到遥控执行命令后才将原收到的遥控命令付诸执行。

遥控命令一般从格式上应包含地址、性质和对象等内容，为防止信息在传输过程中传输错误，还包括监督码。遥控命令的地址一般指主站编码号和分站编码号，遥控命令的性质主要为选择、撤销或执行等，遥控命令的对象指被遥控的遥控地址和内容，如分或合等。

遥控命令还可以控制厂站其他设备，如主变压器分接开关位置、低压电器开关等。遥测和遥信是厂站向调度中心传送信息，遥控是调度中心向厂站端下达的操作命令，直接干预电网的运行。所以，遥控要求有很高的可靠性。在遥控过程中，为保证工作可靠，一般采用"返送校核"的方法，实现遥控命令的传送。所谓"返校校核"是指厂站端远动装置接收到调度中心的命令后，为了保证接收到的命令能正确地执行，对命令进行校核，并返送给调度中心的过程。在遥控过程中，调度中心发往厂站远动装置的命令有三种，即遥控选择命令、遥控执行命令和遥控撤销命令。遥控选择命令包括两个部分：一个是选择的对象，用对象码指定对哪一个对象进行操作；另一个是遥控操作的性质，用操作性质码指示是合闸还是分闸。遥控执行命令指示远动装置按接收到的选择命令、执行指定的开关操作。遥控撤销命令指示远动装置撤销已下达的选择命令。厂站远动装置向调度中心返送的校核信息，用以指明远动装置所收到命令与主站原发的命令内容是否相符，同时提出远动装置能否执行遥控的操作命令。为此，厂站端校核包括两个方面：① 校核遥控选择命令的正确性，即检查性质码是否正确，检查遥控对象号是否属于本厂站；② 检查远动装置遥控输出对象继电器和性质继电器是否能正确动作。图1-4给出了遥控过程中调度中心和厂站端的命令和信息的传送过程。

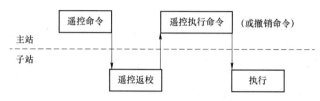

图1-4 遥控过程的传送过程

在遥控过程中，主站端远距离控制变电站需要调节控制的对象。被控对象为变电站电气设备的合闸和跳闸、投入和切除。遥控涉及电工设备动作，要求遥控动作准确无误，一般采用选择——返送校验——执行的过程。可将遥控过程小结如下：

（1）调度中心向厂站端远动装置发遥控选择命令。

（2）厂站端远动装置接收到选择命令后，起动选择定时器，校核性质码和对象码的正确性，并使相应的性质继电器和对象继电器动作，使遥控执行回路处于准备就绪状态。

（3）厂站端远动装置读取遥控对象继电器和性质继电器的动作状态，形成返校信息。

（4）厂站端远动装置将返送校核信息发往调度中心。

（5）调度中心显示返校信息，与原发遥控选择命令核对。若调度员认为正确。则发送遥控执行命令到厂站端远动装置，反之，发出遥控撤销命令。

（6）厂站端远动装置接收到遥控执行命令后，驱使遥控执行继电器动作。若厂站端远动装置接收到遥控撤销命令，则清除选择命令，使对象和性质继电器复位。

（7）厂站端远动装置若超时未收到遥控执行命令或遥控撤销命令，则作自动撤销，并清除选择命令。

（8）遥控过程中遇有遥信变位，则自动撤销遥控命令。

（9）当厂站端远动装置执行遥控命令时，启动遥控执行定时器，定时到，则复位全部继电器。

（10）厂站端远动装置在执行完成遥控执行命令后，向调度中心补送一次遥信信息。

在调度员发送命令时，首先应该校核该被控制站的设备在正常运行，系统或变电所没有发生事故和警报，所发出的命令符合被控设备的状态。在主站端校验正确后，方能向远方站发送命令：命令被送到远方站以后，经过差错控制的校核，确认命令没有受到干扰。远方站收到命令后应先检查输出执行电路没有接点处于闭合状态；然后将正确接收的命令输出，同时将输出命令的状态反编码送到主站端；在主站端将接收到的返送校核码进行比较；在返送校核无误后，将结果显示给调度人员，并向远方站发送执行命令。此时由执行命令将输出执行电路的电源合上，驱动执行电路操作对象动作。被控制的对象动作后，过一定时间还要检查有关电路是否有接点黏上，并将动作结果告知主站，过一定时间将电路电源自动切除。只有这样严格的技术措施，才能保证遥控的正确无误。对于电力系统，遥控功能的技术指标是执行的正确动作率为 100%。

遥调功能是由主站端向远方站发送调节命令，远方站经过校验后转换成适合于被控对象的数据形式，驱动被调整的设备对象。实现遥调功能可以采取局部反馈调节的方式，即主站端发送调节命令后，由被调对象的自动调节平衡，决定是否继续发送调节命令。一般采取前一种形式较多。

调节有载调压变压器的分接开关以改变变压器的变比是常用的一种调压手段，将主站端发送过来的升/降调节命令，转换成升/降的步进信号，用以调节发电机的出力或者变压器的分接开关的位置。在实际工作中，经常采用这种遥控方式实现遥调功能，这种遥调通常只是要求把分接开关位置升高一挡或降低一挡，因而也称为"升降命令"。在升降命令中分别把"升""降"等操作设定为一个或两个遥控点，命令中包括调节对象（遥控点）和调节性质（升或降），同样，升降命令连发三遍。厂站端收到命令经返校合格后就去调节有关变压器的分接开关。

1.4 变电站集中监控数据传输通道

1.4.1 通道类型

远动通道分为两种：一种是专用远动通道；另一种是数据网数据通道。

（1）专用远动通道一般利用通信脉冲调制解调（PCM）技术进行数据远传，如图 1-5 所示。

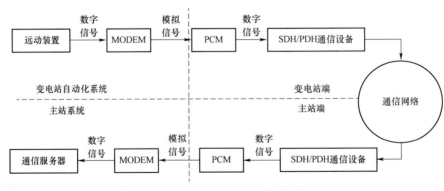

图 1-5 专线远动通道示意图

专线通道数字信号经过两次调制解调才能够传输到主站端。专用通道数字信号在传过程中容易失真。而且，专用通道发生故障时，需要一级一级的进行通道测试，检查过程耗时。

（2）数据网通道利用电力调度数据网进行通信，数据网通道符合 TCP/IP 协议，子站到主站的数据在电力实时数据网的三层和四层上互联，不需要转发，采用 TCP 协议，面向连接，业务可靠，动态分布带宽，接口为以太网口，如图 1-6 所示。

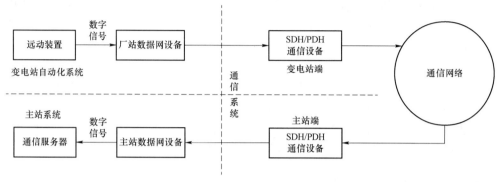

图 1-6　调度数据网通道示意图

调度数据网通道中间设备少，而且以太网络的带宽比较专线通道要高得多。随着调度数据网的双平面的建设，专用通道将逐渐被淘汰。

1.4.2　传输规约

在远距离数据通信中，通信双方除了要有物理连接，同时为了保证通信双方能有效、可靠及自动通信，在发送端和接收端之间规定了一系列约定和顺序，这种约定和顺序称为通信规约（或通信协议）。

目前，国内电网监控系统中所采用的通信规约按信息传送方式可分为以下两类。

（1）循环式数据传送规约，简称 CDT 规约。CDT 适用于点对点信道结构的两点之间通信，一般适用于专线通道。信息传送采用循环同步的方式，数据采用帧结构方式组织。CDT 规约以发送端为主动传送数据，发送端周而复始地按规约向接收端发送各种遥测、遥信、事件顺序信息。CDT 传送信息时，发送端和接收端之间连续不断地发送和接收，始终占用通道。采用 CDT 规约，信息发送方不考虑信息接收方接收是否成功，仅按照确定的顺序组织发送，通信控制简单。CDT 规约的功能、帧结构、信息字结构和传输规则，适用于点对点的通道结构及以循环字节同步方式传送远动设备与系统，还适用于调度间以循环式远动规约转发实时信息的系统。

循环式数据传送方式周期性地采集数据，并周期性地循环向调度端发送数据。此工作方式实现起来简单易行的优点，但方式不灵活，系统利用率低。

（2）问答式传送规约，简称 POLLING 规约。如 IEC 60870-5-101（简称 101 规约）以及 IEC 60870-5-104（简称 104 规约）等规约，IEC 60870-5-101 规约一般适用于专用通道，IEC 60870-5-104 规约一般使用数据网通道。问答式传送方式以调度中心为主，问答传送方式对通道结构的适应性好、传送方式灵活，调度主站可按需要调用数据，但实现起来较复杂。

IEC 60870-5-101 规约中有平衡式 101 及非平衡式 101，变电站与主站间通信通常使用非平衡式 101 规约。非平衡式 101 规约是一个以控制中心为主动方的远动数据传输规约。厂站自动化系统只有在控制中心询问以后，才向发送方回答信息。包括变位遥信等在内的重要远动信息，厂站端只有接收到询问命令后才向控制中心报告。控制中心按照一定规则向各个厂站自动化系统发出各种询问报文，厂站自动化系统按询问报文的要求以及厂站自动化系统的实际状态，向控制中心回答各种报文。控制中心也可按需要对厂站自动化系统发出各种控制报文，厂站自动化系统正确接收控制报文后，按要求输出控制信号，并向控制中心回答相应报文。

使用 104 规约，厂站端产生事件时，厂站自动化系统可触发启动传输，主动向调度等控制中心报告事件信息。104 规约仅当需要时才传送，采用了防止报文丢失和重传技术，信息发送方考虑到接收方的接收成功与否，采用了防止信息丢失以及等待—超时—重发等技术，通信控制比较复杂，但更适合网络条件下的信息传输。

1.4.3　电力调度数据网络

电力调度数据网是为电力调度生产服务的专用数据网络，是实现各级调度中心之间及调度中心与厂站之间实时生产数据传输和交换的基础设施，是实现电力二次系统应用功能必需的支撑平台，是实现国家电网公司应急技术支持系统和备用调度中心功能不可或缺的支撑平台，同时也是建设坚强智能电网的重要技术支持。

电力调度数据网络有星型、总线型、环型等多种基本拓扑结构。考虑到网络的可扩展性及安全可靠性，目前电力数据网很多采用分层结构，由核心层、骨干层、接入层组成。下面以某省电力调度数据网拓扑结构为例进行介绍，如图 1-7 所示。

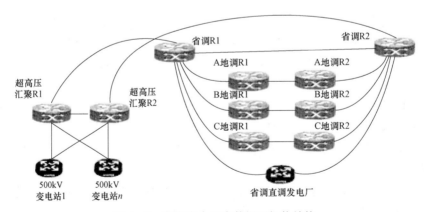

图 1-7　某省电力调度数据网拓扑结构

核心层设置省调双节点；骨干层设置 A 地调、B 地调、C 地调和超高压汇聚四个骨干双节点；接入节点设有 500kV 变电站、省调直调发电厂等。

变电站作为电力调度数据网络的接入层，主要配置由路由器、交换机、防火墙、加密装置等组成。重要变电站应考虑冗余配置，对于接入路由采取双引擎、双电源的设备冗余措施，同时采用两台不同路由的传输通道，保证可靠接入。

1.4.4 电力监控系统安全防护

随着接入电力调度数据网的电力监控系统越来越多，在调度中心、电厂、变电站、用户等之间进行的数据交换越来越频繁，加之黑客攻击技术的发展，信息系统遭受攻击造成企业重大损失和负面影响的事件不断出现。因而中央成立了网络与信息安全领导小组，还颁布了《电力监控系统安全防护规定》。可见，建立和完善电力监控系统安全体系，不但是电力企业自身的需求，而且也是政府和社会对电力企业的迫切要求。

目前，电力监控系统的安全强度已达到国家安全战略的标准。电力监控系统安全防护的重点是抵御病毒、黑客等通过各种形式发起的恶意破坏和攻击，尤其是集团式攻击，重点保护电力实时闭环监控系统及调度数据网络的安全，防止由此引起的电力系统事故，从而保障电力系统的安全稳定运行，保证国家重要基础设施的安全。

电力监控系统安全防护的目标是防止通过外部边界发起的攻击和侵入，尤其是防止由攻击导致的一次系统的事故以及二次系统的崩溃。防止未授权用户访问系统或非法获取信息和侵入以及重大的非法操作。

电力监控系统安全防护的总体策略为"安全分区、网络专用、横向隔离、纵向认证"。

电力监控系统安全防护是复杂的系统工程，其总体安全防护水平取决于系统中最薄弱点的全水平。安全防护要取得更大的效果，要先抓住安全的薄弱点、关键点进行集中解决，提升安全的薄弱环节、克服缺点，才能提高安全防护的整体水平。

1.5 变电站集中监控主站系统

1.5.1 系统结构

主站系统是通过计算机、网络通信、数据库管理、软件等技术构成的计算机系统，由服务器、工作站、配套设备硬件和操作系统、应用系统等软件构成，一般为分布式结构，以完成数据采集、数据通信、数据处理、告警及告警抑制等多项功能。主站系统监控着所有变电站的运行情况。

主站系统硬件由数据库服务器、SCADA 应用服务器、前置采集（FES）应用服务器、高级应用（PAS）服务器、报表应用服务器、监控工作站、维护工作站、串行通信设备、调度数据网接入交换机、主站网络交换机等构成。

主站系统由操作系统、支持软件、应用系统构成。常用操作系统包括 UNIX、LINUX。为了保证电力监控系统安全性，目前正在减少非国产操作系统的使用。支撑软件一般指数据库管理系统、程序编译软件等。应用系统主要是指监控主站的系统，比如"OPEN3000""D5000"等，主站系统一般有专门的提供商开发、出售和服务。监控员以及调度员通过主站系统人机接口，可以监控电网运行。智能调度监控主站自动化系统软件结构示意图如图1-8所示。

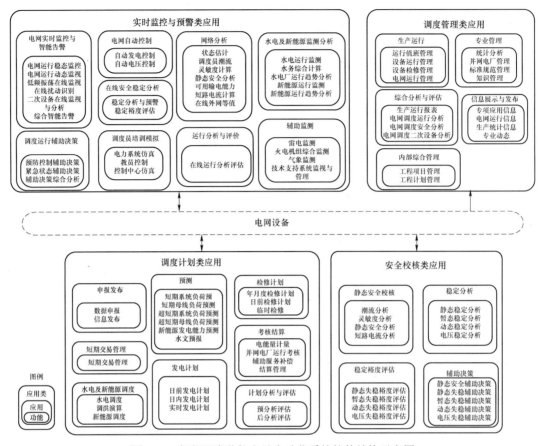

图 1-8 智能调度监控主站自动化系统软件结构示意图

1.5.2 主要功能

1.5.2.1 数据采集功能

调度中心控制系统定期对远程变电站内的远动终端进行数据的采集、检错和纠错处理。数据采集涉及主站与厂站远动终端之间按远动通信标准进行的信息传输,信息传输的通信控制。主站采集的信息包括模拟量(如线路功率、母线电压、主变压器温度等)、状态量(如断路器和隔离开关位置、保护连接片位置、操作把手位置、异常信号等)、脉冲量、数字量等,厂站获得的信息包括主站控制电网运行的命令信息以及厂站自动化设备运行的参数信息。

1.5.2.2 数据通信功能

具有与厂站端自动化系统、上下级电网调度自动化系统主站及其他相关系统交换数据的能力,当然也包括主站系统内各设备之间的内部通信。

1.5.2.3 数据处理功能

主站系统能进行数据合理性检查及处理,比如根据网络拓扑关系,判断断路器、隔离开关位置是否正确；根据设备额定值等参数，判断功率、电流等数据是否合理。系统能够进行异常数据处理，例如遥测不变化、遥测突变、双位置遥信位置不对应等异常情况的处理。系统能够进行事件分类处理，有的监控系统将事件根据重要程度，分为提示类、告警类、事故类等，不同的类别信号可以发出不同的告警。系统能够进行多源数据处理，即可以通过不同途径收集到的关于同一测量对象、在同一时间点（段）的数据，自动选择其中质量高的一个数据提供给后续数据处理过程（显示、计算等）并供查询使用。系统能够进行历史数据处理，能够支持灵活设定历史数据存储周期的功能，具有一定时间的历史数据的存储能力，具有灵活的统计计算能力，具有方便的历史数据查询的能力。同时系统具有处理和存储由子站发送的带时标的事件顺序记录信息的能力并提供查询手段；具有处理并存储变电站自动化系统或其他系统采集的各种继电保护及安全自动装置信息的能力。

1.5.2.4 安全监视和告警处理功能

电力系统运行参数和设备状态的实时显示，以及参数越限和状态变化的报警处理是监控系统识别电力系统运行状态的主要方法。系统能够发出遥测量异常告警（如遥测越限、数据不合理、数据不变化等）、遥信变位提示及告警（如断路器由合到分、机构异常、保护装置动作等）、计算机系统异常告警（应用服务器切换、故障、进程退出等）、数据通信异常告警（如工作站网络通信中断、变电站远动通道退出等）。采用丰富的人机联系工具展现电网运行的各类信息，对大部分测量量和计算数据进行越限判别，对电力系统的参数越限、断路器事故跳闸、监控系统或通信系统故障等进行报警处理，对断路器跳闸所引起的失电元件进行画面显示颜色的改变等处理，由人工智能软件依据采集到的信息进行故障判断和定位。告警能够以推画面、发音响（语音、笛音）、弹出提示窗等方式显示，并能够能按电压等级、厂站、事件等作分类告警检索。监控员还能方便地确认告警。

1.5.2.5 远程操作功能

系统能够对厂站内的可控制元件进行遥控，可以对某个对象进行人工控制，也可以通过预先设定控制顺序，然后由系统自动进行一组元件的程序化远方控制（又称"顺控"）。主站系统还应具备遥调功能，通过基于设定值和升降命令的遥调功能。

同时调度员可通过人机联系工具对厂站主要设备进行远方操作，如分合隔离开关、断路器，投切负荷或补偿元件，开停发电机组等。也可以人工设置电网设备的测量值、状态位置、挂/撤各种标志牌。不同的标志牌甚至可以影响有关设备监控信息的处理。比如可以设置"检修"牌，在某间隔挂上检修标志牌期间，该间隔发出的遥测、遥信等信号主站系统都不做处理，遥信不上告警窗，遥测不做统计、计算用等；也可以设置"验收"牌，验收期间该间隔信号可以独立显示在某个告警窗口，不影响正常的运行设备信息监控。

1.5.2.6 人机联系

指人和计算机之间的联系。在电网调度自动化系统中，有很多操作员与计算机之间交换信息的输入和输出设备，包括操作员控制台打印机、控制台终端、程序员终端、一般打印机、交互型调度控制台、远方操作台、调度员工作站、调度模拟屏以及计算机驱动的各类输入、输出设备。

1.5.2.7　状态估计

根据有冗余的测量值对实际网络的状态进行估计，得出电力系统状态的准确信息，并产生电网的可靠的数据集。

1.6　变电站监控数据信息流

1.6.1　常规变电站监控数据信息流

传统变电站测量、控制、保护装置与互感器二次侧、断路器通过电缆硬接线直接相连，站控层使用网络进行信息的传递与通信，常规站内站控层网络基本使用 IEC 61970-5-103 通信规约。常规变电站全站信息流如图 1-9 所示。

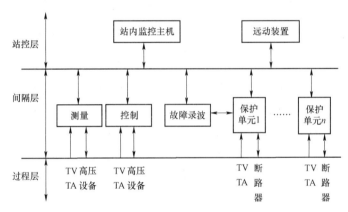

图 1-9　常规变电站全站信息流

对于 110kV 及以下电压等级的线路间隔，往往将保护与测控装置合为一体，称为保测一体装置或测保一体装置；对于 220kV 及以上电压等级的线路间隔及母线、主变压器间隔，往往使用单独的保护装置与测控装置。无论装置是否合并，功能均为测量、控制、保护，其信息流也可分为遥测信息流、遥信信息流、控制信息流，保护信息流。

（1）遥测、遥信信息流：TV、TA 接入各间隔测控装置，各间隔层测控装置采样获得遥测数据；各间隔层测控装置扫描断路器状态获得硬节点位置信息。遥测数据及硬节点、软报文经交换机上送到站内监控主机及远动装置，再由远动机上送到自动化主站系统前置机。

（2）控制信息流：调度端通过前置机将遥控命令下发给变电站远动机，然后经站控层交换机到达测控装置，再通过测控装置操作断路器操动机构实现开关分/合，从而达到遥控操作。

（3）保护信息则是通过保护装置内的保护逻辑，满足条件时接通出口继电器，常开接点闭合，当保护压板投入时直接接通跳闸线圈，使开关跳闸。

1.6.2　智能变电站监控数据信息流

与传统变电站相比，智能变电站在网络结构上采用了"三层两网"的结构，增加了过程层网络，增加了合并单元、智能终端等过程层设备，采用光纤取代传统的电缆硬接线。全站采用统一的通信规约 IEC 61850 实现信息交互。同时增加了一次设备状态监测和高级应用功能。智能变电站全站信息流如图 1-10 所示。

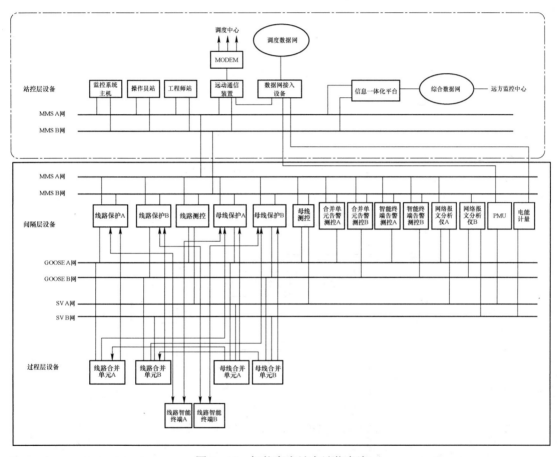

图 1-10　智能变电站全站信息流

智能变电站采用网络化信息传输，与监控业务相关的信息流主要有测量信息流、保护信息流、控制信息流及遥信信息流，以上信息流的传送方向与传统变电站一致。按网络结构又可分为过程层网络信息流和站控层网络信息流及远动网络信息流，接下来将分网络对这些信息流进行介绍。

（1）过程层网络信息流。由图 1-10 可知，合并单元（MU）将电子式互感器与变电站自动化系统连接起来，为二次设备/系统提供时间同步的电流和电压数据。过程层网络主要将合并单元测得的测量信息上送至测控装置、保护装置，将智能终端采集的开关设备信号上送至测控装置、保护装置；将保护控制信息、遥控控制信息从测控装置、保护装置下发给智能终端。GOOSE 网传输测控、保护、故障录波、自动控制、网络通信记录仪等装置的状态信息和开关操作信号。测控装置的遥信、跳闸是通过 GOOSE 网完成的，故障录波的其他信息也来自 GOOSE 网。测控装置、电能表和故障录波的采样值是从 SV 网上接收的。GOOSE 网信息流如图 1−11 所示，SV 信息流如图 1−12、图 1−13 所示。

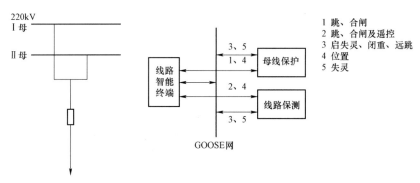

图 1−11　220kV 典型 GOOSE 网信息流

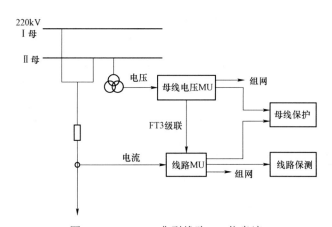

图 1−12　220kV 典型线路 SV 信息流

　　对于智能变电站的过程网络，SV 报文数据量较大、流量稳定；GOOSE 信息的特点则是实时性要求高，对带宽占用较少。为了减轻过程层交换机的负载，增加数据交换的安全性和效率，需对交换机按端口划分 VLAN。

　　（2）站控层网络信息流及远动网络信息流。站控层 MMS 通信以报告控制块服务得到遥信值和遥测值。站控层网络传输 MMS 和 GOOSE 报文以及对时信号 SNTP。站控层网络信息流及远动网络信息流如图 1−14 所示。

　　变电站端远动设备将大量的一次、二次设备实时信息通过电力数据网及时、正确、可靠地上送至调度主站，同时接收下行的遥控命令。

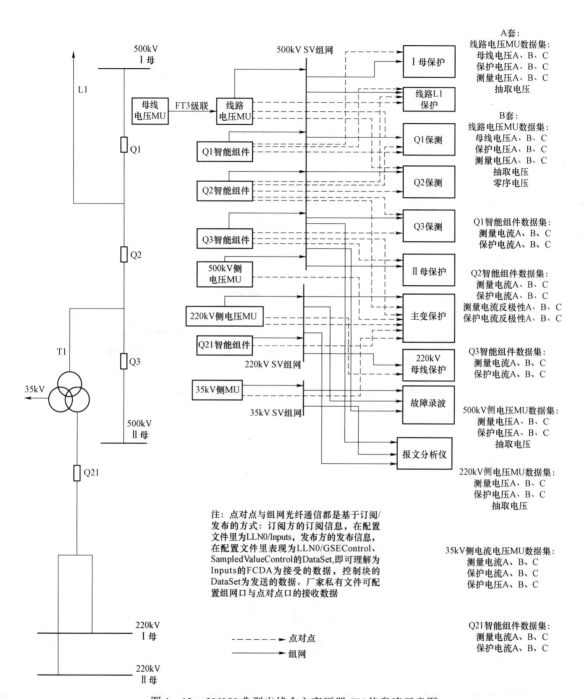

图1-13 500kV典型出线含主变压器SV信息流示意图

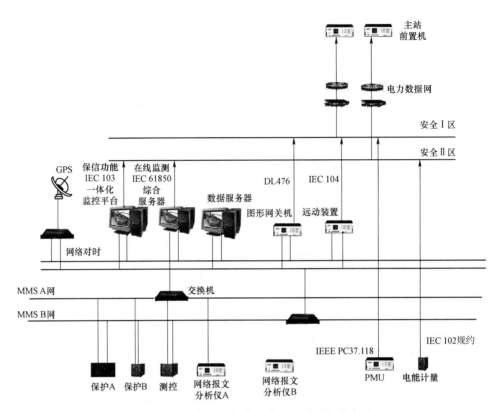

图 1-14　站控层网络信息流及远动网络信息流

第2章

变电站集中监控对象

变电站集中监控对象主要包括一次、二次及辅助设备，调控机构通过这些设备的监控信息来实现对变电站的全景监视，而设备又是监控信息的根源，脱离现场实际设备而去讨论监控信息的规范性、准确性，无疑是无根之木、无源之水。通过深入了解设备的结构、功能以及典型采集原理，才能够对监控信息采集的原则、范围做出更加准确和有效的要求，才能更加高效的开展变电站集中监控各项工作。本章针对主要的一次、二次及辅助设备基础知识和基本原理进行介绍。

2.1　变电站及设备简介

变电站是联系发电厂和用户的中间环节，是电网中线路的连接点，起着变换电压、交换功率和汇集分配电能、控制电流流向、调整电压的作用。变电站根据电压等级分为升压变电站或降压变电站；根据规模大小主要分为枢纽变电站、联络变电站与终端变电站。

（1）枢纽变电站位于电力系统的枢纽点，连接电力系统不同电压等级，汇集多个电源及联络线路。枢纽变电站全站停电时，将引起系统解列，甚至瘫痪。

（2）联络变电站又称中间变电站，主要位于系统的主要环路线路中或主要干线的接口处。联络变电站全站停电时，将影响区域电网安全。

（3）终端变电站位于输电线路终端，作为负荷变电站经降压后向用户供电。终端变电站全站停电时，仅造成由该站供给的用户用电中断。

为了确保供电的安全、可靠和经济，按照严格设计要求，变电站中安装有不同电压等级的各种电气设备。把直接生产、交换、输配和使用电能的设备称作一次设备，主要包括生产和变换电能的设备、接通和断开电路的开关电器、限制过电流和过电压的设备、接地装置、载流导体以及用于测量监视的互感器等。

把对一次设备进行监察、测量、控制、调节及保护的设备称为二次设备，主要包括互感器二次绕组、测量仪表、继电保护及自动装置、信号设备、控制设备与控制电缆和直流设备等。

为确保变电站正常、稳定运行，为每个一次设备都对应设置了相应的二次设备，如继电保护及保护屏、测控装置及测控屏、录波装置及录波屏、监控系统等。

2.1.1　一次设备简介

（1）转换电压、电能的设备。变电站转换电能的设备主要指电力变压器。变压器在电力系统中的作用是变换电压，以利于功率的传输。电压经升压变压器升压后，可以减少线路损耗，提高送电的经济性，达到远距离送电的目的；而降压变压器则能把高压变为用户所需要的各级使用电压，满足用户使用需要。

（2）隔断系统连接设备。隔断系统连接设备在系统中的作用是接通或断开电路。隔断系统连接设备主要有以下几种：

1）断路器（俗称开关）。断路器具有灭弧装置，不仅可以切断和接通正常情况下高压电路中的空载电流和负荷电流，还可以在系统发生故障时与保护装置及自动装置相配合，迅速切断故障电源，防止事故扩大，保证系统的安全运行，是电力系统中最重要的控制和保护设备。

2）隔离开关（俗称刀闸）。隔离开关没有灭弧装置，用来在检修设备时隔离电源，形成明显断开点，以及进行系统的倒闸操作及接通或断开充电电流或小电流。

3）负荷开关。负荷开关具有简易的灭弧装置，可以用来接通或断开系统的正常电流和过负荷电流，还可用来在检修设备时隔离电源，但不能用来接通或断开短路电流。

（3）限流设备。限流设备主要指串联在系统中的电抗器。母线串联电抗器可以限制短路电流，维持母线有较高的残压；电容器组串联电抗器可以限制高次谐波，降低电抗。

串联电抗器的使用使系统内设备选型更轻型，导体的截面积更小。

（4）载流设备。载流设备包括母线、架空线及电缆线路等。母线用来汇集和分配电能或将变压器与配电装置连接；架空线和电缆线路用于传输电能。

（5）补偿设备。电力系统中常见的补偿设备如下：

1）电力电容器。电力电容器补偿分为并联补偿和串联补偿。并联补偿是将电容器与用电设备并联，电容器发出无功功率供给本地区需要，避免长距离输送无功，减少线路电能损耗和电压降落，提高系统供电能力；串联补偿是将电力电容器与线路串联，抵消系统的部分感抗，提高系统的电压水平，也相应减少系统的功率损失。

2）并联电抗器。并联电抗器主要是吸收过剩的无功功率，改善系统及线路的电压分布和无功分布，降低有功损耗和电压过度升高，提高输电效率。

3）消弧线圈。消弧线圈用来补偿小电流接地系统的单相接地电容电流，防止电容电流过大，避免短路接地点不易熄灭电弧。

（6）互感器设备。电力系统互感器设备主要有以下两种：

1）电压互感器。电压互感器的作用是将交流高电压变成低电压（100V 或 $100/\sqrt{3}$ V），供电给测量仪表及继电保护装置的电压线圈。

2）电流互感器。电压互感器的作用是将交流大电流变成小电流（5A 或 1A），供电给测量仪表及继电保护装置的电流线圈。

互感器使测量仪表及保护装置标准化和小型化，使测量仪表和保护装置等二次设备与高压部分隔离，且互感器二次侧均接地，从而保证了设备和人身安全。

（7）防雷及防过电压设备。电力系统防雷及防过电压设备主要指避雷器、避雷针、避雷线等设备。

2.1.2　二次设备简介

（1）监视装置。变电站的监视设备主要是实时在线监视设备的安全运行情况，及时发现设备的异常运行及故障情况，一般指一次系统运行监控机、防误主机、故障录波器等设备。

（2）测量装置。变电站测量设备主要用来监视、测量系统的电流、电压、功率、电能、频率、温度等影响设备运行的数据，一般指测控装置、电能表等设备。

（3）继电保护及自动控制装置。变电站继电保护及自动控制装置的作用是当系统或设备发生故障时，作用于断路器跳闸，自动切除故障元件；当系统出现异常情况时发出信号。

变电站自动控制装置主要指自动投入装置及低频减载装置、自动重合闸装置等，能在异常或事故时自动完成必要的控制措施。

（4）直流电源装置。变电站直流电源装置构建了变电站的直流系统，在变电站中为控制、信号、继电保护、自动装置及事故照明灯提供可靠的直流电源，还为操作提供可靠的操作电源。直流系统的可靠与否，对变电站的安全运行起着至关重要的作用，是变电站安全运行的保证。

2.2 一 次 设 备

2.2.1 线圈类设备

2.2.1.1 变压器

在电力网络中，变压器是电力系统中重要的一种元件，它利用电磁感应的原理来改变交流电压，进行电能传输或分配，主要构件是绕组和铁芯。

（1）变压器作用及分类。

1）升高电压，实现远距离输电。在电力系统中，由于绝缘因素，发电机出口电压往往较低，输送相同容量的功率，电压越低电流越大，大电流在导线上引起的损耗和电压降低越大，甚至无法实现远距离输电。为了解决这一问题，发电厂就要利用变压器将电压升高，以减小输电线路上的电流，从而降低导线上的功率损耗和电压降低，提高远距离输电的经济性。

2）降低电压。电力用户的电压较低，发电厂将很高电压等级的电能输送到负荷中心后，要通过降压变压器将电压降低，供给负荷中心的用户使用，降压变压器在供电企业中使用最多。

变压器有很多不同的类型，按照用途可以分为配电变压器、电力变压器、电炉变压器、整流变压器、电抗器、抗干扰变压器、防雷变压器、试验变压器、转角变压器等。

（2）变压器基本结构。电力变压器主要由铁芯及绕在铁芯上的两个或三个绝缘绕组构成。为满足各绕组之间的绝缘及铁芯、绕组散热的需要，将铁芯及绕组置于装有变压器油的油箱中。然后，通过绝缘套管将变压器各绕组的两端引到变压器壳体之外。

（3）变压器铭牌简介。变压器型号上的字母有 S、F、Z、J、L、P、D、O、X。

S 在第一位表示三相，在第三和第四位则代表三绕组；F 表示油浸风冷；Z 表示有载调压；J 代表油浸自冷；L 代表铝绕组或防雷；P 代表强油循环风冷；D 代表单相，在末位时代表移动式；O 表示自耦，在第一位表示降压，在末位表示升压；X 表示消弧绕组。

变压器的冷却方式有 ONAN 表示油浸自冷、ONAF 表示油浸强迫风冷、OFAF 强迫油导向循环强迫风冷。

变压器同侧绕组是按一定形式联结的。国际标准中规定了变压器绕组联结组别的最新表示方法。即三相变压器或组成三相变压器组的单相变压器的同一电压等级的相绕组，联结成星形、三角形、曲折形时对于高压绕组则分别用 Y、D、Z 表示；对于中、低压绕组则分别用小写字母 y、d、z 表示。如果是星形或曲折形联结有中性点引出时，则分别用 YN 或 ZN、yn 或 zn 表示。变压器按高压、低压绕组联结的顺序组合起来就是绕组的联结组别。

2.2.1.2 电力电抗器

电抗器也叫作电感器，近年来广泛应用于电力系统中，可以依靠线圈的感抗作用来限制短路电流，通俗地讲，它可以在电路中起到阻抗的作用，例如当电力系统发生短路时会产生很大的短路电流，如果不加以限制，将破坏电气设备的动态稳定和热稳定，为了满足断路器等设备的遮断容量要求，常在出线断路器处安装串联电抗器，增大短路阻抗，限制短路电流。而并联电抗器可以用于吸收电缆线路的充电容性无功，根据其并联的数量来调整系统运行电压，效果十分显著。

（1）电抗器分类。电抗器可以按照结构、冷却介质、接法、功能及用途等方面进行分类。

1）按结构及冷却介质分。可分为空心式、铁芯式、干式、油浸式等。例如干式铁芯电抗器、夹持式干式空心电抗器、油浸空心电抗器、干式空心电抗器、绕包式干式空心电抗器、油浸铁芯电抗器、水泥电抗器等。针对设备有不同的要求，干式电抗器有噪声小、电抗器的线性度好、机械强度高、安装简单等特点；油浸电抗器有损耗小、占地面积小、线性度不好、噪声大等特点。

2）按功能分。可分为限流和补偿功能。

3）按一次接线方式分。在电力系统中要广泛用到电抗器，一般按一次接线方式可分为并联电抗器和串联电抗器。并联电抗器一般接在超高压输电线的末端和地之间，起无功补偿作用。串联电抗器通常起限流和限制高次谐波的作用。

4）按电抗器的用途分。可分为限流电抗器、滤波电抗器、平波电抗器、功率因数补偿电抗器、串联电抗器、平衡电抗器、接地电抗器、消弧线圈、进线电抗器、出线电抗器、饱和及自饱和电抗器、可变电抗器（可调电抗器、可控电抗器）、轭流电抗器、串联谐振电抗器、并联谐振电抗器等。

（2）电抗器的作用。

1）串联电抗器的作用。

串联电抗器主要用来限制短路电流，也可以在滤波器中与电容器组合用来限制电网中的高次谐波。电抗率是电抗器的主要参数，电抗率的大小直接影响电抗器的作用。

a. 限流电抗器。限流电抗器的主要作用是当电力系统发生短路故障时，利用其电感特性限制系统的短路电流数值，从而降低短路电流对系统的冲击影响，如图 2—1 所示。

图 2-1　限流电抗器

b. 滤波电抗器。滤波电抗器与滤波电容器串联组成谐振滤波器，电抗器阻抗与电容器容抗全调谐后，组成某次谐波的交流滤波器。滤去某次高次谐波，而降低母线上该次谐波的电压值，使线路上不存在高次谐波电流，提高电网的电压质量。一般用于 3～17 次的谐振滤波或更高次的高通滤波。

c. 消弧电抗器（消弧线圈）。消弧电抗器又称消弧线圈。接于三相变压器的中性点与地之间，用以在三相电网的一相接地时供给电感性电流，以补偿流过接地点的电容性电流，使电弧不易起燃，从而消除由于电弧多次重燃引起的过电压。消弧线圈广泛用于 6～10kV 级的谐振接地系统。由于变电站的无油化倾向，因此 35kV 以下的消弧线圈现在多是干式浇注型。

d. 平波电抗器。平波电抗器用于整流以后的直流回路中。整流电路的脉波数总是有限的，在输出的整直电压中总是有纹波的。这种纹波往往是有害的，需要由平波电抗器加以抑制。直流输电的换流站都装有平波电抗器，使输出的直流接近于理想直流。直流供电的晶闸管电气传动中，平波电抗器也是不可少的。

e. 电容器串联电抗器。电容器串联电抗器可以降低电容器组的涌流倍数和涌流频率，便于选择配套设备和保护电容器。根据规定标准要求应将涌流限制在电容器额定电流的 10 倍以下，为了不发生谐波放大，要求串联电抗器的伏安特性尽量为线性。网络谐波较小时，采用限制涌流的电抗器；电抗率在 0.1%～1%间即可将涌流限制在额定电流的 10 倍以下，以减少电抗器的有功损耗，而且电抗器的体积小、占地面积小、便于安装在电容器柜内。采用这种电抗器既经济又节能。

电容器串联电抗器不仅可以降低电容器组的涌流倍数和涌流频率，便于选择配套设备和保护电容器，还可以吸收接近调谐波的高次谐波，降低母线上该谐波电压值，减少系统电压波形畸变，提高供电质量。串联电抗器与电容器的容抗处于某次谐波全调谐或过调谐状态下，可以限制高于该次的谐波电流流入电容器组，保护了电容器组。在并联电容器组内部短路时，串联电抗器能够减少系统提供的短路电流，在外部短路时，可减少电容器组对短路电流的助增作用。电容器组的断路器在分闸过程中，如果发生重击穿，串联电抗器能减少涌流倍数和频率，并能降低操作过电压。

2）并联电抗器的作用。对超高压远距离输电线路而言，空载或轻载时线路电容的充电功率是很大的，通常充电功率随电压的平方急剧增加，巨大的充电功率除引起上述工频电压升高之外，还将增大线路的功率和电能损耗以及引起自励磁、同期困难等问题。装设并联电抗器可以补偿这部分充电功率。

并联电抗器一般并联接于大型发电厂或110～500kV变电站的6～63kV母线上，用来吸收电缆线路的充电容性无功。通过调整并联电抗器的数量，向电网提供可阶梯调节的感性无功，补偿电网剩余的容性无功，调整运行电压，保证电压稳定在允许范围内，如图2-2所示。

图2-2 高压并联电抗器

a. 超高压并联电抗器一般并联接于330kV及以上的超高压线路上，有改善电力系统无功功率有关运行状况的多种功能。

b. 并联电抗器接在超高压输电线的末端和地之间，目前主要用于无功补偿和滤波。发电机满负载试验用的电抗器是并联电抗器的雏形。例如：半芯干式并联电抗器在超高压远距离输电系统中，连接于变压器的三次绕组。铁芯式电抗器由于分段铁芯饼之间存在着交变磁场的吸引力，因此噪声一般要比同容量变压器高出10dB左右。

c. 220、110、35、10kV电网中的电抗器是用来吸收电缆线路的充电容性无功的，可以通过调整并联电抗器的数量来调整运行电压。

（3）电抗器的原理。由于导体通电时就会在其一定空间范围内产生磁场，电感的强度与通电导体长度成正比，因此电抗器设计为导线绕成螺线管形式，电力网中所采用的电抗器，实质上就是这样一个无导磁材料的空心线圈，称为空心电抗器。它可以根据需要布置为垂直、水平和品字形三种装配形式，有时为了让这只螺线管具有更大的电感，便在螺线管中插入铁芯，称为铁芯电抗器。

串联电抗器的铁芯一般采用优质硅钢片，芯柱经多个气流间隙分成均匀的几个小段，气隙采用环氧布板作为绝缘隔离，用于保证电抗器长期运行情况下，气隙不发生变化。铁芯端面采用硅钢片端面胶，使硅钢片牢固地结合在一起，从而减小了运行时的噪声，并具备较好的防潮防尘性能。线圈一般为环氧浇注型，线圈内外敷设环氧玻璃网格布作为效果增强，在真空状态下将环氧浇注在线圈上，保持线圈良好的绝缘性能，提高其机械强度，保证耐受大电流冲击和冷热交替运行而不开裂。环氧浇注的线圈不吸水，局部放电量较低，在较恶劣的环境条件下也能保持安全运行。线圈上下端采用环氧垫块和硅橡胶防振垫，有效减小了线圈运行时的振动。

2.2.1.3　电压互感器

电压互感器是将电力系统的高电压变成一定标准的低电压，以供保护装置、自动装置、测量仪表等使用的电气设备。

（1）电压互感器的作用与特点。

1）作用。

a. 与电气仪表、继电保护及自动装置配合测量电力系统高电压回路的电压。

b. 隔离高电压，保障工作人员与设备安全。

c. 互感器二次侧取量统一，以利于二次设备标准化。

2）特点。测量用电压互感器一般都做成单相双绕组结构，其一次电压为被测电压（如电力系统的线电压），可以单相使用，也可以用两台接成 V－V 形作三相使用。

供保护接地用电压互感器还带有一个第三绕组，称三绕组电压互感器。三相的第三绕组接成开口三角形，开口三角形的两引出端与接地保护继电器的电压线圈连接。正常运行时，电力系统的三相电压对称，第三绕组上的三相感应电动势之和为零。一旦发生单相接地时，中性点出现位移，开口三角的端子间就会出现零序电压使继电器动作，从而对电力系统起保护作用。

a. 一次匝数多二次匝数少。电磁型电压互感器，像一个容量很小的降压变压器，其一次匝数有数千匝，二次匝数只有几百匝。

b. 正常运行磁通密度高。电压互感器正常运行时的磁通密度接近饱和值，且一次电压越高，磁通密度越大；系统短路故障时，一次电压大幅下降，其磁通密度也降低。

c. 低内阻电压源。电压互感器的二次负载阻抗一般很大。从二次侧看进去，内阻很小。另外，由于二次负载阻抗很大，其二次输出电流较小，在二次绕组上的压降相对很小，输出电压与其内阻关系不大，故可看作电压源。

d. 二次回路不得短路。由于电压互感器的内阻很小，当二次出口短路时，二次电流将很大，若没有保护措施，将会烧坏电压互感器。

（2）电压互感器的类型。电压互感器根据装设地点、电压等级、相数、绕组数、结构形式、变换原理、绝缘介质、绝缘类型进行分类。

按照装设地点分为户外式电压互感器和户内式电压互感器。

按照相数分为单相电压互感器（如图 2－3 所示）和三相电压互感器（如图 2－4 所示）。

图 2-3 单相电压互感器

图 2-4 三相电压互感器

按照绕组数分为双绕组电压互感器和三绕组电压互感器。

按照结构形式分为单级式电压互感器、串级式电压互感器。

按照变换原理分为电磁式电压互感器（如图 2-5 所示）、电容式电压互感器（如图 2-6 所示）和电子式电压互感器（如图 2-7 所示）。

图 2-5 电磁式电压互感器

图 2-6 电容式电压互感器

按照绝缘介质分为干式电压互感器（如图 2-8 所示）、浇注式电压互感器（如图 2-9 所示）、油浸式电压互感器（如图 2-10 所示）、充气式电压互感器（如图 2-11 所示）。

图 2-7　电子式电压互感器

图 2-8　干式电压互感器

图 2-9　浇注式电压互感器

图 2-10　油浸式电压互感器

图 2-11　充气式电压互感器

按照绝缘类型分为全封闭电压互感器和半封闭电压互感器。

（3）电压互感器原理。电压互感器按原理分类，常见的有电磁式、电容式和电子式三类。

1）电磁式电压互感器。电磁式电压互感器多用于 220kV 及以下各种电压等级，其本身为感性设备，易与线路中的容性设备形成铁磁谐振。

电磁式电压互感器由铁芯和一、二次绕组组成，特点是容量小且比较恒定，正常运行时接近于空载状态。电压互感器本身的阻抗很小，一旦二次侧发生短路，电流将急剧增长而烧毁绕组。为此，电压互感器的一次侧接有熔断器，二次侧可靠接地，以免一、二次侧绝缘损毁时，二次侧出现对地高电位而造成人身和设备事故。测量用电压互感器一般都做成单相双绕组结构，其一次侧电压为被测电压（如电力系统电压），可以单相使用，也可以用两台接成 V–V 形作三相使用。实验室用的电压互感器往往是一次侧多抽头的，以适应测量不同电压的需要。绕组出现零序电压则相应的铁芯中就会出现零序磁通。为此，这种三相电压互感器采用旁轭式铁芯（10kV 及以下）或采用三台单相电压互感器。对于这种互感器，第三绕组的准确度要求不高，但要求有一定的过励磁特性（即当一次电压增加时，铁芯中的磁通密度也增加相应倍数而不会损坏）。

当电磁式电压互感器与具有开关断口电容的空母线进行操作时，容易发生开关断口电容与电磁式电压互感器的铁磁谐振。操作前应有防谐振预想，准备好消除谐振的措施。操作过程中，如发生电压互感器谐振，采取措施破坏谐振条件以达到消除谐振的目的。

2）电容式电压互感器。电容式电压互感由于具有耐电强度高、绝缘裕度大、运行可靠、经济性显著等优点，被广泛使用于 110kV 及以上电网。但其也具有误差特性和暂态特性较差、输出容量较小等缺点。

电容式电压互感器由电容分压器和电磁装置两部分组成。电容分压器由高压电容和中压电容串联组成，其作用就是电容分压。电磁装置由中间变压器和补偿电抗器组成。

其工作原理如图 2–12 所示，通过分压器的分压，将分压后得到的中间电压（一般为10～20kV）经中间变压器降为所需的二次电压，供电压测量及继电保护装置使用。为了补偿由于负载效应引起的电容分压器的容抗压降，使二次电压随负载变化减小，在中压回路中串接有电抗器，设计时使回路等效容抗和感抗值基本相等，以便得到规定的负荷范围和准确级的电压。在中间变压器二次侧的一个绕组上，接有阻尼器，以便能够有效地抑制铁磁谐振。

3）电子式电压互感器。传统的电压互感器是电磁感应式的。具有类似变压器的结构。随着电力工业的发展，电力系统传输的电力容量不断增加，电网运行电压等级也越来越高，随着电压等级的提高，电磁式互感器逐渐暴露出一系列固有的缺点；基于光学传感技术的光学电压互感器（OVT）和有源电子式电压互感器（EVT）一直受到国内外的广泛关注和深入研究；与传统电磁式电压互感器相比，电子式电流互感器具有以下优点：

a. 优良的绝缘性能。电磁感应式互感器高压侧与二次侧之间通过铁芯磁耦合。它们之间的绝缘结构复杂，其造价随电压等级呈指数关系上升。在电子式互感器中，高压侧信息是通过由绝缘材料做成的光纤而传输到低电位的，其绝缘结构简单，造价一般随电压等级升高呈线性地增加。

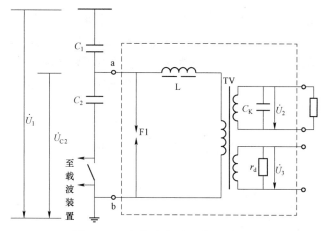

图 2-12　电容式电压互感器原理图

b. 无铁磁谐振等问题。电子式互感器一般不用铁芯做磁耦合，因此消除磁饱和及铁磁谐振现象而使互感器运行暂态响应好、稳定性好，保证了系统运行的高可靠性。

c. 抗电磁干扰性能好，无低压侧短路危险。电磁式电压互感器同样存在二次回路不能短路的问题。由于电子式互感器的高压与低压之间只存在光纤联系，而光纤具有良好的绝缘性能，可保证高压回路与二次回路在电气上完全隔离，低压侧没有因开路或短路而产生的危险，同时因没有磁耦合，消除了电磁干扰对互感器性能的影响。

d. 频率响应范围宽。电子式互感器传感头部分的频率响应取决于光纤在传感头上的渡越时间，实际能测量的频率范围主要决定于电子线路部分。其结构已经可以测出高压电力线路上的谐波。而电磁感应式互感器是难以进行这诸多方面工作的。

e. 没有因充油而产生的易燃、易爆等危险。电磁感应式互感器一般采用充油办法来解决绝缘问题，这样不可避免地存在易燃、易爆等危险。而电子式互感器绝缘结构简单，可以不采用油绝缘，在结构设计上就可避免这方面的危险。

f. 适应电力计量与保护数字化、微机化、自动化和智能化的发展。

a）有源电子式电压互感器。有源电子式电压互感器（EVT）一般采用分压原理，由一次侧传感器（分压器）、远端电子模块、光纤绝缘子与合并单元组成。分压器低压臂输出的模拟信号通过远端电子模块进行模/数转换、数/光转换，经光纤将信号传送至合并单元，电容分压器的外绝缘采用硅橡胶复合绝缘子，质量较轻。根据一次侧传感器的分压原理不同又可划分为电容分压或电阻分压技术，利用与有源电子式电流互感器类似的电子模块处理信号，使用光纤传输信号。

b）无源电子式电压互感器。无源电子式电压互感器一般利用光学的方法来测量电场，间接达到测量电压信号，又称为光学电压互感器（OVT）。

基于普克尔效应的光学电压互感器基本传感原理是光源发出的光经起偏器转变为线偏振光，线偏振光以 45° 入射到 $\lambda/4$ 波片上转变成圆偏振光，圆偏振光经过电光晶体后，由于电场感生的线性双折射变成椭圆偏振光，椭圆偏振光的两主轴光矢量在检偏器处发生干涉，并将携带信号相位的干涉信号被探测器接收转变成电信号进行解调。

普克尔效应只存在于无对称中心的晶体中，普克尔效应有两种工作方式：一种是通光方向与被测电场方向重合，称为纵向普克尔效应；另一种是通光方向与被测电场方向垂直，称为横向普克尔效应。作为光学电场测量，应用最为普遍的有以下两种电光晶体：

① BGO 晶体。随温度形变小，均匀性好，无自然双折射效应和热电效应，但是电场调制时感生光轴发生旋转，加工工艺要求高，晶体半波电压高，测量电场灵敏度不如 LN 晶体高，适用于高压强电场的测量。

② LN 晶体。随温度形变较大，存在自然双折射效应，电场调制时光轴不发生旋转，加工方便，晶体半波电压低，测量灵敏度高，适用于空间电场和弱电场的测量。

（4）电压互感器主要技术参数。

1）额定电压。电压互感器额定一次电压指所接一次电网电压，其值的选择主要是满足相应电网电压的要求，其绝缘水平能够承受电网电压长期运行，并承受可能出现的雷电过电压、操作过电压及可能出现的异常运行方式下的电压，如小电流接地系统方式下的单相接地。

电压互感器二次额定电压值生产规定为 100、100/3V 或 $100/\sqrt{3}$ V，以实现仪表和继电器标准化。根据系统运行故障分析进行制作，规定 110kV 及以上中性点直接接地系统，基本绕组额定二次电压值为 $100/\sqrt{3}$ V，剩余电压绕组的额定电压值为 100V；中性点不接地系统，基本绕组额定二次电压值为 $100/\sqrt{3}$ V，剩余电压绕组的额定电压值为 100/3V。

用于 110kV 及以下电网的电压互感器的剩余电压绕组额定电压为 100V，而用于 35kV 及以下电网的却为 100/3V。电压互感器剩余电压绕组接成开口三角形，以反映零序电压。在正常情况下，由于三相电压对称，开口三角形输出电压为零。对于中性点直接接地的 110kV 及以上系统，当电网内任意一相（如 A 相）接地时，接地相（A 相）绕组被短接。开口三角形输出电压等于两个非故障相（B、C 相）相电压之和，其值等于相电压。因为电压继电器及电压表规格统一为 100V，因此为使开口三角形输出电压能够接上电压继电器或者电压表，就要求开口三角形输出电压也为 100V，即要求剩余电压绕组额定电压也为 100V。

对于中性点不接地的 35kV 及以下系统，当发生单相（如 A 相）接地时，两个非故障相电压上升到相电压的 $\sqrt{3}$ 倍，剩余电压绕组输出电压为相电压的 3 倍，但是剩余电压绕组输出电压仍要求为 100V、因而用于 35kV 及以下中性点不接地系统的电压互感器剩余电压绕组额定电压为 100/3V。

2）变比。电压互感器的变比，等于其一次额定电压与二次额定电压的比值，也等于一次绕组匝数同二次绕组匝数或三次绕组匝数之比。

3）误差。对于电磁式电压互感器，由于励磁电流、绕组的电阻及电抗的存在，当电流流过二次绕组时要产生电压降和电压偏移，使电压互感器产生电压比值误差和相位误差。

对于电容式电压互感器，由于电容分压器的分压误差以及电流流过中间变压器、补偿电抗器产生的压降，也会使电压互感器产生比值误差和相角误差。

电压互感器的相位误差是指一次电压与二次电压相量的相位之差。相量方向是以理想电压互感器的相位差为零来确定。当二次电压超前一次电压相量时，相位差为正值。

4）电压互感器的准确等级。电压互感器的准确等级是以其电压误差和相角误差值来表征的。互感器相关国家标准定义的准确等级是指在规定的一次电压和二次负荷变化范围内，当二次负荷功率因数（滞后）时的电误差最大限值。国家规定电压互感器的准确等级分为 4 级，即 0.2、0.5、1、3 级。0.2 级用于实验室的精密测量；0.5、1 级一般用于发配电设备的测量和保护；计量根据客户的不同，采用 0.2 或 0.5 级；3 级则用于非精密测量。用于保护的准确等级有 3P、6P（P 表示保护）。

5）额定容量及极限容量。电压互感器二次绕组及剩余电压绕组的额定容量输出标准值是 10、15、25、30、50、75、100、150、200、250、300、400、500VA。对于三相式电压互感器，其额定输出容量是指每相的额定输出。

电压互感器准确等级和容量有密切关系，同一台电压互感器对应不同的准确等级可以有不同的容量。若使用时二次负荷超过了该标准等级对应的容量范围，则实际准确等级将达不到铭牌上规定的准确等级。在实际安装中要求保证额定容量能满足一台电压互感器带双母线所有线路二次侧负荷的能力，即选用测量仪表或继电保护等线圈所消耗的功率（或额定功率）之和小于电压互感器的额定容量。

除额定输出外，电压互感器还有一个极限输出值。其含义是在 1.2 倍额定一次电压下，互感器各部位温升不超过规定值，二次绕组能连续输出的视在功率值（此时互感器误差超过极限）。

（5）电压互感器结构。

1）电磁式电压互感器结构。电磁式电压互感器主要由一次绕组（高压）、铁芯、平衡绕组、二次绕组、支架等组成。铁芯和绕组浸在充有变压器油的油箱中，绕组通过固定在箱盖上的瓷套引出。一般平衡绕组放在最靠近铁芯柱处，依次向外的顺序是一次绕组、二次绕组、剩余二次绕组。如图 2-13 所示。

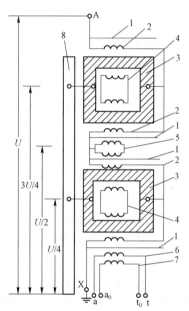

当电压互感器高压熔丝熔断，该母线电压互感器高压熔丝一相熔断，熔断相电压降低，但是通常情况下不会为零，其余两相电压不变，与熔断相相关的线电压降低。需要特别注意的是很多情况下，电压互感器高压熔丝熔断，其熔断相电压下降并不多。公用测控装置发 10kV（35kV）系统接地信号。同时各保护装置发保护装置告警或电压回路断线类告警信息，而且该段母线上有功、无功遥测值发生偏差。

图 2-13　电磁式电压互感器结构示意图
1—静电屏蔽层；2—一次绕组（高压）；3—铁芯；
4—平衡绕组；5—连耦绕组；6—二次绕组；
7—剩余二次绕组；8—支架

当电压互感器二次侧熔丝熔断或二次空气开关跳开时，熔断相电压降低至零，其余两相电压不变，与熔断相相关的线电压则降低。如为母线电压互感器，各保护装置发保护装置告警或电压回路断线类告警信息，而且该段母线上有功功率、无功功率遥测值发生偏差。

2）电容式电压互感器结构。电容式电压互感器主要由电容分压器和中压变压器（电磁单元）组成。具体部件有高压电容、中压电容、中间变压器、补偿电抗器、阻尼器、保护间隙、阻尼连接片、一次接线端、二次输出端、接地端等。如图 2-14 所示。

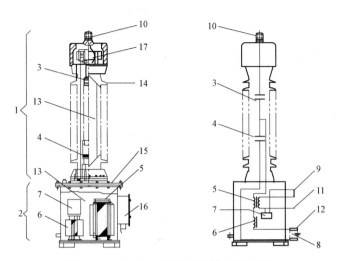

图 2-14　电容式电压互感器结构示意图

1—电容分压器；2—电磁单元；3—高压电容；4—中压电容；5—中间变压器；6—补偿电抗器；7—阻尼器；
8—电容分压器低压端对地保护间隙；9—阻尼器连接片；10—一次接线端；11—二次输出端；12—接地端；
13—绝缘油；14—电容分压器套管；15—电磁单元箱体；16—端子箱；17—外置式金属膨胀器

电容分压器：由瓷套和装在其中的若干串联电容器组成，瓷套内充满 0.1MPa 正压的绝缘油，并用钢制波纹管平衡不同环境温度以保持油压。电容分压器可用作耦合电容器连接载波装置。

中压变压器：由装在密封油箱内的变压器、补偿电抗和阻尼装置组成，油箱顶部的空间充氮。

阻尼装置：由电阻和电抗器组成，跨接在二次绕组上，正常情况下阻尼装置有很高的阻抗，当铁磁谐振引起过电压，在中压变压器受到影响前，电抗器已经饱和，只剩电阻负载，使振荡能量很快被降低。

油箱及底座部分：油箱内灌注绝缘油，油面至箱顶留有规定的空气隙以补偿随温度变化的油的体积。油箱作为电压互感器的底座，带有吊装钩及安装孔。

3）电子式电压互感器结构及分类。电子式电压互感器原理和结构与常规互感器不同，其典型结构示意图如图 2-15 所示。

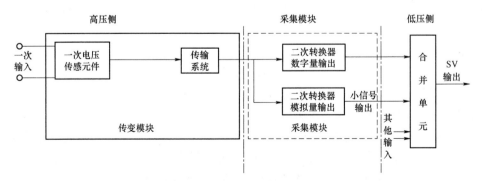

图 2-15　电子式电压互感器典型结构示意图

电子式电压互感器按有源式和无源式进行分类，如图 2-16 所示。

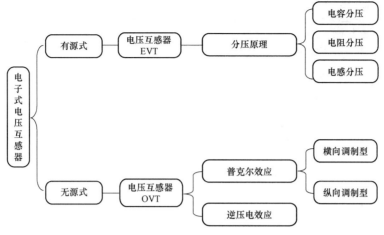

图 2-16 电子式电压互感器分类

电子式电压互感器按照测量原理可分为有源分压型互感器和无源的普克尔效应、逆压电效应型互感器。

基于电容分压原理的电子式电压互感器主要由电容分压器、采集单元、光纤传输单元及合并单元组成，如图 2-17 所示。根据使用场合的不同，可以充油、充气或充混合介质。互感器通过电容分压器从一次高压上取得小电压信号，进入采集单元进行一次转换变成光信号，由光纤传输单元传送至合并单元，进行二次转换后以数字输出，供给测保装置。采集单元一般就地放置，且装在铁磁屏蔽盒内，可以有效消除外界带来的干扰。

2.2.1.4 电流互感器

电流互感器是将高压系统中的电流或低压系统中的大电流变成一定量标准的小电流（5A 或 1A）的电器设备。

（1）电流互感器的作用。高压电流互感器是电力系统将电网中的高压信号变换传递为低压小电流信号，从而为系统的计量、监控、继电保护、自动装置等提供统一、规范的电流信号（传统为模拟量，现代为数字量）的装置；同时满足电气隔离，确保人身和电器安全的重要设备。其主要作用如下：

1）向测量、保护和控制装置传递信息。

2）使测量、保护和控制装置与高电压隔离。

3）有利于仪器、仪表和保护、控制最小型化、标准化。

（2）电流互感器的类型。电流互感器一般按照用途、使用条件、绝缘介质、结构型式、电流变换原理进行分类。

1）按用途分为：① 测量用；② 保护用；③ 计量用。

2）按使用条件分为：① 户内式（一般用于 35kV 及以下电压等级）；② 户外式（一般用于 35kV 以上电压等级）。

3）按绝缘介质分为：

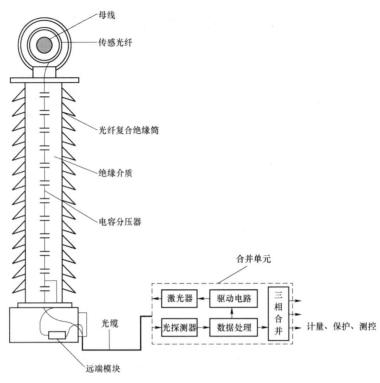

图 2-17　电子式电压互感器结构图

a. 油纸绝缘。由绝缘纸和绝缘油作为绝缘，一般为户外型。

b. 浇注绝缘。用环氧树脂或其他树脂混合材料浇注成型的电流互感器。

c. 干式绝缘。由普通绝缘材料经浸漆处理作为绝缘。

d. 瓷绝缘。以瓷套为主绝缘的电流互感器。

e. 气体绝缘。以 SF_6 气体为主绝缘的电流互感器。

4）按结构型式分：

a. 按安装方式不同可分为贯穿式（用来穿过屏板或墙壁的电流互感器，如图 2-18 所示）、支柱式（安装在平面或支柱上，兼做一次电路导体支柱用的电流互感器，如图 2-19 所示）、套管式（没有一次导体和一次绝缘，直接套装在绝缘的套管上的一种电流互感器，如图 2-20 所示）、母线式（没有一次导体但有一次绝缘，直接套装在母线上使用的一种电流互感器，如图 2-21 所示）。其中贯穿式和母线式属于单匝式电流互感器。

图 2-18　贯穿式电流互感器

图 2-19　支柱式电流互感器

图 2-20　套管式电流互感器　　图 2-21　穿心母线型电流互感器

b. 按一次绕组形式可分为单匝式（常用于大电流互感器）和多匝式（常用于中、小电流互感器）。

c. 按电流比的级数分为串级式（由几个中间电流互感器相互串联而成）和单级式（单个电流互感器）。

d. 按二次绕组装配位置分为正立式结构（二次绕组在电流互感器下部，如图 2-22 所示）、倒立式结构（二次绕组在电流互感器头部，如图 2-23 所示）。

图 2-22　油浸式正立电流互感器　　图 2-23　油浸式倒立电流互感器

e. 按电流比可分为单电流比（只能实现一种电流比变换）和多电流比（可实现不同电流比变换）。

5）按电流变换原理分为：

a. 电磁式（根据电磁感应原理实现电流变换）。

b. 电子式（通过光电变换或光学原理实现电流变换）。

（3）电流互感器原理。高压电流互感器按原理可分为电磁式电流互感器和电子式电流互感器。根据相关标准，电子式电流互感器又可分为光学电流互感器（OCT）、空心线圈电流互感器、铁芯线圈式低功率电流互感器（LPCT）。

1）电磁式电流互感器原理。电磁式电流互感器相当于接近短路运行的变压器，其基本原理与变压器相似，只是取其电流的变换而已。电流互感器的一次绕组应与线路串联，额定电流等于或大于线路的实际电流。

由于电流互感器的一次绕组串联在电力线路中，其一次电流就是线路电流，由线路的负荷决定其电流值的大小，为保持磁势平衡关系，二次电流将随一次电流成正比变化，与电流互感器的二次输出无关。

当电流互感器磁饱和时，其二次电流不能线性地传变一次电流，因其将使测量不准确，影响继电保护的正确动作，还可能损坏电流互感器。对保护的影响表现在：① 在馈供线路故障时，电流互感使电流速断保护发生拒动；② 在短线路末端发生故障时，电流互感器饱和可能会使距离保护发生误动；③ 对于使用电流差动原理的母线保护，在母线近端区外故障时，电流互感器饱和可能会使母差保护发生误动。

互感器正常运行时，传变的电流较小，铁芯磁链在零点附近交变，即完全处在电流互感器的线性传变区。如果电流互感器传变的电流较大，铁芯磁链处于大范围的对称交变状态中，在电流互感器铁芯磁链瞬时值进入饱和区域之前，励磁电流很小，此时电流互感器一次电流几乎全部流入到二次回路；一旦电流互感器铁芯磁链瞬时值进入饱和区域，励磁电流急剧增大，电流互感器一次电流大部分流入励磁支路，二次电流出现严重的缺损；当电流互感器铁芯磁链瞬时值反方向变化，直至退出饱和区域，励磁电流又变得很小，电流互感器一次电流又几乎全部流入到二次回路。因为电流互感器铁芯存在磁滞现象，电流互感器铁芯进入饱和与退出饱和的轨迹并不一致，形成磁滞回环，但电流互感器正方向和反方向进入和退出饱和的轨迹对称，因而磁滞回环周期性对称出现。

如果电流互感器传变穿越性故障电流，则传变的电流包含非周期分量，电流互感器铁芯磁链偏置在坐标轴的一侧，因为铁芯磁链的非周期分量也会衰减，电流互感器铁芯进入饱和与退出饱和形成的轨迹不是周期性地对称出现，形成局部磁滞回环。但随着铁芯磁链的非周期分量衰减为零，电流互感器铁芯磁链恢复对称交变，磁滞回环也恢复对称。

电磁式电流互感器的二次侧一端必须接地，防止一、二次之间绝缘击穿时，危及仪表和人身的安全。电流互感器的二次绕组绝对不允许开路运行。

2）电子式电流互感器原理。基于光学传感技术的光电电流互感器（OCT）及采用罗氏线圈或低功耗铁芯线圈感应被测电流的电子式电流互感器（ECT）可以安全、可靠地实现电力系统大电流的测量。随着温度稳定性和工艺一致性等问题的逐渐解决，目前 OCT 和 ECT已经进入工程应用阶段。与传统电磁式电流互感器相比，电子式电流互感器一般不用铁芯做磁耦合，因此消除了磁饱和现象，使电流互感器运行暂态响应和稳定性都比较好，保证了系统运行的高可靠性。由于电子式电流互感器的高压与低压之间只存在光纤联系，而光纤具有良好的绝缘性能，可保证高压回路与二次回路在电气上完全隔离，低压侧没有因开路而产生的危险，也消除了电磁干扰对电流互感器性能的影响。电子式电流互感器具有很宽的动态范围，一个测量通道额定电流可测到几十安培至几千安培，过电流范围可达几万安培。因此既可同时满足计量和继电保护的需要，又可免除电磁感应式电流互感器多个测量通道的复杂结构。

a. 有源电子式电流互感器原理。

有源电子式电流互感器（ECT）主要是采用电磁感应原理，具体分为罗氏线圈和低功率线圈（LPCT）两种。一般情况下，一个有源电子式电流互感器中同时具有罗氏线圈和低功率线圈，罗氏线圈用于传感保护级电流信号，低功率线圈用于传感测量级电流信号。

a）罗氏线圈原理。罗氏线圈测量电流是依据全电流的电磁感应原理。根据空心线圈的感应信号与被测电流的微分成正比这一原理，经积分变换等信号处理便可获知被测电流的大小。

罗氏线圈的生产和安装有一些特殊要求：空心线圈密度要求恒定；骨架截面积也要恒定；线圈横截面要与中心线垂直，工艺水平影响产品稳定性。

罗氏线圈采用开环控制技术，动态范围和精度受局限；需要供能模块，供能半导体激光器功率大；易受杂散磁场影响。

b）低功耗线圈原理。低功耗线圈是传统电磁式电流互感器的一种发展。低功耗线圈仍是铁芯式线圈，按照高阻抗进行设计，使传统电流互感器在很高的一次电流下出现饱和的基本特性得到了改善，扩大了测量范围。低功耗线圈一般在 50%～120%额定电流下线性度较好，精度较高，通常为 0.1/0.2S，适用于测量和高精度计量。低功耗线圈的动态范围比较小，在故障大电流情况下容易饱和，实际应用中，保护和测量对数据的要求不同，因此将保护线圈和测量线圈分开，共用一套电子线路数据处理系统。罗氏线圈测量范围较宽，一般用于保护线圈；低功耗线圈动态响应好，精度高，用于测量线圈。

c）供能技术。有源电子式电流互感器高压侧远端模块含有电子电路构成的电子模块，电子模块采集罗氏线圈和低功耗线圈的输出信号，经滤波、积分变换及 A/D 转换后变为数字信号，通过电光转换电路将数字信号变为光信号，然后通过光纤将数字光信号送至合并单元。ECT 高压侧的电子模块需要工作电源，供能问题是有源电子式电流互感器必须解决的问题，直接影响到互感器的运行可靠性。

ECT 主要的供能方式有两种：激光供能和线路取电。激光供能是低压侧的光源系统利用激光供电技术通过光纤给高压侧的电子线路提供能量，是有源电子式互感器的关键技术之一。这种方式对光源系统的供电可靠性、稳定性以及使用寿命提出了很高的要求，同时存在高压条件下电源绝缘问题。线路取电是利用被测线路的电流为互感器高压侧的电子线路部分提供能量，这种方式需要在高压侧增加整流、稳压电路，使高压侧电子模块部分变得更加复杂。

b. 无源电子式电流互感器原理。

无源电子式电流互感器主要指采用光学测量原理的电流互感器，又称为光学电流互感器，其特点是远端处理模块在低压侧，无须向高压侧传感头提供电源。目前主要的光学电流互感器都是采用法拉第（Faraday）磁旋光效应原理。

法拉第磁旋光效应是指某些介质处于外磁场中时，这些介质会产生旋光特性，因此当线性偏振光通过时，偏振光的方向会发生旋转，法拉第磁旋光效应的微观原因可以归结为晶体内的束缚电子，在磁场中运动时受到洛伦兹力的作用而绕磁场发生拉莫尔旋进，因为电子的运动总附加有右旋的拉莫尔旋进，当光的传播方向相反时，偏振面的旋转角方向并不倒转，所以法拉第磁光效应是非互易效应。因此，只要测得线性偏振光的旋转角就可以测得环绕光路电流的值。

无源电子式电流互感器原理采用法拉第磁旋光效应原理，虽然可以采用不同的传感材料，且在偏振角的检测方法上也不同，但其基本的物理机理是一致的。

（4）电流互感器主要技术参数。

1）额定电压。电流互感器一般只标额定电压，即一次绕组所接的线路电压，但它不是一次绕组的端电压,而是指一次绕组对二次绕组和地的绝缘水平,只说明电流互感器的绝缘强度,与容量无关。

2)额定电流。额定电流分一次电流和二次电流。额定一次电流是决定互感器误差和温升的一个参数,它取决于系统的额定电流,通常见到的有 5、10、15、30、50、75、100、150、200、300、400、600、800、1200、1500、1600、2000、2500、3000A 等。

额定二次电流是一个标准电流,一般是 5A 和 1A,IEC 标准还有 2A。它取决于二次设备的标准化。

3)额定电流比。额定电流比指额定一次电流与二次电流之比,一般不以其比值表示,而写成比式。

4)额定负荷。额定负荷是指电流互感器二次所接电气仪表、仪器或继电保护及自动装置、连接导线等总阻抗,其值是变化的,所以规定有额定负荷。国家标准和 IEC 标准规定额定负荷均以 VA(伏安)为单位。

5)准确级。电流互感器的准确等级就是互感器变比误差的百分数。互感器一次绕组在额定电流下,二次负荷越大则变比误差和角误差就越大;当一次电流低于电流互感器额定电流时,互感器的变比误差和角误差就随之增大。根据使用要求,常用的电流互感器的准确级一般有 0.2、0.2S、0.5、1.0、3.0、5.0、10 和 B 级。其中保护用电流互感器准确级一般分为:稳态特性型(如 P、PR、PX 级)、暂态特性型(如 TPX、TPY、TPZ、TPS 级等)。

6)短时热稳定电流与动稳定电流。在 1s 内电流互感器所能承受的无损伤的一次电流有效值称作额定短时热稳定电流,能承受电动力的作用而无电的或机械损伤的一次电流峰值称作额定动稳定电流。

(5)常见电流互感器的结构。

1)电磁式电流互感器结构。

a. SF_6 气体绝缘电流互感器。

SF_6 气体绝缘电流互感器最初在组合电器上配套使用,后来逐步发展成为独立式 SF_6 互感器。SF_6 气体绝缘电流互感器采用 SF_6 气体绝缘作为主绝缘,为全封闭结构。独立式 SF_6 气体绝缘电流互感器常采用倒立式结构,外形与倒立式油浸式电流互感器相似,由头部(金属外壳)高压绝缘套管和底座组成,如图 2-24 所示。

b. 油浸式电流互感器。

油浸式电流互感器都是户外型产品。其绝缘结构可以分为纯油纸绝缘的链型结构和电容型油纸绝缘结构。我国生产的 66kV 及以下电流互感器多采用链型绝缘结构,而 110kV 及以上电流互感器则主要采用电容型绝缘结构。

链型绝缘结构的电流互感器,其一次绕组和二次绕组构成互相垂直的圆环,像两个链环,其绝缘是纯油纸绝缘。目前都采用双极绝缘,即一半绝缘绕在一次绕组上,另一半绝缘绕在二次绕组上。

电容型绝缘结构电流互感器又可以分为正立式和倒立式两种。正立式电容型绝缘结构电流互感器的主绝缘全部包扎在一次绕组上;倒立式则主绝缘全部包扎在二次绕组上。正立式结构一次绕组通常采用 U 形,倒立式结构二次绕组通常采用吊环形,如图 2-25 所示。

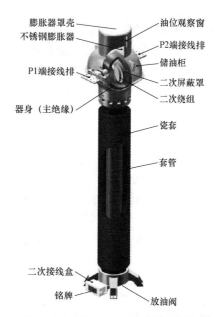

图 2-24　SF₆气体绝缘电流互感器 图 2-25　倒立式结构电流互感器

为了充分利用材料的绝缘特性，电容型绝缘结构在绝缘内设有导电或者半导电的电屏，把油纸绝缘分为很多绝缘层，每一对电屏连同绝缘层就是一个电容器。为了保证电压在电屏之间均匀分布，应使每对电屏间电容量基本相同。通常按照绝缘等厚原则来设计，即各相邻电屏之间绝缘厚度彼此相等。在相同的电压下，电容型绝缘厚度比链型绝缘要薄，可以节约材料，因而在 110kV 及以上电流互感器中得到了广泛的应用。这些电屏又称主屏，最内层的电屏与一次绕组高压作电气连接，叫零屏；最外层的电屏接地，叫末屏或地屏。倒立式绝缘结构则相反，最外层电屏接高电压，最内层电屏接地。电容型绝缘电屏端部是极不均匀电场，为了改善电场分布，在两个主屏端部设置几个较短的端屏（也叫副屏），将端部绝缘屏间厚度减小。

油浸式绝缘互感器的外绝缘是油的容器，即瓷套（也称瓷箱）。外绝缘是高压对地的绝缘支撑，其有效高度即套管外部带电部分与接地部分之间的直线距离，由互感器外绝缘雷电冲击试验电压和工频试验电压决定。

油箱和底座是固定和安装互感器器身的基础。正立式电容型电流互感器一般采用油箱，油箱有一定的容积，能容纳一定的绝缘油。倒立式电流互感器和其他非电容型电流互感器一般都采用底座，上部为平面，不能容纳绝缘油，只起底座作用。在油箱或底座的上部都装有二次线引出端子、放油塞、接地螺栓和铭牌等。

二次绕组的出线通过二次端子引出，目前有通过小套管引出和通过固定在绝缘板上的接线柱引出两种方式。二次接线板一般用环氧玻璃布板加工而成，接线板开孔，应留有二次接线柱抗扭转定位装置，以防止装配接线时接线柱过度扭转而破坏密封。对于电容屏末屏引出端子，为适应电力部门检测介质损耗的需要，应加强绝缘，采用小瓷套引出。

放油塞放置在互感器油箱的最低位置，要求可以通过放油塞把互感器内部的油放干净。放油塞应有双重密封，油塞与互感器内部应保证密封良好。油塞外部应有一个罩盖，以防止油塞与空气直接接触，保持内部清洁。此外，油塞还应便于油溶解气体色谱取样分析，以保证抽油样的准确性。罩盖也必须保持良好密封，并作为防止产品渗漏的第二道屏障。

高压电流互感器一次绕组大都由能够并联或串联的两个线段组成，可以得到两个电流比。一般有 2～6 个二次绕组，其中 1～2 个作计量和测量用，其余的作保护用（P 级）。有些二次绕组也设有抽头，以便从二次侧改变电流比。

2）电子式电流互感器结构。电子式电流互感器原理和结构与常规电流互感器不同，其典型结构如图 2-26 所示。电子式电流互感器由高压侧传变模块、采集模块、低压侧合并单元三部分组成。高压侧传变模块通过传感元件将一次输入电流转换为与之成一定关系且可测量的电信号或光信号，转换后的信号仍是模拟量信号，然后通过传输系统将信号传输到采集模块进行数据采集并处理，形成数字量信号并传输至合并单元。合并单元将接收 SV 信号经过数据还原、同步等处理后，得到电子式电流互感器一次输入信号，并通过标准 SV 格式输出。

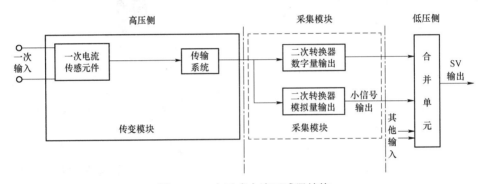

图 2-26　电子式电流互感器结构

在早期应用中，电子式电流互感器还有模拟量小信号输出的模式，即一次输入电流经过传感元件转换后经传输系统和模拟量二次转换器直接将与一次输入相关的模拟量小信号输出。这种应用模式不需要合并单元，早期主要应用于 35kV 及以下的低压系统。但其输出仍为模拟量，传输距离受限、易受干扰、不利于数据共享，目前在智能变电站中的应用已经很少。

根据电子式电流互感器的不同原理，其高压侧传感元件输出信号可能是电信号，也可能是光信号。前者容易受到电磁干扰，传输距离受限，因此采集模块只能位于高压侧或位于高压侧附近；后者不受电磁干扰，传输距离远.因此采集模块可以远离高压侧，位于就地汇控柜内。

电子式电流互感器根据其采集模块是否位于高压侧，也即高压部分是否需要工作电源，可分为有源式和无源式两大类，前者基于电磁感应原理，利用现代电子技术进行信号处理，其特点是在高压侧有电子电路的采集模块；后者基于光学传感技术，其特点是在高压侧没有电子电路的采集模块。

电子式电流互感器按照测量原理可分为有源的罗氏线圈和低功耗线圈互感器、无源的磁光玻璃型和全光纤型互感器。按照用途分为测量用电子式电流互感器和保护用电子式电流互感器，测量用电子式电流互感器是将信息信号传输至指示仪器、积分仪表和类似装置，保护用电子式电流互感器是将信息信号传输到继电保护和控制装置。电子式电流互感器分类如图 2 - 27 所示。

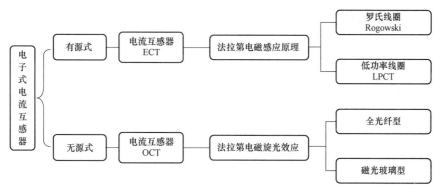

图 2 - 27　电子式电流互感器分类

a. 有源电子式电流互感器结构。有源电子式电流互感器其主要由以下四部分组成：

a）一次传感器。一次传感器位于高压侧，包括一个低功耗线圈、两个罗氏线圈、一个高压电流取能线圈。高压电流取能线圈用于从一次电流获取电能供远端电子模块工作。

b）远端电子模块。远端电子模块也称一次转换器，远端电子模块接收并处理低功耗线圈及罗氏线圈的输出信号，远端电子模块的输出为串行数字光信号。远端电子模块的工作电源由合并单元内的激光器或高压电流取能线圈提供。

c）光纤绝缘子。绝缘子为内嵌光纤的实心支柱式复合绝缘子。绝缘子内嵌 8 根多模光纤，实际使用 4 根光纤（两根传输激光供能，两根传输数字信号），另外 4 根光纤备用。光纤绝缘子高压端光纤以 ST 头与远端模块对接，低压端光纤以熔接的方式与传输信号的光缆对接。

d）合并单元。合并单元置于控制室，合并单元一方面为远端模块提供供能激光，另一方面接收并处理三相电流互感器远端模块下发的数据，对三相电流信号进行同步，并将测量数据按规定的协议输出供二次设备使用。合并单元的输出信号采用多模光纤传送，接头为 ST 型。

b. 无源电子式电流互感器结构。

无源电子式电流互感器主要指采用光学测量原理的电流互感器，又称为光学电流互感器（OCT），其特点是远端处理模块在低压侧，无须向高压侧传感头提供电源。目前主要的光学电流互感器都是采用法拉第（Faraday）磁旋光原理，从材质的不同可分为磁光玻璃型和全光纤型。

（6）电流互感器二次绕组配置。按照相关标准的要求，计量、测量一般使用 0.2、0.2S、0.5、1.0、3.0、5.0 六个标准，在负荷范围广、准确级要求高的场合，一般计量使用 0.2 级、测量使用 0.5 级电流互感器。

目前 220kV 及以下电压等级的电力系统保护用电流互感器一般选用 P 级（5P20 级电流互感器较常用），既能满足稳态要求也能满足暂态要求；在使用重合闸的 500kV 线路保护中，一般选用 TPY 级暂态电流互感器；在不使用重合闸的 500kV 线路保护中，一般选用 TPX 级暂态电流互感器；高阻抗母差保护一般选用 TPS 级暂态电流互感器。

电流互感器二次绕组配置原则：合理分配电流互感器二次绕组，两套保护之间的 TA 二次绕组交叉配置，线路—线路或线路—变压器的保护 TA 二次绕组交叉配置，避免可能出现的保护死区。

2.2.2 开关类设备

2.2.2.1 断路器

断路器具有完善的灭弧机构和足够的断流功能，因此可以用来切断负荷电流和故障电流。

（1）断路器的作用。高压断路器是电力系统中重要的控制和保护设备，它不仅可以切断和接通正常情况下高压电路中的空载电流和负荷电流，还可以在系统发生故障时与保护装置及自动装置相配合，迅速切断故障电源，防止事故扩大，保证系统的安全运行。

（2）断路器的类型。

1）按灭弧介质分类。

a. 油断路器。触头在变压器油（断路器油）中开断，利用油作为灭弧介质，分为多油断路器和少油断路器两种类型。其结构简单、工艺要求低，但体积大、用钢材及绝缘油较多，现较少使用。

b. 空气断路器。以压缩空气作为灭弧介质和绝缘介质。靠压缩空气吹动电弧使之冷却，在电弧达到零值时，迅速将弧道中的离子吹走或使之复合而实现灭弧。空气断路器开断能力强，开断时间短，但结构复杂，工艺要求高。

c. SF_6 断路器。以 SF_6 气体作为灭弧介质，并利用它所具有的很高的绝缘性能来增强触头间的绝缘，开断能力强，动作快，体积小，在 110kV 及以上高压及超高压系统中广泛应用。

d. 真空断路器。触头在真空中开断，利用真空作为绝缘介质和灭弧介质，真空断路器开断能力强，开断时间短、体积小，主要多用于 35kV 及以下配电系统。

2）按操动机构分类。

a. 弹簧机构。利用弹簧压缩的能量，通过释放弹簧的能量操作断路器分、合闸的机构。特点：电源容量需求小，交、直流电源均可使用，暂时失去操作电源时也能操作；但对弹簧材料、工艺要求高，合闸过程中机构输出特性与断路器输入特性配合较差；多用于需要操作功率较小的断路器。

b. 液压机构。利用液体不可压缩原理，以液压油作为传递介质，以高压油推动活塞实现合闸与分闸的机构。特点：不需要大功率的直流电源，暂时失去操作电源时也能操作，合闸操作中机构输出特性与电路器输入特性配合较好，功率大、动作快、操作平稳；但加工精度要求高、造价高、渗漏问题突出；多用于需要操作功率较大的高压断路器。

c. 气动机构。指以压缩空气作为动力源，以压缩空气推动活塞使断路器分合闸。特点：不需要大功率直流电源，暂时失去操作电源时也能操作；需要空气压缩机，大功率机构结构笨重，空压机排水问题突出。

d. 电磁操动机构。用电子器件控制的电动机去直接操作断路器操作杆。特点：结构简单，但需要大功率的直流电源，多用于 110kV 以下油断路器。

e. 组合式操动机构。如气动弹簧机构，由气动机构实现合闸，靠储能后的弹簧完成分闸；弹簧储能液压机构，分闸由液压机构实现，合闸靠弹簧。

3）按对地绝缘方式分类。可分为绝缘子支柱型结构断路器、罐式结构断路器、全封闭组合式断路器。

（3）断路器技术参数。

1）额定电压。是指断路器长时间运行时能承受的正常工作电压。我国采用的额定电压等级有 3、6、10、20、35、60、110、220、330、500、750、1000kV。

2）最高工作电压。断路器长期正常运行的最高工作电压，由于电网不同地点的电压可能高出额定电压 10%左右，故断路器的最高工作电压其值为额定电压的 1.1～1.15 倍。

3）额定电流。是指铭牌上标明的断路器可长期通过的工作电流。断路器长期通过额定电流时，各部分的发热温度不会超过允许值。

4）额定开断电流。是指断路器在额定电压下能正常开断的最大短路电流的有效值，它表征断路器的开断能力。开断电流与电压有关。当电压不等于额定电压时，断路器能可靠切断的最大短路电流有效值，称为该电压下的开断电流。当电压低于额定电压时，开断电流比额定开断电流有所增大。

5）额定短路关合电流。保证断路器能关合短路而不至于发生触头熔焊或其他损伤，所允许接通的最大短路电流。

6）动稳定电流。断路器在合闸位置时，允许通过的短路电流最大峰值，它是断路器的极限通过电流。

7）热稳定电流（短时耐受电流）。是指在规定的某一段时间内，允许通过断路器的最大短路电流。热稳定电流表明了断路器承受短路电流热效应的能力。

8）开断时间（全开断时间）。是指断路器接到分闸命令瞬间起到各相电弧完全熄灭为止的时间间隔，它包括断路器固有分闸时间和燃弧时间。断路器固有分闸时间是指断路器接到分闸命令瞬间到各相触头刚刚分离的时间；燃弧时间是指断路器触头分离瞬间到各相电弧完全熄灭的时间。全开断时间是表征断路器开断过程快慢的主要参数，越小越有利于减小短路电流对电气设备的危害，缩小故障范围，保持电力系统的稳定。

9）合闸时间（固有合闸时间）。是指从操动机构接到合闸命令瞬间起到断路器接通为止所需的时间。合闸时间的长短，主要取决于断路器的操动机构及传动机械特性。

10）无电流间隔时间。指断路器自动重合闸过程中，从断路器跳闸各相电弧熄灭起到断路器重合触头预击穿为止的一段时间（300ms）。

11）金属短接时间。指断路器自动重合闸过程中，从断路器重合闸触头全部接通起到再次跳闸触头刚分为止的一段时间（40～75ms）。

（4）断路器基本结构。断路器的结构可分为电路通断元件、绝缘支撑元件、操动机构、基座 4 部分。

1）电路通断元件。由接线端子、导电杆、触头及灭弧室等组成。它是关键部件，承担着接通和断开电路的任务。

2）绝缘支撑元件。固定通断元件的作用，并使其带电部分与地绝缘。

3）操动机构。控制通断元件的作用，当操动机构接到合闸或分闸命令时，操动机构动作，经中间传动机构驱动动触头，实现断路器的合闸或分闸。

4）基座。

（5）不同灭弧介质的高压断路器。

1）真空断路器。真空断路器的真空灭弧室以高真空为绝缘和灭弧介质。高真空具有较高的绝缘强度，开断短路电流时形成真空电弧。真空电弧中气体非常稀薄。在电流过零后，由于电极周围的金属蒸气密度低，弧隙间的介质强度恢复很快，所以真空开断性能比其他介质优良，特别适合切近区故障电流和高频电流。真空断路器可配用电磁操动机构、弹簧操动机构和永磁操动机构。在中压领域真空断路器发展很快，几乎取代了其他断路器。随着触头截流问题逐渐得以解决，真空断路器正在向高压领域发展。

真空断路器有如下特点：

a. 真空介质的绝缘强度高，触头间距离可被大大缩短，所以分/合时触头行程很小，对操动机构的操动功率要求较小。

b. 灭弧过程是在密封的真空容器中完成的，电弧和炽热的金属蒸气不会向外界喷溅，因此不会污染周围环境。

c. 介质不会老化，介质不需要更换。

d. 电弧开断后，介质强度恢复迅速。

e. 电弧能量小，使用寿命长，适合于频繁操作。

f. 开断可靠性高，无火灾和爆炸的危险，能适用于各种不同的场合，可以频繁操作。

g. 结构简单、操作简便，维护工作量小，维护成本低。

2）SF_6 断路器。采用 SF_6 气体作为绝缘和灭弧介质的断路器称为 SF_6 断路器。由于 SF_6 气体具有优良的绝缘性能和电弧下的灭弧性能，无可燃、爆炸的特点，使 SF_6 断路器在高压和超高压断路器中获得广泛的应用，已基本取代了其他断路器。SF_6 断路器的特点如下：

a. SF_6 气体的良好绝缘特性使 SF_6 断路器结构设计更为紧凑，电气距离小，单断口的电压可以做得很高。与少油和空气断路器比较，在相同额定电压等级下，SF_6 断路器所用的串联单元数较少，节省占地，而且操作功率小、噪声小。

b. SF_6 气体的良好灭弧特性，使 SF_6 断路器触头间燃弧时间短，开断电流能力大，触头的烧损腐蚀小，触头可以在较高的温度下运行而不损坏。

c. SF_6 气体介质恢复速度特别快，因此开断近区故障的性能特别好，通常不加并联电阻能够可靠地切断各种故障而不产生过电压。

d. SF_6 断路器的带电部位及断口均被密封在金属容器内，金属外部接地，能更好地防止意外接触带电部位和防止外部物体侵入设备内部，保证设备可靠运行。

e. SF_6 气体在低压下使用时，能够保证电流在过零附近切断，电流截断趋势减至最小，避免截流而产生的操作过电压，降低了对设备绝缘水平的要求，并在开断电容电流时不产生重燃。

f. SF_6 气体密封条件好，能够保持 SF_6 断路器内部干燥，不受外部潮气的影响。

g. SF_6 气体是不可燃的惰性气体，这可避免 SF_6 断路器发生爆炸和燃烧，使变电站的安全可靠性提高。

h. SF_6 气体分子中根本不存在碳，燃弧后 SF_6 断路器内没有碳的沉淀物，所以可以消除碳痕，使其允许开断的次数多、检修周期长。

SF_6 气体的压力直接影响断路器的灭弧能力和灭弧室的绝缘性，如 SF_6 气体压力过低甚至会造成断路器爆炸。SF_6 断路器均装设 SF_6 压力监视的表计，监视断路器本体 SF_6 压力值，反映断路器绝缘情况。

SF_6 断路器利用 SF_6 气体密度继电器（气体温度补偿压力开关）监视气体压力的变化。带指针及有刻度的称为密度表；不带指针及刻度的称为密度继电器或密度压力开关；有的 SF_6 气体密度表也带有电触点，即兼作密度继电器使用。它们都是用来测量 SF_6 气体的专用表计。

当气体压力下降至第一报警值时，密度继电器动作，触点一闭合，发出"SF_6 气压低告警"信号。SF_6 气体压力下降至第二报警值时，密度继电器动作，触点二闭合，发出"SF_6 气压低闭锁"信号，同时，通过重动接点，将断路器的分/合闸回路断开，实现分/合闸闭锁。

（6）高压断路器操动机构。

1）操动机构简介。操动机构是断路器的重要组成部分，断路器的工作可靠性在很大程度上依赖于操动机构的动作可靠性。

断路器的全部功能最终都体现在触头的分合动作上。触头的分合动作要通过操动机构来实现，把从提供能源到触头运动的全部环节统称为操动系统（或操动装置）。操动系统包括操动机构、传动机构、提升变直机构、缓冲装置和二次控制回路等几个部分。

通常把独立于断路器本体以外的部分称为操动机构，因此操动机构往往是一个独立的产品，一种型号的操动机构可以配用于不同型号的断路器，而同一型号的断路器也可配装不同型号的操动机构。

根据所提供能源形式的不同，操动机构可分为手动操动机构（CS）、电磁操动机构（CD）、弹簧操动机构（CT）、气动操动机构（CQ）、液压操动机构（CY）等几种，手动和电磁操动机构属于直动机构，弹簧、气动和液压机构属于储能机构。

对于直动机构而言，操动机构由做功元件、连板系统、维持和脱扣部件等几个主要部分组成；对于储能机构而言，操动机构由储能元件、控制系统、执行元件几大部分组成。

2）操动机构的要求。操动机构的工作性能和质量的优劣，对高压断路器的工作性能和可靠性有着极为重要的影响。操动机构的动作性能必须满足断路器的工作性能和可靠性的要求，这些要求如下：① 具有足够的合闸功率，保证所需的合闸速度；② 能维持断路器处在合闸位置，不产生误分闸；③ 有可靠的分闸速度和足够的合闸速度；④ 具有自由脱扣装置；⑤ 防跳跃；⑥ 在控制回路中，要保证分合动作准确、连续；⑦ 结构简单、体积小、价格低廉。

3）常见操动机构。

a. 气动操动机构。

气动操动机构分早期和后期两种形式。早期的气动操动机构用于空气断路器，分/合闸靠压缩空气提供动力，储压筒内压力高，机构体积大，噪声大。这种气动操动机构已经被淘汰。后期的气动操动机构是改进后的气动操动机构。SF_6 断路器所配的气动操动机构是一种以压缩空气做动力进行分闸操作，辅以合闸弹簧作为合闸储能元件的操动机构。压缩空气靠产品自备的压缩机进行储能，分闸过程中通过气缸活塞给合闸弹簧进行储能，同时经过机械传递单元使触头完成分闸操作，并经过锁扣系统使合闸弹簧保持在储能状态。合闸时，锁扣借助磁力脱扣，弹簧释放能量，经过机械传递单元使触头完成合闸操作。所以该机构确切应为气动—弹簧操动机构。

气动—弹簧操动机构结构简单，可靠性高，分闸操作靠压缩空气做动力，控制压缩空气的阀系统为一级阀结构，合闸弹簧为螺旋压缩弹簧。运行时分闸所需的压缩空气通过控制阀封闭在储气罐中，而合闸弹簧处于释放状态。这样分、合闸各有一套独立的系统。

气动操动机构的缺点：传递媒介使用的是压缩空气，操作过程中会发生动作延迟，压缩空气的质量对操动机构有着重要的影响；压缩空气应该干燥，否则会使活塞和气缸表面生锈；操作时压缩空气的释放声音大，而且还需要配备空气压缩机。

b. 液压操动机构。

液压操动机构将储存在储能器中的高压油作为驱动能传递媒体。储能器中的能量维持主要使用氮气，利用储压器中预储的能量，运用差动原理，间接推动操作活塞来实现断路器的分合闸操作。

由于液压操动机构具有的优点，在相当一段时期在高压断路器上广泛使用。高压断路器的不断发展也促使了液压操动机构的不断改进。目前，模块化、高质量、无泄漏的新型液压操动机构依然受到用户广泛欢迎。

c. 弹簧操动机构。

弹簧操动机构是一种以弹簧作为储能元件的机械式操动机构。弹簧的储能借助电动机通过减速装置来完成，并经过锁扣系统保持在储能状态。开断时，锁扣借助磁力脱扣，弹簧释放能量，经过机械传递单元使触头运动。

弹簧操动机构结构简单、可靠性高，分合闸操作采用两个螺旋压缩弹簧实现。储能电动机给合闸弹簧储能，合闸时合闸弹簧的能量一部分用来合闸，另一部分用来给分闸弹簧储能。合闸弹簧一释放，储能电动机立刻给其储能，储能时间不超过15s（储能电动机采用交直流两用电动机），运行时分合闸弹簧均处于压缩状态，而分闸弹簧的释放有一独立的系统，与合闸弹簧没有关系。

弹簧操动机构的优点：① 不需要专门的操作电源，储能电动机功率小，交直流两用，使用方便；② 没有油压和气压，因此也不需要这些压力的监控装置。

弹簧操动机构的缺点：① 结构比较复杂，零件数量较多，加工要求较高；② 传动环节较多，有时会出现故障。

d. 液压弹簧操动机构。

液压弹簧操动机构是在液压操动机构基础上发展起来的，最大的改进是用弹簧储能取代了氮气储压筒储能，无需温度补偿措施，解决了传统液压操动机构储能器气体泄漏造成储能器功能下降的隐患，并且大大减少了机构体积，简化了机构结构。

由于液压弹簧操动机构集液压和弹簧操动机构的优点为一体，操作平稳，性能较为可靠，因此在高压 SF_6 断路器上使用范围逐渐扩大。但是由于该机构弹簧的材料和制作工艺要求高，液压元件精度要求也高，制造难度较大，成本较高，也有继续研究和改进的必要。

4）弹簧机构操作原理及基本操作过程。弹簧机构的工作原理是利用电动机对合闸弹簧储能，并由合闸掣子保持，在断路器合闸时，利用合闸弹簧释放的能量操作断路器的合闸，与此同时对分闸弹簧储能，并由分闸掣子保持，断路器分闸时利用分闸弹簧释放能量操作断路器分闸。当弹簧储足能量时，应能满足断路器额定操作循环下分、合、分的操作要求。

a. 断路器分闸状态，弹簧未储能。

b. 电动机旋转，带动连杆压缩弹簧，对合闸弹簧储能，注意电动机只对合闸弹簧储能，与分闸弹簧无关联。

c. 收到合闸命令，合闸掣子动作；合闸弹簧释放能量，操作断路器合闸，与此同时对分闸弹簧储能。

d. 电动机旋转，带动连杆压缩弹簧，对合闸弹簧储能，正常合闸状态的断路器合闸弹簧应储能，此时断路器能完成分、合、分的操作过程。

在弹簧储能电动机的启动回路中，接入了弹簧未拉紧时闭合的限位触点 CK，只要是弹簧未拉紧到位，CK 就闭合。

当弹簧未储能或能量释放后，储能行程开关 CK 接点闭合，使储能中间继电器 ZK，发出"开关机构弹簧未储能"信号。此时 ZK 接点将短路而开断路器合闸回路，造成断路器不能合闸；同时 ZK 接点闭合接通储能电机回路，启动电机运转将合闸弹簧拉紧完成储能。储能到位后，储能行程开关 CK 断开，切断电动机启动回路。电机失电停止运转，弹簧未储能信号复归。

正常断路器合闸操作后，其储能电动机将对合闸弹簧储能，在储能过程中会出现"弹簧未储能"信号的动作、复归，此为正常现象。部分地区通过在测控或监控主站设置信号防抖动延时过滤了此类在操作中正常短时动作复归的信号，则合闸操作中将不会有该信号动作。

如"弹簧未储能"长时间动作不复归，可能为断路器储能电动机损坏或电机电源消失造成弹簧无法储能，此时断路器将无法合闸；如断路器为运行状态，则在故障跳闸后将不能重合。如故障原因为储能电动机回路异常或缺相，将造成电动机电源空气开关跳开或电动机热耦跳开，应伴有"断路器储能电源消失"信号。

e. 收到分闸命令，分闸掣子动作分闸弹簧释放能量操作断路器分闸；收到重合闸命令，合闸弹簧释能操作断路器合闸，同时对分闸弹簧储能；再次收到分闸命令，分闸弹簧释放能量操作断路器分闸，由此完成分、合、分的循环操作过程。

5）液压机构操作原理及基本操动过程。液压机构结构示意图如图 2-28 所示。

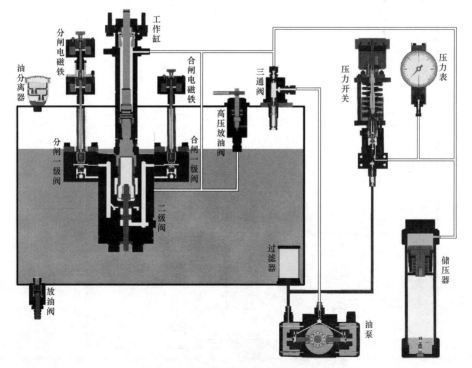

图 2-28　断路器液压机构结构示意图

a. 合闸操作。在分闸位置时，接通合闸电磁阀，换向阀切换至合闸状态，活塞的两侧均与高压油接通，由于合闸一侧腔活塞面积大于分闸腔，在差动原理作用下，快速合闸；油压的压差使断路器保持在合闸位置。

b. 分闸操作。在合闸位置接到分闸命令，分闸电磁铁动作，换向阀切换至分闸位置，合闸腔一侧高压油通过换向阀流至低压油箱，在分闸腔高压油的作用下，活塞快速运动分闸。

断路器处于分闸状态时，液压缸活塞分闸一侧是承压油，合闸一侧是无压油，确保断路器处于分闸状态。

液压机构的断路器一般均装设有液压油监视表计，通过压力表监视液压机构的压力，间接完成了对储压器内储能情况的监视。而在液压机构逐渐降低时，通过压力开关内的行程开关触点，可以在设定的压力值触发相应的信号，详见表 2-1。

表 2-1　　　　　　　　　　　　液压机构常见压力设定值

监视信号	压力启动值（MPa）	压力返回值（MPa）
油泵启动压力值	31.5	34.0
重合闸闭锁压力值	29.0	30.0
合闸闭锁压力值	26.5	27.5
分闸闭锁压力值	24.5	24.5

液压机构的信号回路如图 2-29 所示。在正常情况下，油泵在油压降至 32.0MPa 时开

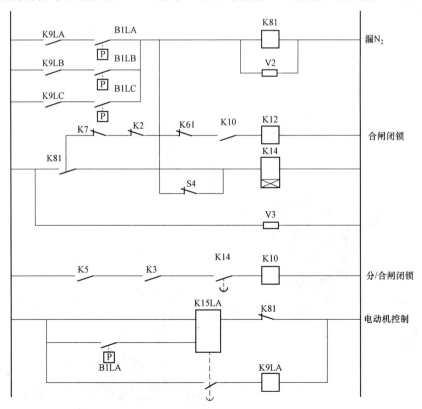

图 2-29　液压机构的信号回路

始打压，由压力监视触点 B1LA 闭合，继电器 K15LA 动作，其触点接通油泵电源，进行打压，同时发"油泵启动"信号。当液压油压力高于 32.0MPa 之后，其压力触点返回，由于 K15LA 继电器为延时返回继电器，所以能保证经过一定的打压时间后切断油泵回路，油泵自动停泵。如断路器"油泵启动"信号频繁动作，可能为液压回路有渗漏。

对液压机构的 N2 储压器气体泄漏的监视，并不是通过气体继电器或气体密度继电器实现的，而使用了压力开关。

图 2-30　液压机构储压器

如图 2-30 所示，液压机构的建压是通过油泵打压，由高压液压油推动活塞压缩 N_2 实现的。正常打压情况下，当建压为额定值时，活塞位置也移动到了额定的位置。而当 N_2 泄漏时，为了获得额定的压力值，只能推动活塞进一步压缩气体，油泵打压，油压上升，N_2 和液压油间的隔离挡板向 N_2 侧移动，液压油侧空间变大，油压下降，油泵再次打压。

当 N_2 气体泄漏较多时，在多次油泵启动打压后，活塞向左移动至挡板处，N_2 和液压油的隔离挡板移至限制位置不再动作，压力仍未到达额定值。此时，油泵继续运转打压，由于液体的不可压缩性，油压迅速上升至 N_2 泄漏告警值，触发压力开关中相应的行程开关，此时 K9LA/K9LB/K9LC 动作，K81 继电器得电，此时会出现"N_2 泄漏"报警信号，K81 继电器得电后，其动断触点断开电动机控制回路，油泵停止打压；同时 K81 触点向下闭合，继电器 K12 失电，其触点串联在合闸回路中，用以断开合闸回路；K14 延时动作继电器得电，其触点延时断开，使 K10 继电器失电，该继电器触点串联在分闸回路中，用以断开分闸回路。

如"油泵启动"长时间动作不复归，可能为液压回路有严重渗漏或储能电机有故障，造成液压油压力低于启泵压力，无法上升，如继续发展，压力低至报警值会出现"油压低告警"信号，油压低于闭锁值会出现"油压低闭锁合闸"或"油压低闭锁分闸"的信号；或为油泵电源回路缺相造成无法打压，如油泵长时间缺相运行会造成其热耦动作，跳开油泵电源开关，此时将伴有"储能电源故障"信号；也可能为油压触点 B1LA 粘连，造成油泵长时间打压，实际油压会不断上升，当上升至 N_2 泄漏告警值时，会出现"N_2 泄漏"报警信号。

如图 2-31 当操动机构油压降低至闭锁合闸设定值，P4 压力继电器动作，K20 继电器失电，其常开接点断开断路器合闸回路，断路器无法合闸；当操动机构油压降低至分闸闭锁压力值，P5 压力继电器动作，K5 继电器失电，其动合触点打开，使 K7 继电器失电，K7 触点串联在分闸回路中，断开断路器分闸回路。正常应伴有"合闸闭锁"和"控制回路断线"信号，断路器将无法分闸，系统发生事故时会使事故扩大。

（7）断路器其他辅助部件。

1）并联电容器。在多断口断路器中，并联在断路器断口，改善断路器在开断时各个断口的电压分配，使电压分布尽量均匀，并且使开断过程中每个断口的恢复电压均匀分配，以使每个断口的工作条件接近相等。在断路器的分闸过程中，在电弧过零后，降低断路器触头间隙的恢复电压的上升速度，提高断路器开断近区故障的能力。

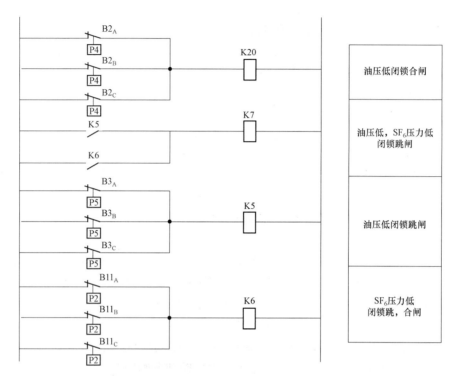

图 2-31　断路器压力闭锁回路

2）合闸电阻。在高压电网中，经长距离输电的空载线路合闸会产生严重的过电压。在断路器主触头两侧并联电阻，断路器合闸过程中，在断路器主触头接触前将合闸电阻接入系统，经 10ms 左右延时再接通断路器主触头。通过合闸电阻的阻尼作用降低合闸过渡过程的过电压。合闸电阻的工作方式有以下几种：

a. 先合后分式。合闸电阻相当于串联在灭弧室断口的两侧，辅助断口与灭弧室在同一个瓷套内。断路器合闸时合闸电阻先接入，与灭弧室断口串联，断路器合闸后合闸电阻被短接；断路器开断时在主断口灭弧过程完成后合闸电阻断开。

b. 瞬时接入式。合闸电阻在断路器分闸和合闸状态时都是断开的。在断路器合闸过程中，合闸电阻辅助断口合上，合闸电阻先接入，合闸过程中，合闸电阻辅助触头的复归弹簧被压缩，然后断路器主断口合上，将合闸电阻短接，此时合闸电阻辅助触头在复归弹簧的作用下迅速断开，回到合闸之前状态。为下一次合闸做准备。断路器合闸运行时，合闸电阻是断开的。

c. 随动式。合闸电阻提前合、提前分，与主断口同时动作，与第二种不同的地方就是在断路器合闸以后合闸电阻辅助断口并不分开，而是在断路器分闸时电阻断口提前分闸。而此时整个电路会被主断口短路，不存在灭弧问题。

（8）断路器二次操作回路。

1）操作方式。断路器的分/合闸有多种控制方式，人为控制方式有：① 就地操作。

机构远近控开关切至就地，通过断路器机构上就地分/合闸按钮来实现操作。② 测控装置就地操作。测控装置远方/就地开关切至就地（机构远近控开关为远方位置），通过测控装置上操作把手或操作按钮实现断路器分合闸操作。③ 控制室当地后台远方操作。通过变电站后台工作站画面进行操作（测控及机构远近控开关均在遥控位置）。④ 调控中心遥控操作。监控员通过集中监控系统工作台进行操作（测控及机构远近控开关均在遥控位置，变电站通信网关机如有闭锁远方操作切换开关，其切换开关应不在闭锁状态）。保护及安全自动装置动作方式有：各类保护动作，重合闸装置动作，低频低压减载动作，备自投正在动作等。

2）操作回路。操作箱是断路器远方操作的重要枢纽，对于 220kV 及以上线路、主变压器、母线，其保护均为双重化配置，断路器一般具备双控制回路，第一组控制回路控制断路器第一跳闸线圈和合闸；第二组控制回路控制第二组跳闸线圈。110kV 及以下断路器的控制一般为单控制回路。断路器控制回路一般由跳闸回路、合闸回路、防跳回路、位置监视回路、闭锁回路等构成。

分闸回路一般包括控制电源开关、手动分闸或保护分闸接点或三相不一致跳闸触点、远近控开关触点、断路器位置触点、断路器位置监视分闸闭锁触点、断路器分闸线圈等，如图 2-32 所示。

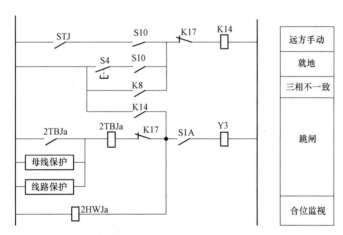

图 2-32　分闸控制回路

断路器三相不一致跳闸为分体式断路器独有的跳闸回路，如图 2-33 所示。该回路通过断路器三相位置触点，当三相位置触点不一致，某相分而其他两相合，或某相合而其他两相分时三相不一致继电器动作，其触点 K8 接通分闸回路，将跳开断路器三相。

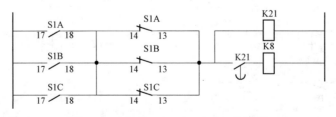

图 2-33　机构三相不一致跳闸逻辑图

合闸回路一般包括控制电源开关、手动合闸或保护重合闸触点、远近控开关触点、断路器位置触点、断路器位置监视、防跳触点、合闸闭锁触点、断路器合闸线圈等，如图 2-34 所示。

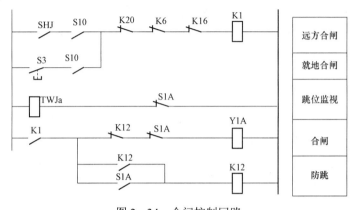

图 2-34　合闸控制回路

3）防跳回路。防跳回路的实现有操作箱防跳和断路器机构防跳两种。目前标准要求采用断路器机构防跳功能，如图 2-35 所示。

断路器机构防跳一般原理：当断路器合闸回路存在合闸脉冲时，在合闸瞬间经断路器辅助触点启动断路器防跳继电器并自保持，其触点断开合闸回路，实现"防跳"功能。直到合闸脉冲消失，防跳继电器才会失电返回，保证在合闸脉冲因粘连等原因不能消除时，合闸线圈只能是通电动作一次。

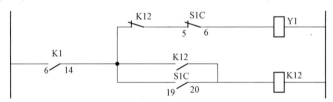

图 2-35　机构防跳回路

4）位置监视回路。断路器合闸位置继电器 HWJ 一般串联在断路器分闸回路中，监视分闸回路的完整性，如图 2-36 所示；而分闸位置继电器 TWJ 则串联在合闸回路中，监视合闸回路的完整性，如图 2-37 所示。

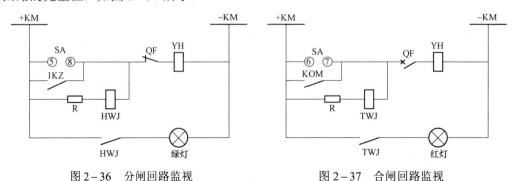

图 2-36　分闸回路监视　　　　　图 2-37　合闸回路监视

断路器控制回路断线信号回路如图 2-38 所示。当分合闸回路断开失电时，HWJ 或 TWJ 失电。当合闸位置继电器和分闸位置继电器同时失电，则发"控制回路断线"告警。对于 220kV 断路器第一组控制回路断线，断路器不能合闸，两组控制回路同时断线，断路器无法分、合闸。110kV 及以下断路器控制回路断线，则断路器无法分、合闸。

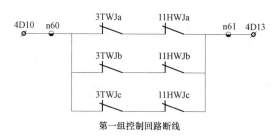

图 2-38　断路器控制回路断线信号回路

2.2.2.2　隔离开关

在电力系统中，隔离开关的主要用途是确保电路中的检修部分与带电体之间的隔离，形成明显断开点以确保运行和检修的安全。除此之外，还可以通过隔离开关进行电路的切换工作或拉合空载电路。

（1）隔离开关的作用。

1）隔离电源。在电气设备停电或检修时，用隔离开关将需停电的设备与电流隔离，形成明显断开点，保证工作人员和设备安全。

2）倒闸操作。将运用中的电气设备进行四种形式状态（运行、热备用、冷备用、检修）下的改变，将电气设备由一种工作状态改变成另一种工作状态。

3）切换电源。在双母线接线中，利用隔离开关将电气设备从一组母线切换至另一组母线供电，即倒母线操作。

4）用来开断小电流电路和旁（环）路电流。高压隔离开关虽然没有特殊灭弧装置，但触头间的拉合速度及开距应具备小电流和拉长拉细电弧灭弧能力，隔离开关没有灭弧室，不能用来直接接通、切断负荷电流和短路电流。但可以用来开闭电压互感器、避雷器、母线和直接与母线相连设备的电容电流、阻抗很低的并联电路的转移电流，以及励磁电流不超过 2A 的变压器空载电流和电容电流不超过 5A 的空载线路。

（2）隔离开关的类型。隔离开关其分类有多种，按照装设地点分为户内式和户外式两种；按照极数分为单极和三极两种；按照支柱绝缘子的数目分为单柱式、双柱式、三柱式三种；按照隔离开关动作方式分为水平旋转式、垂直旋转式、摆动式和插入式四种；按照有无接地及附装接地开关的数量不同分为不接地（无接地开关）、单接地（有 1 组接地开关）和双接地（2 组接地开关）三种；按照操动机构分为手动、电动、气动、液压四种；按照结构分为敞开式和封闭式两种；按使用性质分为一般用、快分用和变压器中性点接地用三种。不同种类隔离开关如图 2-39 所示。

图 2-39 隔离开关种类

（a）中开式隔离开关；（b）双臂伸缩式隔离开关；（c）垂直断开式隔离开关；（d）单臂伸缩式隔离开关；

（e）双断口式隔离开关；（f）水平伸缩式隔离开关

（3）隔离开关的主要技术参数。

1）额定电压。指隔离开关长期工作的标准电压，取设备的最高电压。额定电压的大小影响隔离开关的外形尺寸和绝缘水平。额定电压越高要求绝缘强度越高，外形尺寸越大，相间距离也越大。隔离开关选型时，额定电压是应首先满足的条件之一。

2）额定电流。指在额定频率下长期通过隔离开关且使隔离开关无损伤、各部分发热不超过长期工作的最高允许发热温度的电流。

3）额定短时耐受电流。又称热稳定电流，指在规定的使用和性能条件下，隔离开关在合闸位置能够承受的短时热电流有效值。

4）额定峰值耐受电流。又称动稳定电流，指在规定的使用和性能条件下，隔离开关在合闸位置所能经受的电流峰值。

5）额定短路持续时间。有 0.5、1、2、3、4s 等类型。标准值为 2s，大于 2s 时通常取 4s。

（4）隔离开关的结构。

1）导电部分。隔离开关的导电部分通过支撑绝缘子固定在底座上，起传导电流中的电流、关合和开断电路的作用，主要包括由操作绝缘拉杆带动而转动的刀闸（动触头或导电杆）、固定在底座上的静触头和用来连接母线或设备的接线座。

隔离开关位置遥信信息采自隔离开关辅助触点，当隔离开关辅助触点在合位时，发"××隔离开关合闸"遥信，监控系统一次接线图中隔离开关的位置图元显示合位；当隔离开关辅助触点在分位时，发"××隔离开关分闸"遥信，监控系统一次接线图中隔离开关的位置图元显示分位。当隔离开关出现非操作性变位时，监控人员应优先考虑隔离开关辅助触点问题，此时应将隔离开关强制封锁在对应位置，然后按电气设备缺陷流程处理。对于具备条件的隔离开关，其位置遥信应采取实际操作的方式验收，监控人员应同时检查监控系统告警窗发信及一次接线图隔离开关位置变位正确。

2）绝缘部分。隔离开关的绝缘主要包括对地绝缘和断口绝缘。对地绝缘由支柱绝缘子和操作绝缘子等构成。断口绝缘通常以空气为绝缘介质，具有明显可见的间隙断口。断口绝缘必须稳定可靠，其绝缘水平应较对地绝缘高 10%～15%，这样当电路中发生危险的过电压时，首先对地放电，避免触头间的断口先被击穿，保证断口处不发生闪络或击穿。

3）传动部分。操动机构通过手动、电动、气动和液压向隔离开关的动作提供能源，通过传动装置控制隔离开关合分，传动机构用拐臂、连杆、轴齿轮、操作绝缘子等接收操动机构的力矩，将运动传动给触头，实现分合闸。可根据运行需要采用三相联动或分相操动方式。

4）底座部分。导电部分、绝缘子、传动机构、操动机构等固定为一体，并固定在基础上，底座常用螺栓固定在构架或墙体上。

（5）隔离开关的控制和操作回路。

1）隔离开关控制回路。隔离开关的控制方式一般有后台遥控、现场断路器汇控柜（或操作箱）就地控制、隔离开关机构箱就地控制及隔离开关机构箱手动控制。其控制回路一般设有电气连锁、分/合闸按钮、分/合闸自保持回路、分/合闸继电器、隔离开关限位触点等。隔离开关控制回路如图 2-40 所示。

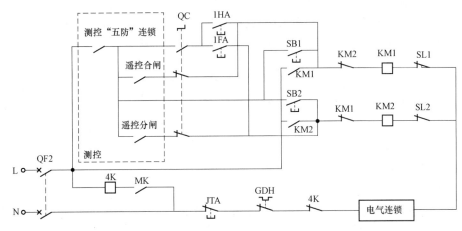

图 2-40 隔离开关控制回路

遥控合闸：正电源—测控"五防"连锁—合闸脉冲触点—远近控开关 QC（切远方，其动断触点闭合）—KM2 触点（正常分闸继电器不得电，其动断触点闭合）—KM1 继电器—SL1（隔离开关分位，合闸动断触点闭合）—电气连锁—4K（不手动操作时，该动断触点闭合）—GDH（电动机正常，电动机保护不动作，其动断触点闭合）—JTA 动断触点—负电源。使 KM1 继电器得电，其动合触点 KM1 闭合自保持，同时其动断触点打开，使分闸回路保持断开状态，隔离开关合上后，其合闸位置触点 SL1 打开，断开合闸回路。

汇控柜分闸操作：正电源—测控"五防"连锁—远近控开关 QC（近控，动合触点闭合，同时动断触点打开，断开遥控回路）—分闸按钮 1FA—KM1 触点（正常合闸继电器不得电，其动断触点闭合）—KM1 继电器—SL2（隔离开关合位，分闸动断触点闭合）—电气连锁—4K—GDH—JTA 动断触点—负电源，分闸继电器 KM2 得电，并经其动合触点自保持。

手动操作时机构箱门控接线 MK 闭合，手动操作电磁阀 4K 得电，其动断触点打开，断开分/合闸电动操作回路，防止机械伤人。

2）隔离开关操作回路。隔离开关的分、合闸操作由分/合闸继电器的触点控制操作电动机运转，带动隔离开关的操作连杆完成。隔离开关的操作电动机有直流和交流电机两种。

2.2.2.3 GIS/HGIS

气体绝缘金属封闭（GIS）是一种以 SF_6 气体作为绝缘和灭弧介质，并将所有的高压电器元件密封在接地金属筒中的金属封闭开关设备。GIS 已经超越了一般开关的概念，它是由断路器、母线、隔离开关、电压互感器、电流互感器、避雷器、接地开关、套管 8 种高压电器组合而成的高压配电装置，所有设备都装在充满 SF_6 气体的封闭的金属外壳内，并保持一定压力，如图 2-41 所示。

图 2-41　室外 GIS 设备

HGIS 是一种介于 GIS 和敞开式设备（AIS）之间的高压电气设备。HGIS 采用了 GIS 主要设备，但不含母线，是结合敞开式开关设备的特点布置出的混合型 GIS 产品，其主要特点是将 GIS 形式的断路器、隔离开关、接地开关、快速接地开关、电流互感器等元件分相组合在金属壳体内，由出线套管通过软导线连接敞开式母线以及敞开式电压互感器、避雷器，布置成的混合型配电装置，如图 2-42 所示。其优点是母线不装于 SF_6 气室，是外露的，因而接线清晰、简洁、紧凑，安装及维护检修方便，运行可靠性高。

图 2-42　HGIS 设备（母线敞开式）

（1）GIS 设备的优点。GIS 设备具有很多比常规设备优越的特点，所以目前发展迅速，欧洲、美洲、中东地区的电力公司都规定配电装置要使用 GIS 设备。自 20 世纪 80 年代开始，国产大型 GIS 设备也投入电网系统运行，其主要优点如下：

1）占地面积少。GIS 设备所占用的土地只有常规设备的 15%～35%，电压等级越高，这一优点就越突出。

2）不受环境的影响。GIS 设备是全密封式的，导电部分在外壳之内，并充以 SF_6 气体包围着，与外界不接触，因此不受环境的影响。

3）运行安全可靠，维护工作量少，检修周期长。GIS 设备加工精密、选材优良、工艺严格、技术先进。绝缘介质使用 SF$_6$ 气体，其绝缘性好、灭弧性能都优于空气。断路器的开断能力高，触头烧伤轻微，故此 GIS 设备维修周期长、故障率低。又由于 GIS 设备所有元件都组合为一个整体，抗振性能好。SF$_6$ 气体本身不燃烧，故其防火性能好。所以 GIS 设备运行安全可靠，维护费用少。

4）施工工期短。GIS 设备各个元件的通用性强，采用积木式结构，尽量在制造厂组装成一个运输单元。电压较低的 GIS 设备可以整个间隔组成一个运输单元，运到施工现场就位固定。电压高的 GIS 设备由于运输件很大不可能整个间隔运输，但可以分为若干个运输单元，当元件运抵施工现场后对运输单元进行少量的安装、调整、试验后进行拼装，就可以投入运行。与常规设备相比，现场安装的工作量减少 80%左右。因此 GIS 设备安装迅速，施工费用少。

5）没有无线电干扰和噪声干扰。GIS 设备的导电部分被外壳所屏蔽，外壳接地良好，因此其导体所产生的辐射、电场干扰等都被外壳屏蔽了，噪声来自断路器的开关过程，也被外壳屏蔽了。故此 GIS 设备不会对通信、无线电有干扰。

（2）GIS 设备的缺点。

1）影响范围广。GIS 设备高集成度的特点，使得 GIS 设备一旦发生事故，造成的停电范围大，处理周期长，维修成本高，对电网供电可靠性影响较大。

2）故障损失大。GIS 设备故障大多在运行一段时间后才暴露出来，对安全运行的影响巨大。一旦发现不及时，将会对电网造成巨大损失。

3）有效监测手段少。因此如何保证 GIS 设备的安装质量，并对运行 GIS 设备进行有效监测，正确分析其健康状况，已经成为一个亟待解决的问题。

（3）GIS 分类。根据安装地点可分为户外式和户内式两种。

根据结构可分为单相单筒式和三相共筒式。110kV 电压等级及母线可以做成三相共筒式，220kV 及以上采用单相单筒式。

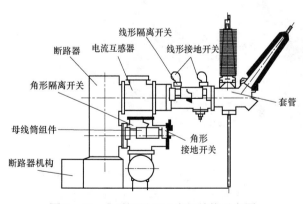

图 2-43　典型间隔 GIS 内部结构示意图

GIS 设备结构紧凑而复杂，不同型号的 GIS 设备结构都有其各自的特点。以 220kV 双母线馈电的 GIS 设备为例，其内部结构如图 2-43 所示。

GIS 特有设备为故障关合用接地开关。故障关合用接地开关能合上接地短路电流。从设计上来讲它的作用有以下三个方面：

1）配合重合闸使用。超高压线路在采用单相重合闸时，如果发生单相接地故障，保护动作会将故障相断路器跳开，而非故障相则继续运行。这样非故障相的电压会感应到断路器已跳闸的故障相上，严重的情况下，会出现故障相断路器虽然已经跳闸，但是由于感应电的存在，故障点一直有电弧电流存在，也就是潜供电流。潜供电流导致故障点不能熄弧，实际故障点就等于没有消除，此时再合闸无疑会重合到故障点上致使重合闸失败。在采用快速接地开关后，其可以与单相重合闸配合，在故障相断路器跳闸后故障相的快速接地开关快速合入，将故障相强制接地，消除潜供电流，使故障点的电弧熄灭，故障消除，然后快速接地开关再迅速打开，最后单相重合闸将故障相断路器重新合闸成功，线路最终正常运行。

2）防止 GIS 设备爆炸。一般的接地开关不能关合大电流，而快速接地开关能合上接地短路电流。这是因为当 GIS 设备内部发生接地短路时，在母线管里会产生强烈的电弧，它可以在很短的时间里将外壳烧穿，或者发生母线管爆炸。为了能及时切断电弧电源，人为地使电路直接接地，通过继电保护装置将断路器跳闸，从而切断故障电流，保护设备不致损伤过大。快速接地开关通常都是安装在进线侧。

（4）GIS 气室分隔原则。GIS 设备根据各个元件不同作用，分成若干个气室，其原则如下：

1）因 SF_6 气体的压力不同，分为若干个气室。断路器在开断电流时，要求电弧迅速熄灭，因此要求 SF_6 气体的压力要高。隔离开关切断的仅是电容电流，所以压力要低些。

2）因 GIS 设备检修的需要，分为若干个气室。由于元件与母线要连接起来，当某一元件发生故障时，要将该元件的 SF_6 气体抽出来才能进行检修，分成若干气室能减小故障范围。

线路间隔一般分为母线隔离开关气室、断路器气室（包含电流互感器）、出线隔离开关气室；母联（分段）断路器间隔分为正母隔离开关气室、断路器气室、副母隔离开关气室；母线电压互感器、避雷器分为母线隔离开关气室和电压互感器避雷器气室。

（5）GIS 辅助设备。

1）气室 SF_6 压力监视表。为了监视 GIS 设备各气室 SF_6 气体是否泄漏，根据各生产厂家设计不同装有压力表或密度计，密度计装有温度补偿装置，一般不受环境温度的影响。当 GIS 某气室 SF_6 压力低于告警值，密度继电器动作发告警信号。断路器气室 SF_6 压力低可能影响断路器灭弧，因此必须将断路器气室与其他非断路器气室的告警信号分开，断路器气室 SF_6 压力告警信息与常规 SF_6 断路器相同，按严重程度分为 SF_6 压力低告警和 SF_6 压力低闭锁；"其他气室 SF_6 压力低报警"一般为多个气室 SF_6 压力报警的合并信号，当其他气室 SF_6 压力低时，会造成 GIS 气室绝缘程度下降，严重时可能发生绝缘击穿短路故障。

2）防爆装置。当 GIS 内部母线管或元件内部发生故障时，如不及时切除故障点，电弧能将外壳烧穿。如果电弧的能量使 SF_6 气体的压力上升过高，还可造成外壳爆炸。SF_6 气体压力升高的速度与电弧能量的大小、气室体积的大小有关。SF_6 气室越大，气体压力升高的速度越慢，升高的幅度越小；SF_6 气室越小，气体压力升高的速度越快，升高的幅度越大。因此，对于 GIS 和 SF_6 断路器，除装设完善的保护装置外，还要根据需要，装设压力释放装置。

压力释放装置是对 SF_6 断路器和 GIS 本体进行压力保护的重要装置，其结构比较简单，对于较小 SF_6 气室的 GIS 或支柱式 SF_6 断路器，由于气体压力升高的速度较快，气体压力的升高幅度也较大，压力释放装置对其较为敏感，使用压力释放装置可靠性较高。为防止 SF_6 压力过高，超出设定压力，压力释放装置动作，释放 SF_6 气体。注意当防爆阀动作时，大量 SF_6 气体释放，将造成该气室 SF_6 压力降低至标准大气压，气室绝缘将击穿，将发生短路故障，同时伴有"气室 SF_6 气压低报警"信号。

2.2.3 其他设备

2.2.3.1 电力电容器

电力电容器主要用于为电力系统提供无功功率，是一种常用的无功补偿设备。

（1）电力电容器的作用。在电力系统中有大量的电气设备是根据电磁感应原理而工作的，如感应电动机、电焊机、感应炉、变压器等，除了消耗一定数量的有功功率外，还要吸收无功功率。也就是说这些电气设备中除了有功电流外，还有无功电流（即感性电流）。另外，在电力系统中，具有电感元件的供电设备（主要是变压器）也需要无功功率。

有功电源主要产生于发电机，如果这些无功电力单靠发电机供给，不仅影响发电机的有功功率出力，而且使输配电线路输配大量无功电力而造成很大的输配电损耗，会造成电压质量低劣，影响电网稳定、经济运行及用户的使用。

因此，为了提高系统的经济性，减少输配电线路中往复传输无功所产生的各种损耗，改善功率因数，有效地调整网络电压，维持负荷点的电压水平，提高供电质量及发电机的利用率，并根据无功分区平衡的原则，需要在负荷中心区域装设一定容量的无功电源，以减少电源的无功的输入。

电网中装设电力电容器的优点是损耗低、效率高、投资少、噪声小、使用方便，装设地点也较灵活，运行中维护量小，因而在电力系统中，采用并联电力电容器来补偿无功功率已得到十分广泛的应用，实际应用中变电站主要的无功电源以采用电力电容器为主。作为静止无功补偿设备的电力电容器，它可以向系统提供无功功率，提高功率因数，采用就地无功补偿，可以减少输电线路输送电流，起到减少线路能量损耗和压降、改善电能质量和提高设备利用率的重要作用。

电力电容器又可以分为串联电容器和并联电容器，它们都具备改善电力系统的电压质量和提高输电线路的输电能力，是电力系统的重要部分。

1）并联电容器的作用。如果把电容器并接在负荷（如电动机）或供电设备（如变压器）上运行，电容器在正弦电压作用下能发出无功功率，负荷或供电设备要吸收的无功功率，正好由电容器发出的无功功率供给。这就是并联补偿。这样一来，线路上就避免了无功功率的输送，达到如下效益：① 减少线路能量损耗；② 减少线路电压降，改善电压质量；③ 提高系统供电能力。

并联电容器具有投资少、损耗低、噪声小、施工简单、维护方便等优点，从而成为电力系统内大量且普遍使用的一种无功补偿设备。通常集中补偿式接在变电站的低压母线上，其主要作用是补偿系统的无功功率，提高功率因数，从而降低电能损耗，提高电压质量和设备利用率。常与有载调压变压器配合使用。

并联电容器并联在系统的母线上时，电容器在交流电压作用下能发出无功功率，类似于系统母线上的一个容性负荷。母线上的出线所带负荷要吸收的无功电力，正好由电容器发出的无功电力供给。因此并联电容器能向系统提供容性无功功率，提高系统运行的功率因数和受电端母线的电压水平，同时它减少了线路上感性无功的输送，可改善电压质量，减少了电压和功率损耗。

2）串联电容器的作用。在电网中，串联电容器串接在线路中，可以补偿线路电抗，这就是串联补偿。串联补偿可以改善电压质量，提高系统稳定性和增加输电能力。其作用如下：

a. 提高线路末端电压，提高线路输电能力。串接在线路中的电容器，利用其容抗补偿线路的感抗，使线路的电压降落减少，从而提高线路末端（受电端）的电压，最大可将线路末端电压提高 10%～20%。在配电线路末端，利用高压电容器可以提高线路末端的功率因数，保障线路末端的电能质量。在超高压输电线路中，常利用高压电容器组成串补站，有效提高输电线路的输送能力。

b. 降低受电端电压波动。当线路受电端接有变化很大的冲击负荷（如电弧炉、电焊机、电气轨道等）时，串联电容器能消除电压的剧烈波动。这是因为串联电容器在线路中对电压降落的补偿作用是随通过电容器的负荷而变化的，具有随负荷的变化而瞬时调节的性能，能自动维持负荷端（受电端）的电压值。

c. 改善系统潮流分布。在闭合网络中的某些线路上串接一些电容器，部分地改变了线路电抗，使电流按指定的线路流动，以达到功率经济分布的目的。在变电站的中、低压各段母线，均会装有高压电容器，以补偿负荷消耗的无功，提高母线侧的功率因数。

d. 在有非线性负荷的负荷终端站，会装设高压电容器，作为滤波之用。

（2）电力电容器基本工作原理。如图 2-44 所示，运用于电力系统和电气设备的电力电容器，主要是由两侧导电板中间使用绝缘材料（被称为绝缘介质或电介质）隔开组成，导电板一般为圆形或方形。当两个相对的金属电极上施加电压时，电荷将根据电压的大小被储存起来。

电容器参与电路中的充电与放电，由于各类电气回路、负荷性质的复杂性，这种充、放电作用而延伸出很多电气现象，从而使电容器有着诸多不同的用途。

电容器电容的大小，由其几何尺寸和两极板间绝缘材料的特性来决定。当电容器在交流电压下使用时，常以其无功功率表示电容器的容量，单位为乏或千乏（kvar）。

图 2-44　电力电容器

电容器的电容值定义为两块极板之间建立单位电位差时所需的电荷量。

（3）电力电容器的主要部件。电容器主要部件由元件、连接片等组成的芯子（芯体）和由套管、法兰、导电杆、箱壁、底盖等组成的外壳（油箱）结构。

1）电容器的外部结构。并联电容器外部结构由外壳（上盖、下底、箱壁）、电极引出线套管、套管法兰、套管端帽、出线导电杆、导卡螺帽、垫圈、铭牌、铭牌底座、固定支架（也称吊攀或托架，兼搬动用或作接地点连线用）组成。单台大容量电容器还有专用接地螺栓和固定底脚。其外部结构示意图如图 2-45 所示。

2）电容器的内部结构。电容器的芯体结构（内结构）：主要是由若干元件按一定的设计要求串、并联而成。包括下述主要部件：由同体介质和铝箱（电极）及电极引出片构成的元件、元件间绝缘隔纸、绝缘或填充用的纸板衬垫、元件间的连接片（线）、电极引出线、引出线绝缘件、外壳绝缘包封件（多层电缆纸）、元件压板、包箍（金属或非金属件）等。芯体由若干元件叠放，相互间垫有绝缘隔纸（有的产品不用隔纸），外包包封绝缘件，两侧放置压板经压力机压装后,两头套以包箍捆紧而成。其内部结构示意图如图 2-46 所示。

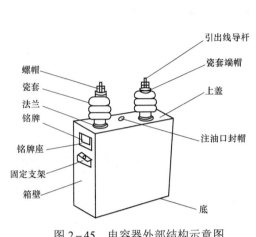

图 2-45 电容器外部结构示意图

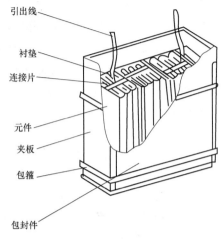

图 2-46 电容器内部结构示意图

（4）并联电容器组。

1）电容器组接线类型及优缺点。电力系统中运行的电力电容器组的接线有两种,即星形接线和三角形接线。当前电力企业变电站内采用星形接线居多,工矿企业变电站采用三角形接线居多。

三角形接线缺点:当电容器组发生全击穿短路时,故障点的电流不仅有故障相健全电容器的放电涌流,还有其他两相电容器的放电涌流、并联电力电容器的接线电流和系统短路电流。故障电流的能量往往超过电容器油箱能耐受的爆裂能量,因而经常会造成电容器的油箱爆裂,扩大事故。

星形接线优点:当电容器发生全击穿短路时,故障电流受到健全相容抗的限制,来自系统的工频短路电流将大大降低,最大不超过电容器额定电流的 3 倍,并没有其他两相电容器的放电涌流,只有故障相健全电容器的放电电流。故障电流能量小,因而故障不容易造成电容器的油箱爆裂。在电容器质量相同的情况下,星形接线的电容器组可靠性较高。并联电力电容器的接线与电容器的额定电压、容量,以及单台电容器的容量、所连接系统的中性点接地方式等因素有关。

2）电容器组接线方式。

6~66kV 小电流接地系统,采用星形接线为电容器中性点不接地方式。

220~500kV 变电站,并联电力电容器组常用的有以下接线方式:

a. 中性点不接地的单星形接线。

b. 中性点接地的单星形接线。

c. 中性点不接地的双星形接线。

d. 中性点接地的双星形接线。

3）电容器的内部接线。

a. 先并联后串联:此种接线应优先选用,当一台电容器出现击穿故障,故障电流由来自系统的工频故障电流和健全电容器的放电电流组成。流过故障电容器的保护熔断器故障电流较大，熔断器能快速熔断，切除故障电容器，健全电容器可继续运行。

b. 先串联后并联：当一台电容器出现击穿故障时，故障电流因受与故障电容器串联的健全电容器容抗限制，流过故障电容器的保护熔断器故障电流较小，熔断器不能快速熔断切除故障电容器，故障持续时间长，健全电容器可能因长时间过电压而损坏，扩大事故。

4）并联电容器的接线及各元件基本要求。

a. 电容器。

a）型式的选择。可由单台电容器组成或采用集合式电容器组。单台电容器组合灵活、方便，更换容易，故障切除的电容器少，剩余电容器只要过电压允许可继续运行。但电容器组占地面积大，布置不方便。集合式电容器组和大容量箱式电容器组，占地面积小、施工方便、维护工作少，但电容器故障要整组切除，更换故障电容器不方便，有时甚至要返厂检修，运行的可靠性不如单台电容器组。在具体工程中可根据实际情况选择电容器组的型式。

b）额定电压的选择。电容器的额定电压应能承受正常运行可能出现的工频过电压，其值不大于电容器额定电压的 1.1 倍。当电容器同路接有串联限流电抗器时，应计及因串联电抗器引起的电压升高，电容器的端电压将高于接入处电网电压，其升高的电压与电抗器的电抗率有关。

c）容量的选择。应根据电容器组的容量、允许的并联台数、串联的段数以及标准电容器产品的额定值等因素优化确定。在条件允许的情况下应首先选用单台容量大的电容器，可方便布置，减少占地，有利于运行维护。在有串联电抗器的情况下，整组电容器的实际输出容量应等于整组电容器的额定容量减去电抗器的额定容量。

b. 断路器。

用于电容器组回路的断路器的环境特点是，电容器是一个储能元件，在操作过程中容易产生操作过电压，而电容器本身又容易因过电压而损坏，因此除满足一般断路器标准要求外，断路器性能还应满足一些特殊要求。电容器上的过电压主要是重复充电产生的，断路器合闸过程中的弹跳和分闸过程触头间的重燃是产生操作过电压的根本原因。断路器合闸过程中的弹跳时间越短，产生的操作过电压越小，一般要求断路器合闸过程中的弹跳时间小于 2ms，分闸过程触头不重燃。此外，对于多组电容器的总回路断路器还能承受关合涌流、工频短路电流的联合作用。对于经常投切的电容器组，断路器应具有频繁操作的性能。另外，当电容器组与供电线路接在同一母线上，线路断路器的投切也能引起电容器的过电压，危及电容器的安全。所以，与电容器接在同一母线的线路断路器也应与电容器回路断路器具有相同的性能。

c. 串联电抗器。

串联电抗器可接在电容器组的中性点或电源侧，对限制合闸涌流和抑制谐波电流的作用都是一样的。接在中性点侧，正常运行时电抗器所承受的电压低，可不受短路电流的冲击，可减少事故，运行安全，电抗器的价格也较低。串联电抗器接在电源侧，对承受电压和短路电流能力的要求就较高，电抗器的价格也较贵。因此，一般情况下推荐串联电抗器接在电容器的中性点侧。

接在大容量降压变压器 10kV 的电容器组，还应考虑变压器 110kV 侧主回路限流电抗器的影响，电容电流流过电抗器时将引起电压升高。

d. 放电器。

为了安全和防止合闸时因剩余电荷产生过电流，要求放电器能在电容器组脱离电源后，在 5s 内将电容器上的剩余电压降至 50V 以下。通常选用同一电压等级的电压互感器作为放电器，其二次还可作检测电压用。为提高安全性，放电器回路不应接任何保护熔断器和刀开关。

e. 避雷器。

用于限制电容器组的操作过电压，通常选用无间隙的氧化锌避雷器。

f. 熔断器。

高压断路器在电力系统中开断电路时，总会出现电弧：开断的电流越大，电弧越难熄灭，其工作条件也越严酷。在电力系统发生故障时，短路电流比正常负荷电流大得多，因此关合短路故障是断路器最基本也是最困难的任务。

2.2.3.2 避雷器

避雷器是用于保护电器设备免受高瞬态过电压危害并限制续流时间及幅值的一种电器。

（1）避雷器的作用及分类。避雷器是一种能释放雷电或兼能释放电力系统操作过电压能量，保护电工设备免受瞬时过电压危害，又能截断续流，不致引起系统接地短路的电器装置，通常与被保护设备并联。避雷器可以有效地保护电力设备，一旦出现不正常电压，避雷器产生作用，起到保护作用，当电压值正常后，避雷器又迅速恢复原状，以保证系统正常供电。

避雷器主要类型有管型避雷器、阀型避雷器和氧化锌避雷器等。每种类型避雷器的主要工作原理是不同的。

避雷器按其发展的先后可分为：

1）保护间隙：最简单形式的避雷器，由一个到两个放电间隙构成；

2）管型避雷器：由多个均匀的小间隙构成，放电后能自行灭弧，恢复到原有的状态，不受电流的冲击；

3）阀型避雷器：将单个放电间隙分成许多短的串联间隙，同时并联非线性电阻，提高了保护性能；

4）磁吹避雷器：利用了磁吹式火花间隙，提高了灭弧能力，同时还具有限制内部过电压能力；

5）氧化锌避雷器：利用了氧化锌阀片理想的伏安特性（非线性极高，即在大电流时呈低电阻特性，限制了避雷器上的电压，在正常工频电压下呈高电阻特性），具有无间隙、无续流、残压低等优点，也能限制内部过电压，使用广泛。

（2）氧化锌避雷器。氧化锌避雷器具有保护性能优越、无续流、动作负载轻、耐重复动作能力强、通流容量大等特点，并且性能稳定、抗老化能力强，能适应严重污染和高海拔地区，广泛应用于变电站、GIS 等各个领域。

1）氧化锌避雷器特点。氧化锌电阻片具有极为优越的非线性特性，在正常工作电压下电阻高，流过电阻片的电流仅为微安级，相当于绝缘体，而在过电压作用下，电阻片电阻很小，残压很低。

其优缺点如下：

a. 无间隙，基本无续流。

b. 伏安特性平坦，残压低，无截波，耐多重雷击或多次操作波的能力强。

c. 伏安特性对称，正负极性过电压水平相当，间隙具有极性效应。

d. MOA 阀片可以并联扩容使用，降低残压。

e. 易于制成直流避雷器，因为直流续流不像工频续流那样会通过自然过零点。

f. 阀片受潮后或老化后，无间隙易爆炸。

g. 现在试验研究表明，在气体绝缘金属封闭开关设备（GIS）中，SF$_6$ 隔离开关操作母线时产生 5～15MHz 高频操作过电压（VFTO），波前很短，5～20μs，陡度很大。在这种 VFTO 冲击作用时，MOA 的 U–I 特性显著高于标准规定的雷电过电压水平。同时因陡度大，呈现 MOA 和被保护物之间电压差很大，MOA 对防护 VFTO 作用很小，需要另行采取防护措施。

2）氧化锌避雷器结构。氧化锌避雷器由很多个氧化锌电阻片（阀片）组成，阀片的数量由工作电压决定。阀片以氧化锌与少量金属氧化物烧结而成，可组成单基片避雷器、双基片避雷器或多基片避雷器。

2.2.3.3 接地小电阻

（1）接地小电阻作用。为了满足城市建设发展及电网发展，低压电网电缆线路已逐步代替架空线路，而且这种发展趋势逐渐成为电网发展的主导方向。此时传统的消弧线圈接地方式存在很多缺点和不足，具体有如下几处：

1）电缆网络的电容电流增大，甚至达到 100～150A 及以上，相应就需要增大补偿用消弧线圈的容量，在容量、机械寿命、调节响应时间上很难适时地进行大范围调节补偿。

2）电缆线路一般发生接地故障都是永久性接地故障，如采用的消弧线圈运行在单相接地情况下，非故障相将处在稳态的工频过电压下，持续运行 2h 以上不仅会导致绝缘的过早老化，甚至会引起多点接地之类的故障扩大。所以电缆线路在发生单相接地故障后不允许继续运行，必须迅速切除电源，避免扩大事故，这是电缆线路与架空线路的最大不同之处。

3）消弧线圈接地系统的内过电压倍数增高，可达 3.5～4 倍相电压。特别是弧光接地过电压与铁磁谐振过电压，已超过了避雷器容许的承载能力。

4）人身触电不能立即跳闸，甚至因接触电阻大而发不出信号，因此对人身安全不能保证。

为克服上述缺点，目前对主要由电缆线路所构成的电网，当电容电流超过 10A 时，均建议采用经小电阻接地，其电阻值一般小于 10Ω。

（2）接地小电阻工作原理。中性点经小电阻接地方式运行性能接近于中性点直接接地方式，当发生单相接地故障时，小电阻中将流过较大的单相短路电流。同时继电保护装置将选择性动作于断路器，切除短路故障点。这样非故障相的电压一般不会升高，有效地防止间歇电弧过电压的产生，因而电网的绝缘水平较采用消弧线圈接地方式要低。

但是，由于接地电阻较小，故发生故障时的单相接地电流值较大，从而对接地电阻元件的材料及其动、热稳定性也提出了较高的要求。为限制接地相回路的电流，减少对周围通信线路的干扰，中性点所接接地小电阻的大小以限制接地相电流在 600～1000A 为宜。

（3）接地电阻接线。

1）主变压器配电侧为 YN 接线的，中性点接地电阻可直接接入主变压器中性点。

2）主变压器配电侧为三角形接线的，则需要增加一台专用接地变压器，提供一个人工中性点。中性点接地电阻直接与接地变压器的中性点连接。

2.2.3.4　变电站交流系统

变电站的站用电系统是保证变电站安全可靠地输送电能的一个必不可少的环节,主要由站用变压器、0.4kV 交流电源屏、馈线及用电元件等组成。站用电主要为变电站内的一、二次设备提供电源。由站用电系统提供电源的主要有大型变压器的强迫油循环冷却器系统,交流操作电源,直流系统用交流电源,设备用加热、驱潮、照明等交流电源、UPS、SF$_6$ 气体监测装置交流电源,正常及事故用排风扇电源,照明等生活电源。如果站用电失去,将严重影响变电站设备的正常运行,甚至引起系统停电和设备损坏事故。

(1)站用变压器。站用变压器包括油浸绝缘和树脂浇注绝缘两种型式,油浸式站用变压器的通用要求参照油浸式主变压器的有关规定执行。

油浸式站用变压器为三相一体式,一般为自然油循环冷却。容量较大的装设在专用的站用变压器室内;容量较小的直接装设在高压室的馈线间隔内。油浸式站用变压器一般分为有载调压和无载调压两种。有载调压站用变压器的挡位调整一般由运行人员进行;无载调压站用变压器的挡位调节由变电检修人员或运行人员进行。

树脂绝缘干式变压器应安装在室内,并避免阳光直接照射,室内应保证通风良好;无外壳的变压器应设置固定安全遮拦,使人员与其保持安全距离。树脂绝缘干式变压器分为自然冷却和安装冷却风机加强冷却两种。干式站用变压器的挡位调节均为无载调节式。

站用变压器应选用 Dyn 接线的变压器或 Z 型变压器。站用变压器低压侧出口应使用空气断路器,三相供电负荷应使用空气断路器。空气断路器脱扣器的动作电流或熔断器的熔断电流应保证在线路末端短路时可靠动作。

主变压器强迫冷却系统、地下站通风系统应有来自不同站用电系统低压母线的电源并加装自动投入装置。变电站主控室的照明应由不同站用电系统低压母线分别供电。

(2)变电站交流系统的接线方式。保证安全可靠而不间断地供电,是站用电系统安全运行的首要任务。当一个电源失去时,应有一个备用电源能立即替代其工作,因此变电站的站用电应至少取用自两个不同的电源系统,配备两台站用变压器。

在 220kV 变电站里,通常这两台站用变压器的电源应分别取自由两台不同主变压器低压侧分别供电的母线。当某一台主变压器或由此主变压器供电的母线及站用变压器本身发生故障时,另一台站用变压器就能立即替代其带全站站用电运行。

在正常方式下,低压母线分段运行且采用低压快速断路器联络,带有备用电源自动投入装置,一般情况下有以下两种情况:

1)低压母线 I、II 段分段运行,联络断路器自投装置投入。即当一台站用电源因故障跳闸时,可通过自投装置将负荷转移到正常工作母线上来,然后停用故障段母线,进行分段检查和处理。

2)低压母线分段运行,联络断路器自投装置退出。当其中一台断路器因故障跳闸时,运行人员应迅速将故障段负荷转移至正常工作母线上来,然后检查跳闸母线电压是否恢复正常,检查保护装置的动作情况并复归跳闸断路器的把手,判断故障原因,并进行处理。

站用电屏进线断路器和母联断路器必须有防止站用变压器并列的操作闭锁接线,即:两个进线断路器在合闸位置时母联断路器不应合入;任一进线断路器和母联断路器在合闸位置时另一进线断路器不应合入。

图 2-47 所示为一个典型 220kV 变电站的站用系统接线图。1 号站用变压器与 2 号站用

变压器分别经401、402断路器接至0.4kVⅠ段与Ⅱ段母线，母联断路器断开。401、402、445电动操作控制回路中有连锁关系，不能同时合上。当有两个断路器合上时，为了防止低压并列，第三个断路器电动合不上。手动操作回路无连锁关系，特殊情况下，手动操作时应注意防止低压并列。

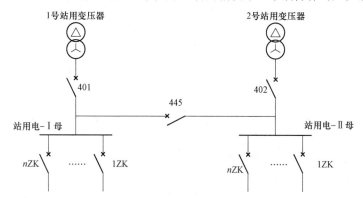

图2-47　220kV及以下典型站用交流系统图

500kV变电站由于其在电网中的重要性，站用变压器一般应有3台以上。由于从500kV变压器第三绕组低压侧引接站用电源具有可靠性高、投资省的优点，因此一般站用变压器均接用本站500kV变压器的低压侧。为了在事故时保证安全可靠供电，第三台站用变压器电源应从站外10～35kV低压网络中引接。供第三台站用变压器的供电线路应为专用线且电源可靠，以保证即使在站内发生重大事故时，该电源也不受波且能持续供电。

图2-48所示为一个典型500kV变电站的站用系统接线图，以该站为例介绍500kV变电站的交流系统接线。

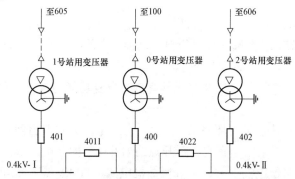

图2-48　500kV变电站典型站用交流系统接线图

专用备用变压器的两低压断路器正常时处于分闸位置。当站内站用变压器的任一低压母线失电压后，接于该母线的专用备用变压器的低压断路器自动投入，以保证站内有两台站用变同时运行。站用变压器低压侧应有防止两台站内变压器并列的措施。

站用0.4kV断路器闭锁关系：

母联断路器"自投选择"手把在自动位置时：① 当站用变压器失电后，站用变压器0.4kV主断路器延时跳开，同母线上的分段断路器在满足所在母线无电压及0号母线有电压情况下自投；② 站用0.4kV母线故障或0号母线无电压时，均闭锁母联断路器自投；③ 0.4kV主断路器401（402）合位时，闭锁母联断路器自投。

站内安装 3 台站用变压器，0 号为备用站用变压器，备用站用变压器自投运行；当备用站用变压器投入运行后，应将其自投断路器自投停用，母联断路器"自投选择"手把在手动位置时，无论任何情况，母联断路器均不自投。

（3）变电站交流系统的负荷与供电网络。

1）变电站交流系统的负荷。0.4kV 交流系统馈出主要由以下三类负荷组成：

a. 第一类。包括直流系统用交流电源，交流操作电源（包括电动隔离开关操作用交流电源等，GIS 设备除外），主变压器强迫油循环风冷系统用交流电源，UPS 逆变电源用交流电源。

b. 第二类。包括主变压器有载调压装置用交流电源，设备加热、驱潮、照明用交流电源，检修电源箱、试验电源屏用交流电源。

c. 第二类。包括 SF_6 监测装置用交流电源，配电室正常及事故排风扇电源，生活、照明等交流电源。

变电站的交流系统各类负荷均从站用电屏引出。

2）变电站交流系统的供电网络。变电站的交流系统供电方式与直流系统类似，也可以分为辐射式供电、有自投自复功能的双回路供电以及环网供电三种方式。

大部分负荷都采用辐射式供电方式，负荷直接从站用电屏出线断路器处取得 380V 电源，如照明配电、事故照明，检修电源、主控楼以外的其他建筑电源、UPS 电源和保护屏试验电源。

对重要负荷宜采用双电源供电方式，每路电源分别取自两台站用变压器，设自投或互投切换方式，如充电机电源，强油风（气、水）冷和油浸风冷变压器的电源，水喷雾水泵电源，地下站通风系统电源。

强油风冷变压器的风冷箱有两个，两个箱的电源分别接于站用电系统的两段母线。两箱之间有备用的联络断路器，能够实现自投自复功能，这种接线的变压器冷却系统正常运行时应均衡使用各组冷却器。在 220kV 变压器开始使用油浸风冷变压器时，其冷却系统仍沿用强油风冷变压器双箱双电源带联络断路器具有自投自复功能的设计，近期逐渐变为一个箱子从站用电母线取电源。

对短时可间断的负荷宜采用环路供电方式，每路电源分别取自两台站用变压器，环路隔离开关不设任何保护，宜采用具有明显断开点的刀开关，如各电压等级的环路（220kV 带隔离开关操作电源、断路器电热电源、空气压缩机电源、110kV 带断路器电热电源、10kV 带开关柜电热及柜内照明电源）和主控接电源等。环路供电负荷在两个站用电屏上的断路器一分一合，由一台站用变压器带该环路全部负荷，防止出现低压侧并列。环路供电负荷可以方便地从一条母线切换至另一条母线。

2.2.3.5 变电站直流系统

（1）变电站直流系统的组成。变电站直流系统一般由蓄电池、充电装置、直流回路和直流负载四个部分组成，四者之间相辅相成，组成一个不可分割的有机体。变电站直流系统的工作电压通常为 220、110V 或者 48V（通信）。

1）蓄电池。蓄电池是一种化学电源，它能把电能转化为化学能并存储起来。使用时，再把化学能转化为电能供给用电设备，变换的过程是可逆的。当蓄电池完全放电或者部分放电后，两极表面形成了新的化合物，这时如果用电源以适当的反向电流通入蓄电池，可以使已经形成的新化合物还原为原来的活性物质，又可供下次放电使用。这种利用电源将反向电流通入蓄电池使之存储电能的做法，叫作充电；蓄电池提供电流给外电路使用，叫作放电。放电就是将化学能转变为电能；充电则是将电能转变为化学能。

2）充电装置。目前变电站内广泛使用的充电装置有两种，即相控充电电源和高频开关电源。相控充电电源在电力系统中已经应用了三四十年，此种装置以技术成熟、运行可靠而著称。微机模块化高频开关电源以其先进的设计思想、可靠的性能和简易的维护手段，在电力系统中得到了广泛的认可，正以极快的速度在各个电压等级的变电站中普及。

3）直流回路。变电站的直流回路是由直流母线引出，供给各直流负荷的中间环节，它是一个庞大的多分支闭环网络。直流网络可以根据负荷的类型和供电的路径，分为若干独立的分支供电网络，例如控制、保护、信号供电网络，断路器合闸线圈供电网络以及事故照明供电网络。为了防止某一网络出现故障时影响一大片负荷的供电，也为了便于检修和故障排除，不同用途的负荷由单独网络供电。

对于重要负荷的供电，在一段直流母线或电源故障时应不间断供电，保证供电的可靠性宜采用辐射形供电方式或者环形供电方式。

对于不重要负荷一般采用单回路供电。

各分支网络由直流母线，经直流空气开关或经隔离开关和熔断器引出。

4）直流负荷。直流负荷按照功能。可以分为控制负荷和动力负荷两大类。

a. 控制负荷是指控制、信号、测量和继电保护、自动装置等负荷。

b. 动力负荷是指各类直流电动机、断路器电磁操动的合闸机构、交流不停电电源装置、远动、通信装置的电源和事故照明等负荷。

直流负荷按性质可以分为经常性负荷、事故负荷和冲击负荷。

a. 经常性负荷是要求直流系统在正常和事故工况下均应可靠供电的负荷，包括：经常带电的直流继电器、信号灯、位置指示器和经常点亮的直流照明灯；由直流供电的交流不停电电源，如计算机、通信设备、重要仪表和自动调节装置用的逆变电源装置；由直流供电的用于弱电控制的弱电电源变换装置。

b. 事故负荷是要求直流系统在交流电源系统事故停电时间内可靠供电的负荷，包括事故照明和通信备用电源等。

c. 冲击负荷是在短时间内施加的较大负荷电流。冲击负荷出现在事故初期（1min），称初期冲击负荷；出现在事故末期或事故过程中称随机负荷（5s）。如断路器合闸、直流油泵等。

（2）直流系统作用。变电站内的直流系统是独立的操作电源，直流系统为变电站内的控制系统、继电保护、信号装置、自动装置提供电源，同时作为独立的电源，在站用变压器失电压后直流电源还可以作为应急备用电源，即使在全站停电的情况下，仍应能保证继电保护装置、自动装置、控制及信号装置和断路器的可靠工作，同时也能供给事故照明用电。由于直流系统的负荷极为重要，所以直流电源应具有高度的可靠住和稳定性。因此确保直流系统的正常运行，是保证变电站安全运行的决定性条件之一。

（3）直流设备简介。

1）蓄电池。目前，变电站中广泛使用的是铅酸蓄电池，尤其以 GCF 型防酸隔爆式铅酸蓄电池和 GFM 型阀控式密封铅酸蓄电池两种类型最为普遍。

蓄电池室内应通风良好，室温宜保持在 5～30℃。最高不应超过 35℃，避免日光照射，照明应使用防爆灯，不应安装正常工作时可能产生电火花的电器。

蓄电池应有编号，编号标识应在支架上，序号由正极开始排列，正负极连接应正确并有明显标志；变电站具有多组蓄电池时，应有组别标识。蓄电池连接引线无松动、无腐蚀，蓄电池的外壳、固定支架和绝缘物表面应清洁。蓄电池壳体无破裂、无漏液，极柱无腐蚀。防酸蓄电池极板无弯曲、无变形，活性物质无脱落、无硫化，极板颜色应正常。防酸蓄电池外壳上部应标有液面最高、最低监视线。

2）充电装置。当采用相控充电设备时，一组蓄电池应装两台充电装置，一台做浮充，另一台做备用。两组蓄电池应装三台充电装置，正常时一台做备用，另两台分别各带一组蓄电池及直流母线运行。当采用高频开关电源时，一组蓄电池应装一台充电机，充电机具备冗余模块；两组蓄电池应装两台充电机，每台充电机具备冗余模块。

高频开关电源模块在运行过程中出现问题时，可单只退出运行，不影响系统运行，模块数量是按 $N+1$ 进行设计的，即充电模块运行在冗余状态。如发生此类情况，应上报。

3）绝缘监测装置。

a. 绝缘监察继电器。

绝缘监察继电器的基本原理是平衡电桥检测法。

b. 微机直流接地检测装置。

该仪器具有监视直流母线电压、正负母线对地电压、正负母线对地绝缘电阻值以及巡检支路电阻等实时状态的功能。

a）母线监测原理。母线监测的基本原理是平衡电桥检测法。

b）支路检测原理。主机中装有超低频信号源，该信号源将 4Hz 的超低频信号由母线对地注入直流系统。传感器安装在母线的每个支路回路上，如果支路回路上有电阻接地，则装在该支路上的传感器产生感应电流，感应电流的大小与支路接地电阻的阻值成反比。根据这一原理，装置不仅能够检测出是否发生直流接地，还能检测出发生接地的支路。

c. 绝缘监测装置的运行说明。

当某极绝缘下降时，另外一极的对地电压应升高；如达到定值时，绝缘监测装置将发出"直流接地"信号，此时应立即查找原因并及时处理。

当直流系统绝缘良好时，若绝缘监测装置接地点投入，则正母对地电压约为 110V，负母对地电压约为 -110V。若绝缘监测装置接地点不投入，则正、负母对地电压都很低，接近于零。这是因为接地点不投入时，直流系统与大地之间没有电气的联系，而没有电气联系的两个系统之间是测量不出电压的。

系统中同时装有常规绝缘监察装置及微机直流接地检测装置，正常时宜投入微机直流接地检测装置，且只能投入一套装置，其接地点应能随装置进行切换。

（4）变电站直流供电回路。本节以一个典型 220kV 枢纽变电站为例介绍变电站的直流供电回路。220kV 枢纽变电站的直流系统与 110kV 及以下变电站的直流系统相比最突出的特点是，220kV 枢纽变电站的直流系统考虑了双重化问题。在 220kV 枢纽变电站中，为了谋求更高的可靠性，线路和变压器的保护都采用了双重化原则配置，这就要求直流电源也必须是双重化的。所以，在 220kV 枢纽变电站中每个直流电压等级都装设两组蓄电池，并且直流母线的接线方式以及直流馈线网络的结构也相应按照双重化的原则考虑。

220kV 及以上典型站用直流系统图如图 2-49 所示，110kV 及以下典型站用直流系统图如图 2-50 所示。

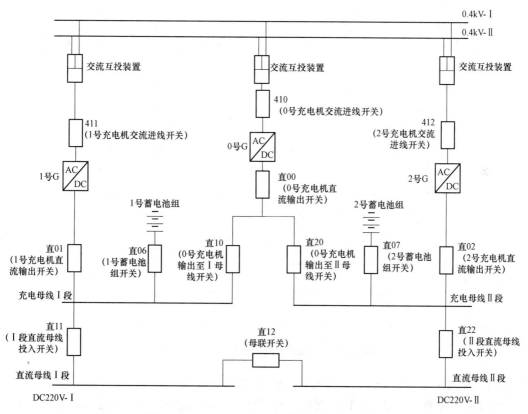

图 2-49　220kV 及以上典型站用直流系统图

典型 220kV 枢纽变电站的直流系统，直流母线采用单母分段方式，两段母线之间的联络隔离开关打开，整个直流系统分成两个没有电气联系的部分。在每段母线上接一组蓄电池和一台浮充电整流器。每段母线上设有单独的电压监视和绝缘监察装置。对配有双重化保护的重要负荷，可分别从每段母线上取得电源，对于没有双重化要求的负荷，可任意接在某一段母线上，但应注意使正常情况下两段母线的直流负荷接近。当其中一组蓄电池因检修或充放电需要脱离母线时，分段隔离开关合上，两段母线的直流负荷由另一组蓄电池供电。

直流系统的两段直流母线均带有一定数量的直流负荷，这些负荷都通过直流负荷馈出屏接出。

（5）一体化电源。一体化电源是将站用交流电源、直流电源、UPS、逆变电源、通信电源等组织组合为一体，共享直流电源的蓄电池组，并统一监控的成套设备。一体化电源系统应能够为全站交、直流设备提供安全、可靠的工作电源，包括 380V/220V 交流电源、DC 220V

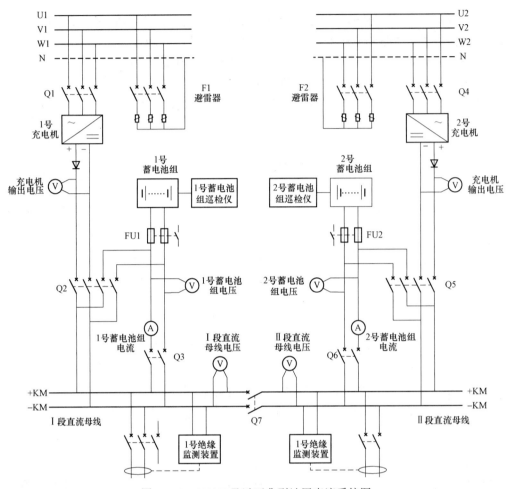

图 2-50　110kV 及以下典型站用直流系统图

或 DC 110V 直流电源和 DC 48V 通信用直流电源。

一体化电源系统主要由 ATS、充电单元、逆变电源、通信电源、蓄电池组及各类监控管理模块组成，如图 2-51 所示。通信电源不单独设置蓄电池及充电装置，使用 DC/DC 电源模块直接挂于直流母线。逆变电源直流输入侧直接接入直流母线对重要负荷（如计算机监控、事故照明设备等）供电。

（6）直流系统的充电方式。

1）均衡充电：用于均衡单体电池容量的充电方式，一般充电电压较高，常用作快速恢复电池容量。

2）浮充电：保持电池容量的一种充电方法，一般电压较低，常用来平衡电池自放电导致的容量损失，也可用来恢复电池容量。

3）正常充电：蓄电池正常的充电过程，即由均充电转到浮充电的过程。

4）定时均充：为了防止电池处于长期浮充电状态可能导致电池单体容量不平衡，而周期性地以较高的电压对电池进行均衡充电。

5）限流均充：以不超过电池充电限流点的恒定电流对电池充电。

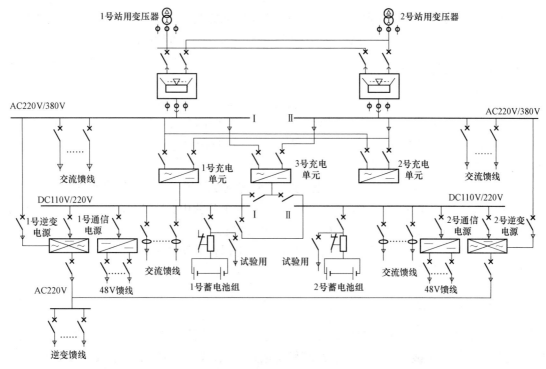

图 2-51　一体化电源典型主接线图

6）恒压均充：以恒定的均充电压对电池充电。

2.3　继电保护及安全自动装置

2.3.1　变压器保护

变压器短路故障时，将产生很大的短路电流。很大的短路电流将使变压器严重过热，烧坏变压器绕组或铁芯。特别是变压器油箱内的短路故障，伴随电弧的短路电流可能引起变压器着火。另外短路电流产生电动力，可能造成变压器本体变形而损坏。

变压器的异常运行也会危及变压器的安全，如果不能及时发现及处理，会造成变压器故障及损坏变压器。

为确保变压器的安全经济运行，当变压器发生短路故障时，应尽快切除变压器；而当变压器出现不正常运行方式时，应尽快发出告警信号并进行相应的处理。为此，对变压器配置整套完善的保护装置是必要的。

（1）短路故障的主保护。变压器短路故障的主保护，主要有纵差保护、重瓦斯保护、压力释放保护。另外，根据变压器的容量、电压等级及结构特点，可配置零差保护及分侧差动保护。

（2）短路故障的后备保护。目前，电力变压器上采用较多的短路故障后备保护种类主要有复合电压闭锁过电流保护、零序过电流或零序方向过电流保护、负序过电流或负序方向过电流保护、复压闭锁功率方向保护、低阻抗保护等，330kV 及以上电压等级变压器，其高（中）压侧还配置阻抗保护作为本侧母线故障和变压器部分绕组故障的后备保护。

2.3.2 断路器保护

当电力系统一次设备故障时，最重要的就是继电保护能够正确动作并将故障限制在最小范围内。如果电力系统发生故障，继电保护正确动作，但因各种原因断路器拒动；或者分相操作断路器、电气联动断路器出现三相位置不一致，在负荷电流作用下产生零序和负序电流等，都严重影响系统的安全运行。

为了解决上述问题，一般 500kV 断路器需要配置断路器保护。断路器保护是将失灵保护、三相不一致保护、死区保护、充电保护合并在一个装置中。在 3/2 接线方式下，自动重合闸功能不在线路保护中，而是在断路器保护中实现。

500kV 断路器保护配置有断路器失灵保护、充电保护、死区保护、过电流保护、自动重合闸、三相不一致保护。

2.3.3 母线保护

母线是电能集中和分配的重要元件，是电力系统的重要组成部分。母线发生故障将有可能造成大面积停电事故，甚至使电力系统稳定运行遭到破坏而导致电网事故，后果严重。

母线故障的主要原因有母线绝缘子和断路器套管闪络、母线电压互感器故障、局部的电流互感器故障、母线隔离开关和断路器的支持绝缘子损坏、运行人员误操作等。母线保护的作用是快速而有选择性地切除母线范围内的一切故障。

对于母线保护来讲，具有良好的安全性极为重要，同时还要有极高的可靠性，具体要求如下：① 在外部故障的情况下可靠不误动。② 在内部故障情况下可靠动作并将损害最小化。③ 内部故障 TA 严重饱和时，能检测出故障并可靠动作。④ 在母线部分故障时，能有选择地检测故障所在母线并快速跳闸。⑤ 在由于辅助触点故障、人为误操作以及二次回路故障等情况时，可靠不误动。

母线保护配置原则如下：

（1）35kV 及以下母线一般不配置母线保护，110kV 及以上母线一般均设有母线保护，220、500kV 母线保护一般采用双重配置。

（2）220kV 双母或双母分段接线的母线，其保护一般包含母线差动保护、母联充电保护、母联过电流保护、母联失灵（或死区）保护及断路器失灵保护出口等功能。

（3）110kV 母线一般只配置一套母线保护，保护一般不具有断路器失灵保护功能。

（4）3/2 接线方式的母线，其保护设置母线差动保护，不包含失灵保护（失灵保护包含在断路器保护中）、母联充电、过电流、死区保护等功能。

2.3.4 线路保护

线路故障是电力系统发生概率最高的故障。线路保护就是一种当线路发生故障时，能快速地、有选择地跳开断路器，切除故障、防止事故扩大的保护装置。

不同电压等级的线路，线路保护配置的基本原则也不同：

（1）220kV 及以上线路保护配置的基本原则。

1）220kV 及以上线路保护按"加强主保护，简化后备保护"的基本原则配置和整定。

2）对 220kV 及以上线路，为了有选择地快速切除故障，防止电网事故扩大，保证电网安全、优质、经济运行，一般情况下，要求装设两套全线速动保护，在旁路断路器带线路运行时，至少应保留一套全线速断保护运行。

a. 两套全线速动保护的交流电流、电压回路和直流电源彼此独立。

b. 每一套全线速动保护对全线路内发生的各种类型故障，均能快速动作切除故障。

c. 两套全线速动保护都应具有选相功能。

d. 两套主保护应分别动作于断路器的一组跳闸线圈。

e. 两套全线速动保护分别使用独立的远方信号传输设备。

f. 220kV 及以上线路的后备保护采用近后备方式。

（2）110kV 线路保护配置的基本原则。

110kV 中性点直接接地的电网中，装设反应接地短路和相间短路的保护装置，应配置反应相间故障的三段式相间距离保护，反应接地故障的三段式接地距离保护和三段式或四段式零序电流保护。110kV 线路保护只配置单套保护，并采用远后备保护方式。

（3）35kV 及以下线路保护配置的基本原则。

35kV 及以下中性点不接地或经消弧线圈接地电网的线路上，应装设反应相间短路的保护装置，一般装设分段式电流保护。中性点经小电阻接地电网的线路，还需装置反应单相接地的零序保护。35kV 及以下线路保护只配置单套保护，并采用远后备保护方式。

2.3.5　电容器保护

并联电容器广泛用于电力系统的无功补偿，在变电站的中、低压侧通常装设并联电容器以补偿系统无功功率的不足，从而提高电压质量，降低电能损耗，提高系统运行的稳定性。

电容器在运行中，难免会发生故障或异常，电容器的内部故障包括内部元件故障、内部间短路故障、内部或外部极对壳（外壳）短路故障。如：

（1）电容器引线、电缆或电容器本体上发生的相间短路、单相接地等。

（2）电容器可能因运行电压过高受损或电容器失压后再次充电受损。

（3）部分电容器熔断器熔断退出运行造成三相电压不平衡引起其他电容器单体运行电压过高导致损坏。

因此，为了保护电容器及相关设备的安全稳定运行，需要配置相应完善的电容器保护。从保护的类型来看，一般采用熔断器与继电保护相配合的形式。

电容器保护配置包括：

（1）熔断器保护。分为外部及内部熔断器（熔丝）。

（2）电流保护。包括相间过电流保护和零序过电流保护等。

（3）电压保护。包括过电压保护和欠电压保护。

（4）不平衡保护。包括不平衡电流保护和不平衡电压保护，可根据一次设备接线情况进行选择，目前，单星形接线的电容器组广泛采用不平衡（开口三角）电压保护，双星形接线的电容器组采用不平衡电流保护。

（5）差压保护。为了检测电容器组中电容器的部分损坏或退出运行，在高压电容器组中一般设有平衡保护，利用放电线圈接成差压保护是其中一种平衡保护方法。原理是将两个结构上独立的放电线圈分别接到同一相的 2 组电容器中，正常时放电线圈的二次侧电压相等，即没有压差；当其中一组电容器中有电容器损坏时，平衡被破坏，放电线圈的二次电压就不相等，即产生压差，这个压差可以驱动电压继电器动作，发出故障信号或直接作用于跳闸。

单台并联电容器的最简单、有效的保护方式是采用熔断器。这种保护简单、价廉、灵敏度高、选择性强，能迅速隔离故障电容器，保证其他完好的电容器继续运行。但由于熔断器抗电容充电涌流的能力不佳，不适应自动化要求等原因，对于多台串并联的电容器组保护必须采用更加完善的继电保护方式。

电容器随一次接线不同所设置的几种保护形式如下：

（1）单台电容器应设置专用熔断器组不同接线方式不同的保护方式。

（2）星形接线的电容器组可采用开口三角形电压保护。

（3）多段串联的星形接线电容器组也可采用电压差动保护或桥式差电流保护。

（4）双星形接线的电容器组可采用中性线不平衡电压保护或不平衡电流保护。

（5）对电容器组的过电流和内部连接线的短路，应设置过电流保护。当有总断路器及分组断路器时，电流速断作用于总断路器跳闸。

（6）电容器装置组设置母线过电压保护，带时限动作于信号或跳闸。在设有自动投切装置时，可不另设过电压保护。

电容器组宜设置欠电压保护，当母线失电压时自动将电容器组切除。

2.3.6 电抗器保护

我国 500kV 线路远距离超高压输电线的对地电容大，为吸收这种容性无功功率，限制系统的过电压，对于使用单相重合闸的线路，为限制潜供电容电流，提高重合闸的成功率，都应在输电线两端或一端变电站内装设三相对地的并联电抗器。并联电抗器均为单相油浸式，铁芯带气隙，单台容量一般为 40~60MVA。

并联电抗器与高压输电线路的相连方式有以下 3 种：

（1）通过隔离开关与线路相连，节省设备，减少投资，可视为与线路一体，但运行欠灵活。

（2）采用专用断路器，运行灵活，但投资大。

（3）通过放电间隙与线路相连，当电压较高时放电间隙击穿自动投入。电压低时又自动退出，不仅节省投资，还能减少正常运行时的有功功率、无功功率损失，但技术要求较高，可靠性低。

根据并联电抗器的运行状况，常见的电抗器的故障类型有内部故障、外部故障和不正常运行状态。

（1）电抗器内部故障指的是电抗器箱壳内部发生的故障，有绕组的相间短路故障、单相绕组的匝间短路故障、单相绕组与铁芯间的接地短路故障，电抗器绕组引线与外壳发生的单相接地短路。此外，还有绕组的断线故障。

（2）电抗器外部故障指的是箱壳外部引出线间的各种相间短路故障，以及引出线因绝缘套管闪络或破碎通过箱壳发生的单相接地短路。

（3）电抗器的不正常运行状态主要包括过负荷引起的对称过电流、运行中的电抗器油温过高以及压力过高等。

2.3.6.1 不同电压等级的保护配置

电力系统中电抗器保护主要用于 10～500kV 并联电抗器设备中，根据电压等级不同，电抗器保护的配置有所不同。

（1）10～35kV 电抗器保护较为简单，主要有以下几种：

1）低电压保护。当电压低于某定值，延时报警。

2）过电压保护。当电压达到某定值，延时报警。

3）过电流保护。当电流达到某定值，延时报警并动作。

4）瞬时过电流保护。当电流达到某定值，瞬时报警并动作。

5）不平衡保护。当三相电流不平衡达到某定值，报警并动作。

（2）220～500kV 以上的高压并联电抗器的主要保护与作用。

1）差动保护：电抗器相间短路和匝间短路的主保护，用于保护电抗器绕组和套管的相间和接地故障。

2）差动速断保护：用于电抗器内部严重故障时快速动作。

3）比率差动：采用比率差动原理，能保证内部故障时有较高灵敏度。为了防止在电抗器投入时，励磁涌流等原因引起的不平衡电流可能导致比率差动保护误动，需增加二次谐波制动功能。

4）匝间保护：用于保护电抗器的匝间短路故障。

5）瓦斯保护和温度保护：保护电抗器内部各种故障、油面降低和温度升高。

6）过电流保护：电抗器和引线的相间或接地故障引起的过电流。

7）过负荷保护：保护电抗器绕组过负荷。

8）中性点过电流保护：保护电抗器外部接地故障引起中性点小电抗过电流。

2.3.6.2 电抗器保护装置的分类

针对电抗器各种故障和不正常运行状态，需要配置相应的保护。电抗器保护的装置类型可分为主保护、后备保护及异常运行保护。

（1）主保护配置。

差动保护：包含差动速断保护、比率制动的差动保护。

非电量保护：包含瓦斯保护、压力释放保护等。

（2）后备保护配置。阶段式过电流保护或反时限过电流保护，零序过电流保护，过负荷保护，TV 断线告警或闭锁保护，油温异常、油位异常保护等。

2.3.7 备用电源自投装置

2.3.7.1 备自投装置的作用

备用电源自投装置（备自投装置）是当电力系统故障或其他原因使工作电源被断开后，

能迅速将备用电源自动投入工作，或将被停电的设备自动投入到其他正常工作的电源，使用户能迅速恢复供电的自动控制装置。

2.3.7.2 备自投装置的分类

（1）按有无专用备用分。

1）明备投：正常情况下有专用的备用变压器或备用线路。

2）暗备投：正常情况下没有专用的备用电源或备用线路，分别接于分段母线，利用分段开关取得相互备用。

（2）按照变电站接线方式分。

1）内桥接线方式：内桥接线备自投配置。

2）扩大桥接线方式：扩大桥接线备自投配置。

3）线路变压器组接线方式：线路变压器组接线备投配置。

2.3.7.3 备自投装置的方式

备自投的方式与主接线的形式有关，分为桥备投、进线备投和分段备投等。

2.3.7.4 备自投装置的基本要求

（1）工作电源断开后，备用电源才允许投入。

（2）备用电源自投装置投入备用电源断路器必须经过延时，延长时限应大于最长的外部故障切除时间。

（3）手动跳开工作电源时，备自投装置不应动作。

（4）应具有闭锁备自投装置的逻辑功能，以防止备用电源投到故障的元件上，造成事故扩大的严重后果。

（5）备用电源不满足有压条件，备用电源自投装置不应动作。

（6）防止工作母线 TV 二次三相断线造成误投备自投装置。

（7）备自投装置只允许动作一次。

2.3.8 低频低压减负荷装置

低频减负荷装置又叫低频低压解列装置、频率电压紧急控制，是专门监测系统频率的保护装置。

当电压小于整定值、电流大于整定值时，系统负荷过重，频率下降。下降的速度（滑差）小于整定值，当频率下降到整定值时就出口动作，投了低频保护压板出口的开关就会跳开，甩掉部分系统负荷，保证系统正常运行。低频减负荷一般用在有自备电厂的大型企业里。当电源频率下降到一定值时，将发生设备或者其他的事故，如轴瓦烧损、机械加工精度降低等。所以在电网上设置低频率减负荷保护。当电网频率低于整定值时，保护将按照事先输入的减负荷名单，将负荷逐一切除，直至电网频率恢复到允许值范围内为止。

正常时，企业的自备发电机与电网并列运行，当外电源因故障停电时，这些发电机将承担全部负荷。如发电机总容量小于负荷的总容量达到一定程度，发电机将不能保持额定转速，就是说厂内电网的频率将降低。严重时，甚至会使发电机趋于停转，即系统频率崩溃。

此时应用低频减负荷装置可按预定方案切除相应负荷，使系统内的发、用电处于基本平衡状态。

低频减负荷主要由低频波继电器构成，当系统所需无功功率较大时，系统电压能会先于频率崩溃，从而使低频波继电器失灵，此时可附加一个带 0.5s 时限的低电压元件作为后备保护。

低频减负荷装置一般装在中央控制室单独的一个保护屏上。

2.3.9　稳控装置

2.3.9.1　电力系统稳定"三道防线"

《电力系统安全稳定导则》规定我国电力系统承受大扰动能力的安全稳定标准分为三级。第一级标准：保持稳定运行和电网的正常供电 [单一故障（出现概率较高的故障）]；第二级标准：保持稳定运行，但允许损失部分负荷 [单一严重故障（出现概率较低的故障）]；第三级标准：当系统不能保持稳定运行时，必须防止系统崩溃并尽量减少负荷损失 [多重严重故障（出现概率很低的故障）]。为满足三级标准的要求，首先应建设一个结构合理的电网，好的网架是电力系统运行的基础，同时在我国已经形成了"三道防线"的概念，电网的建设按"三道防线"规划和配置，电网运行按"三道防线"调度管理。所谓"三道防线"是指：第一道防线，高速、准确地切除故障元件的继电保护和反映被保护设备运行异常的保护（不损失负荷，快速隔离故障）；第二道防线，保障电网安全运行的安全自动装置（允许损失少量负荷，避免元件过载、电网失稳；第三道防线，失步解列与频率、电压控制，采取一切必要手段避免电网崩溃。简单地说，"三道防线"分别是：继电保护、过负荷切机切负荷稳控装置、低频低压失步解列装置。

2.3.9.2　稳控装置

电网安全稳定控制装置是为保证电力系统在遇到大扰动时的稳定性而在电厂或变电站内装设的控制设备，实现切机、切负荷、快速减出力、直流功率紧急提升或回降等功能，是保持电力系统安全稳定运行的第二道防线的重要设施。电网安全稳定控制系统是由两个及以上分布于不同厂站的稳定控制装置通过通信联系组成的系统。

2.3.9.3　稳控运行要求

一般重要发电厂和枢纽变电站的安全稳定控制装置应按双重化配置，其中一套装置因故障或检修退出运行时，应不影响另一套装置的正常运行。一般变电站可单套配置。

对电网安全稳定控制装置的主要技术性能要求：

（1）装置在系统中出现扰动时，如出现电流、电压或功率突变等，应能可靠启动。

（2）装置宜由所接入的电气量正确判别本厂站线路、主变压器、机组等设备的运行状态。

（3）装置的动作速度和控制内容应能满足稳定控制的有效性。

（4）装置能与厂站自动化系统或调度中心相关管理系统通信，能实现就地和远方查询故障和装置信息、修改策略表等。稳控装置的动作信息、告警信息及方式状态应能够实时上传至调控中心。

稳定控制装置的判据，应能正确并唯一的区分故障元件和非故障元件以及各种类型的故障方式和异常运行方式，如系统故障、振荡、潮流转移、低频、低压等。

稳定控制装置的跳闸判据，应采用电气量实现。为正确区分区内和区外等跳闸，可采用保护跳闸触点等作为辅助判据。稳定控制装置的无故障跳闸判据，应在系统出现振荡、大机组退出运行以及潮流大负荷转移的过程中不误动作。在不影响装置整体功能和系统稳定的情况下，无故障判据允许带适当的延时。

对于判元件无故障跳闸而需要采取切机、切负荷措施的，为防止误动，一般会采用其他判据作为闭锁或开放无故障判据的条件；如无法采用其他判据的，应通过制订安全自动装置的相关管理规定，来避免发生误动。

2.3.10 合并单元

合并单元最开始是针对数字化输出的电子式互感器而定义的，合并单元的作用是同步采集多路电流、电压瞬时数据后按照标准规定的格式发送给保护、测控等二次设备。合并单元最初配合电子式互感器使用，因此其电流、电压输入为数字量形式，与电子式互感器的采集模块配合；随着数字化采样方式的拓展，模拟量输入合并单元逐渐在智能变电站得到应用，因此合并单元的输入形式也拓展到模拟量输入形式，配合常规互感器应用，甚至有数字量和模拟量输入共存的模式。在电子式瓦感器未完善前，新建变电站宜采用常规互感器配以合并单元实现模拟量就地数字化转换，利用光纤上传，提高其可靠性。随着合并单元技术发展，其输入形式、输入通道数灵活可配，一般在工程设计时决定其输入形式和通道数，然后在工程建设过程中进行配置。

合并单元的输入形式可以是数字量或模拟量，数字输入格式也可以是私有格式，且输入数据可以是异步的，但经合并单元输出数据处理后输出的 SV 数据必须是标准格式，而且 SV 中的电流、电压数据必须是同步的。数字量 SV 输出便于数据共享，适应了智能变电站发展需求。

当合并单元基于外部时钟信号同步采样时，还需接收同步的时钟信号输入，以同步合并单元的采样脉冲，一般而言，合并单元应该具备以下功能：

（1）采集电压、电流瞬时数据。如果合并单元与电子式互感器接口，其通过光纤实时接收电子式互感器输出的数字量报文。值得一提的是，目前还没有标准来统一从电子式互感器到合并单元的数据格式。如果合并单元与常规互感器接口，则其通过装置内部 AD 器件直接采集电压电流瞬时值。

（2）采样值品质处理。与电子式互感器接口时，合并单元应具有对电子式互感器采样值品质（失步、失真、有效性、接收数据周期、检修状态等）的判别功能，对故障数据事件进行记录。如果合并单元与常规互感器接口，则其应对装置内部的 AD 采样正确性进行自检。

（3）采样值输出。合并单元按照 IEC 61850 标准规定的数据格式通过以太网或串口向保护、测控、计量、录波、相量测量单元（PMU）等智能电子设备输出采样值，同时提供符合 IEC 61850 规范的配置文件（ICD 文件）。合并单元输出的信息中不仅包含采样数据，还应包含整体的采样响应延时、数据有效性等。

（4）时钟同步及守时。合并单元基于外部时钟进行同步采样时，应接收外部基准时钟的同步信号并具有守时功能。合并单元一般采用同步法同步电子互感器的采样数据，还需向电子式互感器提供同步采样脉冲。

（5）设备自检及指示。合并单元应能对装置本身的硬件或通信状态进行自检，并能对自检事件进行记录；具有失电保持功能，并通过直观的方式显示。记录的事件包括电子互感器通道故障、时钟失效、网络中断、参数配置改变等。

（6）电压切换和并列。对于接入了两段及以上母线电压的母线电压合并单元，母线电压的切换和并列功能宜由合并单元完成，合并单元通过 GOOSE 网络获取断路器、隔离开关位置信息，实现电压的切换和并列。

（7）激光供能。对于与有源电子式电流互感器配合的合并单元，其装置内部还集成了激光供能模块，为电子式互感器的采集模块提供能量。

2.3.11 智能终端

智能变电站的一个显著特点就是一次设备智能化，即要实现断路器的智能化。智能断路器的实现方式有两种，一种是直接将智能控制模块内嵌在断路器中，智能断路器是一个不可分割的整体，可直接提供网络通信的能力；另一种方式是将智能控制模块形成一个独立装置——智能操作箱，安装在传统断路器附近，实现现有断路器的智能化。目前，后者比较容易实现，国内智能化变电站建设基本采用常规断路器＋智能终端的方案。常规断路器等一次设备通过附加智能组件实现智能化，使断路器等一次设备不但可以根据运行的实际情况进行操作上的智能控制，同时还可根据状态检测和故障诊断的结果进行状态检修。

在传统断路器旁边安装智能终端，该装置负责采集与断路器、隔离开关、接地开关相关的开入信号，并负责控制断路器、隔离开关、接地开关的操作。通过智能终端完成了对一个间隔内相关一次设备的就地数字化。智能终端作为过程层的一部分，为非智能的一次设备提供了外挂的智能终端。过程层的智能终端通过光纤与间隔层的保护、控制装置通信，将开入信息上传，并接收间隔层设备的控制命令。通过智能终端，完全取消了间隔层与过程层之间的电缆。这也是目前国内一些厂家在现有一次设备条件下推荐的智能化变电站方案。

智能终端与间隔层设备之间主要传输一次设备的数字信号，与模拟信号相比，其抗干扰能力增强，信息共享方便，在工程上仅需几根光缆就可实现和主控室连接，大大简化了传统的电缆的连接方式。

2.4 自 动 化 设 备

站端自动化装置即指安装在变电站侧、能够实现变电站自动化功能的自动化装置。按照国际大电网会议工作组的分析，变电站自动化功能大概有 63 种，归纳为 7 种：控制、监视功能，自动控制功能，测量表计功能，继电保护功能，与继电保护有关的功能，接口功能，系统功能。具体到应用，主要指用于变电站所有一、二次设备的数据采集与处理、控制操作、报警、事件顺序记录及事故追忆、远动、时间同步、人机联系、与其他设备接口等作用。从广义上看，用于完成上述功能的装置可以通称为站端自动化装置，根据自动化专业的特点，提出的站端自动化装置主要有：

（1）与远动信息采集有关的变送器、测控装置及相应二次回路。

（2）远动终端设备（RTU）主机、远动通信工作站。

（3）与其他系统的通信接口设备（如规约转换装置）。

（4）用于站内网络通信的交换机。

（5）电力调度数据网络接入设备和二次系统安全防护设备（包括路由器、交换机、硬件防火墙、加密认证网关等）。

（6）专用的时间同步装置。

（7）配电网自动化系统远动终端。

（8）接入电能量计量系统的关口表计及专用计量屏（柜）、电能量远方终端。

（9）相量测量装置。

（10）向子站自动化系统设备供电的专用电源设备及其连接电缆（包括不间断电源）、专用空调设备等。

2.4.1　测控装置

2.4.1.1　测控装置配置要求

测控装置是变电站用于数据采集和控制的基本单元，是变电站监控系统间隔层最重要的组成部分，实现了遥测、遥信的采集和遥控的执行功能，同时具备通信功能，实现数据共享。有的测控装置还具备同期合闸、防误闭锁等高级功能。测控保护一体化装置更是把监控和微机保护功能合而为一，降低了设备投资和运维成本。

按照电气间隔配置测控装置的原则可以确定变电站测控装置的数量。比如，1 条出线配置 1 台测控装置；1 台主变压器可以配置 1 台测控装置，或者按照本体、高、低压侧分别配置测控装置；不同电压等级的母线可以配置 1 台测控装置，也可以按照电压等级配置（根据测控装置可以接入的电压通道数量进行配置）；交直流系统、消防火灾系统、在线监测系统等其他信号，也可以配置 1 台或者多台公用测控装置，甚至当测控装置插件足够时，母线和公用测控装置可以集成为 1 台或者 2 台。但无论如何，出线、主变压器、分段（母联）、电容器、站用变压器、电抗器电气间隔一般严格按照一个电气单元配置 1 台测控装置的原则设计。越是高压变电站，按照电气间隔配置测控装置的原则执行的越严格。

根据是否集成继电保护功能划分，测控装置可分为仅具备测控功能的独立测控装置和测控保护一体化装置两大类。虽然功能不一样，但输入/输出接口电路和 CPU 逻辑运算模块等硬件回路设计上存在许多共同点，两者的差异更多体现在软件层面。目前 35kV 及以下电压等级电气间隔已广泛配置测控保护一体化装置，能够降低装置成本并减少二次电缆数量，但在检修和运维工作上会存在部分安全隐患。110kV 及以上电压等级高压电气间隔为避免可能受到的干扰，保证保护功能的可靠性和独立性，目前仍然采用保护和测控各自独立的装置。

2.4.1.2　测控装置构成及技术参数

出于可靠性、通用性、经济性和可维护性等因素考虑，测控装置均按照模块化原则设计。

模块内部通过内部总线连接，可根据工程需要简单地进行积木式插接。测控装置主要由 CPU 模件（含通信单元和时间同步输入接口）、模拟量输入模件、开关量输入模件、开关量输出模件、防误闭锁模件（其实也属于开关量输出，仅提供几副可编程控制节点，用于串入控制回路），人机接口模件（MMI）、电源模件、机箱。理论上只需要对装置参数化配置文件进行修改和下装后，模件更换或者插接到不同的插口均可以，但为了便于规范化管理，大部分厂家还对模件的型号和位置顺序采用固定方式。

（1）CPU 模件主要承担逻辑计算、遥测数据采集及计算、遥信数据处理、遥控命令接收与执行、检同期合闸、逻辑闭锁、时间同步、MMI 接口通信、网络或者串口通信等功能。

时间同步接口一般支持 B 码或者秒/分脉冲方式，目前推荐采用的是前一种。除了多年前采用的世界工厂仪表协议（WORLDFIP）、局部操作网络（Lon）控制器局域网（CAN）等总线外，以太网通信是当前主流通信方式。测控装置一般都配置两个及以上的以太网接口，能够支持双网络通信方式。

（2）模拟量输入模件：模拟量输入模件将交流电压、电流和直流电压、电流等电气量，温度、压力等非电气量转换为数字信号以供 CPU 处理，一般分为交流采样板和直流采样板。交流采样板可以直接输入交流电压和电流信号，经过采样处理形成数字信号，线路和分段等测控装置只需要具备一个电气间隔的电压、电流输入通道，采用交流采样的方式进行电压、电流、功率、频率等计算。直流采样板只能输入经过变送器转换的直流信号。变送器是一种仪器，可以将一种信号转换为标准化的信号，变电站常用的有直流电压、所用交流电压和电流、温度变送器。直流电压和电流以及温度、压力等非电气量首先经过变送器，转换为 4～20mA 或者 0～5V 电气信号，再输入到测控装置直流采样板。

通常主变压器测控装置和公用测控装置才配置直流采样板，配合变送器用以采集直流系统电压、主变压器温度。因为遥测的采样频率和发送频率对监控人员监视的遥测数据实时性、准确性指标有着决定性的影响，因此模拟量输入模件的 CPU 处理能力和遥测死区参数必须关注。CPU 能力在装置运行后无法改变，但死区参数是可以设置的。正常情况下，CPU 采样处理一个遥测数据的时间以毫秒计，电网在稳态情况下，电气量变化不大，在极短的时间内重复传送变动极小遥测量不仅意义不大，还加重了主机及通信通道的负担。为了提高效率，降低装置运算负荷，压缩需传送的数据量，为测量设置的阈值即为死区（又称"压缩因子"）。装置只有当下一次采集的遥测数值超过前一次采集数值阈值时，才认为遥测数据已经发生变化。

（3）开关量输入模件。开关量输入模件输入的是状态量或者数字量。其原理是将断路器、隔离开关位置、保护信号、一次设备机构异常信号、主变压器挡位位置等以无源辅助触点形式的信号，经过光电耦合电路隔离后变为二进制信号供 CPU 处理。处理的信号又称遥信。

辅助触点的电压一般为 220V，但进入 CPU 处理的信号电压仅为 5V，中间通过光电耦合电路进行了隔离。外部回路采用 220V 并经隔离，这是防止遥信频繁误发的主要措施。还有一种"软件延时判别消抖"方法也比较有效。所谓软件消抖是利用抖动的信号电平宽度较短、而有效信号的电平较宽且平稳的特点，通过测试信号的电平维持宽度来实现消抖功能。

模件 CPU 将输入开关量信号的电平宽度与预先设定的电平宽度 T 设定值进行比较，小于设定值则认为是触点抖动而被丢弃，只有大于设定值的信号才被认为有效信号并被处理。

测控装置遥信的重要指标"消抖时间"的设置就是为了这个目的。一般每个遥信都可以设置消抖时间，通常设置为 20ms。这是因为消抖时间越长，真实动作的遥信发送到监控人员的时间也越长，为了避免降低遥信实时性指标，消抖时间不宜过长，一般消抖时间最长为 2s。

有的装置还可以设置更长时间的遥信动作过滤时间，对于弹簧未储能、控制回路断线等信号，甚至可以设定超过 2s，以过滤开关正常操作状态下异常信号的发送。需要注意的是，在遥信验收过程中，如果设置了长延时，可能通过正常模拟操作，无法立刻产生变位遥信，必须长时间模拟才能进行发出信号。

为了避免测控装置检修状态下不必要的遥信、遥测信号发送到监控系统，禁止远方操作，测控装置配置了一个"置检修"硬压板，测控装置会以遥信形式接收到该压板状态，当压板投入时，中断发送三遥信号到网络上，仅发送通信链路状态和该压板状态。如果测控装置正常运行，通信状态也正常，但是所有三遥功能都失效时，就需要检查该压板位置。

测控装置遥信处理还有一个重要功能，即事件顺序记录（SOE）。事件顺序记录可以在发生事故后分析出保护和开关动作的先后顺序，能够反映电网故障的真实过程。SOE 对于调控人员来说，就是对应于遥信变位信号，还跟随着带有具体动作时间（精确到毫秒）的 SOE 信号，由于该信号能够带时标传送，在事故分析时可以精确辨认出事件发生的先后顺序。一般保护动作、间隔事故、断路器变位信号要求生成带时标的变化遥信，其他信号无需生成 SOE。部分厂家的测控装置具备逐点设置遥信点是否上送 SOE 功能，但大部分厂家测控装置默认传送所有开入量均传送 SOE 信号。

（4）开关量输出模件。开关量输出模件又称为数字量输出。其原理是 CPU 发出控制命令经过逻辑出口电路输出并经光电耦合后驱动出口继电器触点的通断，实现遥控功能。某种程度上可以把开关量输出看成是开关量输入的逆向操作。测控装置开关量输出一般采用无源触点输出方式。为了能够实现遥控、测控装置侧手动操作的区分，测控装置侧还配置了远方/就地方式选择开关，远方位置时，允许遥控操作；就地位置时，遥控操作失效，可以手动操作。

遥控操作是非常慎重的，要严格禁止任何错误的操作，遥控全过程分为四个步骤进行：第一步，控制端向被控端发送选择命令，命令包含遥控对象、遥控性质；第二步，被控端向控制端返送返校信息，返校信息包含被控端对收到的遥控选择命令进行执行条件的核查，遥控对象若满足执行条件则遥控执行命令或者遥控撤销命令；第四步，被控端根据收到的遥控执行或者撤销命令进入具体执行过程。需要注意的是，当厂站发送返校命令后，如果一定时间没有收到执行命令，也会自动执行撤销命令；当遥控过程中发生了遥信变位，也会撤销本次遥控。

2.4.2 通信网关机

通信网关机是变电站站控层的重要设备，是沟通变电站与调度中心的核心设备，对下与间隔层测控装置、保护装置、规约转换装置或者其他系统数据通信，接收并处理各数据采集单元的信息；对上与调控主站系统数据通信，发送遥测遥信数据，接收遥控命令并转发相应间隔层装置执行。它又称为"数据采集及通信控制装置""数据通信网关"。

2.4.2.1　通信网关机配置及运行要求

为了保证变电站集中监控系统的数据传输的可靠性,目前各电压等级的变电站要求实现通信网关机的双重化配置。目前厂站端均设计为配置双通信网关机,并列运行方式,以加强厂站与调度监控系统数据传输的可靠性。此方式与调度端数据传输通过 2 台通信网关机,分别各通过 1 路通道建立通信连接。设备配置较简单,调试、维护工作量大。此方式当单个通信接口设备故障或者单台通信网关机故障时,均不影响厂站监控。两台通信网关机并列运行,均直接采集站内二次装置信号,并各自独立与调度端进行通信。调度端自行决定以其中 1 台装置作为运行值班数据源头,不存在站内的主、备装置切换时间。当 1 路监控通道因为通信网关机原因通信中断时,调控人员能及时发现。

但双网关机配置方式在运行维护过程中带来了更大的工作量。一旦由于增加站内间隔、增加采集装置等需要变更监控信息表时,需要分别对两台通信网关机进行参数配置和重新启动,为了尽量减少监控通道全部中断、配置数据不正确的风险,工作时应严格按照“先备后主”原则进行工作。这里的“主”“备”是以监控通道是否值班来区分的。调控人员应先明确当前值班通道,变电站检修人员只能首先对处于非值班通道的通信网关机进行工作,工作结束后将调控主站系统值班通道切换到该通信网关机,由调控人员进行有关信号测试、验收,确认该通信网关机工作正常后才能由变电站检修人员进行另外一台通信网关机的参数配置。

2.4.2.2　通信网关机构成及技术参数

通信网关机按照模块化原则设计,主要由 CPU 模件(含通信单元和时间同步输入接口)、串行通道接口板、以太网通道接口板、人机接口模件（MMI）、电源模件、机箱等构成。最重要的是通信规约程序和通信接口板件。

（1）通信规约程序。通信网关机最主要的功能就是数据通信。它既能对变电站侧的间隔层装置进行通信,也能与调度端调控主站系统通信。通信需要双方都支持同一种规约。目前通信网关机对变电站侧的通信规约一般为 DL/T 667、IEC 103 规约,或者各个厂家基于 IEC 103 的扩展规约,对调度端则选用 DL/T 634.5101、DL/T 634.5104 规约。对于智能变电站,站内通信规约基本上采用 DL/T 860（IEC 61850）标准,站控层选用了 MMS 规约,但对调度端的规约目前依然采用 101 和 104 规约。

DL/T 634.5101、DL/T 634.5104 两种远动规约应用层数据一致,区别仅仅在于前一种基于串行通信方式,后一种为以太网通信方式。串行同步方式传输速度慢,带宽低,通信连接环节多,在远动通道故障时不利于判断故障点位置。网络通信方式传输速度快,运行维护方便,随着调度数据网建成,新上变电站与调度端通信全部采用网络方式。

（2）通信接口板。通信网关机能够支持串行接口类型包含 RS485、RS232、RS422,规约有循环式远动规约（CDT）、CAN、LONWORKS、WORLDFIP 等,网络接口类型就是以太网,规约为 IEC 101、104。支持多少种通信接口类型和规约,是衡量通信网关机性能高低的重要技术参数。

由于通信网关机支持多通信接口和规约,因此它还能与其他子系统和智能电子设备（IED）进行通信和数据共享,比如与直流系统、消弧线圈控制系统、低频低压减负荷装置、在线监测系统等。

（3）数据处理参数。通信网关机的最主要的数据文件是监控信息转发表，它是对变电站侧的所有采集信息进行筛选，选择集中监控中心需要的信息进行上传和下达，是沟通调度端主站与变电站监控系统的纽带。一般总控装置在进行监控信息转发表配置时，有以下 4 个参数会直接影响到监控信息的内容和指标。

1）遥测系数。该参数将会影响调控主站系统遥测数据的数值大小。对于以浮点数形式上送调度端遥测数据的变电站，一旦某条线路电流互感器变比变动，通信网关机就必须重新进行有关遥测点系数设置，以保证调控主站系统接收的遥测数值是正确的。

2）遥测死区。遥测死区原则上应在测控装置内设置，但为了降低通信网关机的 CPU 负载率和远动通道传输压力，通信网关机的遥测死区除了电压为 0 外，其他不应大于 0.2%，否则调控主站系统遥测数据刷新速度会较慢。

3）遥信是否上送 SOE。若测控装置没有"遥信是否上送 SOE"选择功能，那么为了满足规范要求，只能在通信网关机的某个遥信转发点设置是否需要上送 SOE。还有一部分厂家通信网关机还不能支持这一功能，导致全站遥信只能全部上送 SOE 信号。

4）合并遥信。合并遥信指对采集到的多个遥信进行合并处理，最终以一个遥信点上送调控主站系统的方式。合并遥信主要包含对所有间隔事故总信号进行"或"处理，生成全站事故总信号；对装置故障和装置通信中断信号进行"或"处理，生成装置异常信号等。全站事故总信号由通信网关机生成后，在较短的时间内应自动复归，但有关的间隔事故总信号需要由调控人员远方复归或者运维人员现场复归。

2.4.3　时间同步系统

变电站所有二次装置和系统必须实现时间同步，并能与调度端主系统也能实现时间同步。只有时间同步了，在电网事故分析时，管理人员才能根据 SOE 信号，分辨出各变电站保护动作、开关变位时间先后顺序，并以此判断事故发生过程和原因。时间同步系统指接收外部时间基准信号，并按照要求的时间准确度向外输出时间同步信号和时间信息的系统。对于变电站来说，时间同步系统通常由主时钟、若干从时钟、时间信号传输介质组成。

2.4.3.1　时间同步系统运行方式及配置要求

时间同步系统有三种运行方式，分别是基本式、主从式、主备式三种。

（1）基本式。基本式时间同步系统由一台主时钟和信号传输介质组成，用以为被授时设备或系统对时。根据需要和技术要求，主时钟可设接收上一级时间同步系统下发的有线时间基准信号的接口。

（2）主从式。主从式时间同步系统由一台主时钟、多台从时钟和信号传输介质组成，用以为被授时设备或系统对时。根据实际需要和技术要求，主时钟可设用以接收上一级时间同步系统下发的有线时间基准信号的接口。

（3）主备式。主备式时间同步系统由两台主时钟、多台从时钟和信号传输介质组成，为实际需要和技术要求，主时钟可留有接口，用来接收上一级时间同步系统下发的有线时间基准信号。

变电站应配置一套时间同步系统，500kV 变电站宜采用主备式时间同步系统，以提高时间同步系统的可靠性。220kV 及以下电压等级变电站一般采用主从式时间同步系统。

2.4.3.2 时间同步装置原理及技术参数

时间同步装置主要由接收单元、时钟单元和输出单元三部分组成。

时间同步装置的接收单元以接收的无线或有线时间基准信号作为外部时间基准。一般采用 GPS 信号，目前国产装置还支持北斗信号。

接收单元接收到外部时间基准信号后，时钟单元按优先顺序选择外部时间基准信号作为同步源，将时钟牵引入跟踪同步信号和时间信息。

如接收单元失去外部时间基准信号，则时钟进入守时保持状态。这时，时钟仍同步信号和时间信息。外部时间基准信号恢复后，时钟单元自动结束守时保持状态，并被外部时间基准信号牵引入跟踪锁定状态。

在牵引过程中，时钟单元仍能输出正确的时间同步信号和时间信息。这些时间同步信号应不出错输出各类时间同步信号和时间信息、状态信号和告警信号，也可以显示时间、状态和告警信息。

2.4.4 不间断电源（UPS）

2.4.4.1 不间断电源的基本概念

（1）不间断电源及其功能。

不间断电源即 UPS，是一种含有储能装置，以逆变器为主要组成部分的恒压恒频的不间断电源。主要起到两个作用：一是应急使用，防止突然断电而影响正常工作，给计算机或其他电力电子设备造成损害；二是消除市电上的电涌、瞬间高电压、瞬间低电压、电线噪声和频率偏移等"电源污染"，改善电源质量，为计算机系统提供高质量的电源。

（2）UPS 分类。

1）后备式。后备式 UPS 平时处于蓄电池充电状态，在停电时逆变器切换到工作状态，将电池提供的直流电转变为稳定的交流电输出，因此后备式 UPS 也被称为离线式 UPS。后备式 UPS 电源的优点是：运行效率高、噪声低、价格相对便宜，主要适用于市电波动不大，对供电质量要求不高的场合。然而这种 UPS 存在一个切换时间问题，一般介于 2～10ms，因此不适合用在供电不能中断的场所。

2）在线式。在线式 UPS 一直使其逆变器处于工作状态，它首先通过电路将外部交流电转变为直流电，再通过逆变器将直流电转换为正弦波交流电输出给计算机。在线式 UPS 在供电状况下的主要功能是给电池组充电，稳压及防止电波干扰，在停电时则使用蓄电池组给逆变器供电。由于逆变器一直在工作，因此不存在切换时间问题，适用于对电源有严格要求的场合。

2.4.4.2 UPS 工作原理

（1）UPS 结构及功能。UPS 主要由整流器、蓄电池、逆变器和静态开关等几部分组成。

以在线式 UPS 为例，其原理图如图 2-52 所示。

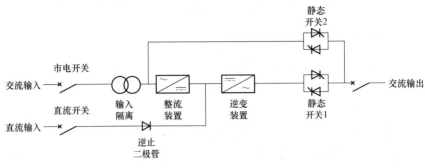

图 2-52 在线式 UPS 原理框图

1）整流器。整流器是一个将交流电转化为直流电的整流装置。它有两个主要功能：第一，将交流电变成直流电，经滤波后供给逆变器；第二，给蓄电池提供充电电压。因此，它同时又起到一个充电器的作用。

2）蓄电池。蓄电池是 UPS 用来作为储存电能的装置，它由若干个电池串联而成，其容量大小决定了其维持放电（供电）的时间。其主要功能是：一是当市电正常时，将电能转换成化学能，储存在电池内部；二是当市电故障时，将化学能转换成电能提供给逆变器或负载。

3）逆变器。逆变器是一种将整流器或电池提供的直流电转化为交流电的装置。它由逆变桥、控制逻辑和滤波电路组成。

4）静态开关。静态开关又称静止开关，它是一种无触点开关，其作用是实现电源从一路到另一路的自动切换。保证在逆变器无输出或突然过载的情况下同时将负载切换到旁路电源。

（2）UPS 工作状态。

1）正常工作状态。UPS 将输入的市电经过整流、逆变后转变成稳定可靠的电源输出。

2）旁路工作状态。UPS 自身发生异常（市电电压正常）时的供电状态，市电通过静态开关向负载供电的同时，经过整流器整流后通过充电器给电池充电。

3）维修旁路状态。对 UPS 进行维修时所选择的工作状态，此时负载由市电直接供电，可以对 UPS 进行维修测试工作。

2.4.5 电力系统同步相量测量装置

PMU 是电力系统同步相量测量装置的简称，是用于进行同步相量的测量和输出以及进行动态记录的装置。PMU 的核心特征包括基于标准时钟信号的同步相量测量、失去标准时钟信号的守时能力、PMU 与主站之间能够实时通信并遵循有关通信协议。

现有 PMU 大多依靠美国的 GPS 系统进行授时，部分设备已经开始采用 GPS 和北斗系统双对时。

2.4.5.1 PMU 的作用

同步相量测量技术可以应用到电力系统的许多方面，例如，电力系统的状态估计、静态稳定的监测、暂态稳定的预测及控制以及故障分析等。但是，其最重要的应用场合必然是电力系统的暂态稳定性的预测和控制。PMU 装置作为电力系统实时动态监测系统（WAMS）的子站设备，可实现对地域广阔的电力系统动态数据的高速采集，从而对电力系统的动态过程进行监测和分析。

2.4.5.2　PMU 基本参数要求

装置应同时具有时钟同步、实时监测、实时通信、动态数据记录、暂态录波功能，且各功能不能相互影响和干扰。

装置应具备对时功能，且具备守时功能。

应能同步测量安装点的三相基波电压、三相基波电流、电压电流的基波正序相量、频率（每台发电机和每条线路都应至少测量一个频率）和开关量信号。

应能同步测量安装点的发电机出力和线路潮流。

当主站联网触发时或电力系统发生频率越限、频率变化率越限、幅值（正序电压、正序电流、负序电压、负序电流、零序电压、零序电流、相电压、相电流）越上（下）限、功率振荡、发电机功角越限等事件时，装置应能启动暂态录波，并建立事件标识。

每个 PMU 暂态录波文件包含故障前 0.2s 到故障后 2s 的数据。一次启动录波期间所产生的各录波文件之间数据必须连续。

2.5　辅　助　设　备

2.5.1　变电站火灾报警系统

火灾自动报警系统，是人们为了早期发现、通报火灾，并及时采取有效措施，控制和扑灭火灾而设置在建筑物中的一种自动消防设施。随着我国经济建设的迅速发展和消防工作的不断加强，火灾自动报警设备的应用有了较大发展。火灾自动报警系统特别是在工业与民用建筑的防火工作中，发挥越来越重要的作用，成为消防不可缺少的安全技术设施。

火灾自动报警系统一般有触发器件、火灾报警装置、火灾警报装置和电源四部分组成，复杂的系统还包括消防控制设备。

（1）触发器件。自动或手动产生火灾报警信号的器件称为触发器件，主要包括火灾探测器和手动火灾报警按钮。火灾探测器是能对火灾参数（如烟、温、光、火辐射、气体浓度等）响应并自动产生火灾报警信号的器件。按照响应火灾参数的不同，火灾探测器可分为感温火灾探测器、感烟火灾探测器、感光火灾探测器、气体火灾探测器和复合火灾探测器五种基本类型。

（2）火灾报警装置。用以接收、显示和传递火灾报警信号，并能发出控制信号和具有其他辅助功能的控制指示设备，称为火灾报警装置。火灾报警控制器就是其中最基本的一种。火灾报警控制器具备为火灾探测器供电、接收、显示和传输火灾报警信号，并对自动消防设备发出控制信号的完整功能，是火灾自动报警系统中的核心组成部分。火灾报警控制器按其用途不同，可分为区域报警控制器、集中火灾报警控制器和通用火灾报警控制器三种基本类型。

（3）火灾警报装置。用以发出区别于环境声光的火灾警报信号的装置称为火灾警报装置。声光报警器就是一种最基本的火灾警报装置，它以声光音响方式向报警区域发出火灾警报信号，以警示人们采取安全疏散、灭火救灾措施。

（4）消防控制设备。当接收到来自触发器件的火灾报警信号，能自动或手动启动相应消防设备并显示其状态的设备，称为消防控制设备。主要包括火灾报警控制器、自动灭火系统的控制装置、室内消火栓系统的控制装置、防排烟系统的控制装置、空调通风系统的控制装置等十类控制装置。消防控制设备一般设置在消防控制中心，以便于集中统一控制。

2.5.2　电子围栏及周界报警系统

电子围栏是目前最先进的周界防盗报警系统，它由高压电子脉冲主机和前端探测围栏组成。高压电子脉冲主机能够产生和接收高压脉冲信号，并在前端探测围栏处于触网、短路、断路状态时能产生报警信号，并把入侵信号发送到安全报警中心；前端探测围栏是由杆及金属导线等构件组成的有形周界。

电子围栏能够主动入侵防越围栏，对入侵企图做出反击，击退入侵者，延迟入侵时间，并且不威胁人的性命，并把入侵信号发送到安全部门监控设备上，以保证管理人员能及时了解报警区域的情况，快速地做出处理。电子围栏的阻挡作用首先体现在威慑功能上，金属线上悬挂警示牌，一看到便产生心理压力，且触碰围栏时会有触电的感觉，足以令入侵者望而却步；其次电子围栏本身又是有形的屏障，安装适当的高度和角度，很难攀越；如果强行突破，主机会发出报警信号。

2.5.2.1　系统工作原理

（1）在变电站围墙或其他封闭区域（如栅栏、铁丝网等）可采用立杆、壁挂等安装形式设置电子围栏，围栏可采用玻璃钢或钢架作为支撑。电子围栏的设置高度及角度可根据现场情况做出灵活更改，通电电压的高低可根据天气、环境、用户需求做灵活调整。

（2）在变电站的围墙或其他醒目位置可安装声光报警器，电子围栏脉冲主机有 DC12V报警输出接口，可以直接连接现场的声光报警器，当入侵者受到电击后仍然执意要翻越电子围栏时，系统的报警显示——声光报警器突然启动，足以令入侵者惊恐万分，害怕被发现而自动退离，其人身不会受到任何伤害。

（3）脉冲主机有多种报警输出接口，可以有效地与其他设备联动和传输报警信号，除在事发现场附近发出报警信号外，还能将信号发至警卫室、控制室（或值班室）等有人场所。

（4）电子围栏对外有明显的警告标识和威慑力：每隔 10～15m 挂 1 块警示牌，警示牌黄颜色。上有文字和符号标志；电子围栏线间隔约 160mm，为金属裸线，外观似电网，触碰时有电击，有明显的警示牌，可见其对入侵者的威慑力。

2.5.2.2　电子围栏安全性

虽然电子围栏的电压在 5000～8000V 之间，对入侵者的威慑感很强。但是，能否对入侵者造成伤害关键看电流和脉冲电量的，一般而言，传统监狱用高压电网的单个脉冲电量为 40mC，而电子围栏的单个脉冲电量只有 2.5mC，相差将近 20 倍。同时电子围栏的脉冲电流在 1s 的脉冲周期中，峰值为 300mA，持续时间只有 1.5ms，非常短。而传统高压电网的电流在 10A 以上。所以就单个脉冲而言，电子围栏的能量仅可以达到威慑感，而不是伤害，是安全的。

同时，若有人因过度紧张而爬在电子围栏上，会造成电子围栏短路，此时，若是传统高压电网会粘住入侵者，给入侵者造成持续打击，而电子围栏则会在 1s 之内发出报警，同时电子围栏的电压会变为 0，脉冲主机会停止电压输出，不会对入侵者造成持续打击。电子围栏有高压和低压两种输出模式，高压有电击感，低压没有电击威慑感，两种模式都可报警。若担心高压模式造成误伤，可选用低压模式，此时是最安全的。

2.5.2.3　系统组成

电子安全围栏周界报警系统由脉冲主机（能量控制器）、电子围栏及报警信号的传输和显示三部分组成。主机产生脉冲高压供给电子围栏，探测入侵者，并能发出报警信号；电子围栏附件包括受力柱、中间柱、电子线、紧线器、线夹、警示牌、固定件等。

2.5.3　视频系统

变电站现在一般都有"四遥"系统，可以在此基础上增加变电站远程视频监控系统，简称变电站遥视系统，将变电站的视频数据和监控数据由变电站前端的设备、视频服务器采集编码，并将编码后的数据通过网络传输到监控中心，监控中心接收编码后的视频数据和监控数据，进行监控、存储、管理。变电站遥视系统的实施可为实现变电站的无人值守，推动电网的管理逐步向自动化、综合化、集中化、智能化方向发展提供有力的技术保障。

2.5.3.1　视频监控系统组成

网络数字监控是通过把摄像头摄取的模拟图像信号转换成数字图像信号，再通过计算机网络传输，使网络内的计算机都成为监控终端，不受地域环境的限制。

由于变电站遥视系统采用计算机的网络传输，可通过铺设的网络将数字视频信号传输到监控中心，真正做到了多网并一网。另外，信号传输采用了标准的 TCP/IP 网络协议，使远程监控变成了可能。

变电站现场监控设备主要由视频服务器、摄像机（防护罩、摄像机、镜头、支架）、报警器、2M 网桥、网络交换机、数据模块、稳压电源（可选）等主要设备组成。主要完成图像的采集、编码和传输、摄像机的控制和报警数据的输入/输出工作。

在变电站室外场区，根据具体情况安装一个到数个室外可控球形摄像机（可控摄像机需要配置相应的云台镜头解码器），室外球形摄像机保护性好，可以有效地防雨除霜，而且可以带加热器和风扇，自动加热、自动排风，云台可以上下左右地转动，并且镜头可以拉远、拉近，可以大范围地监控场区，并且可以监控主变压器、大门等区域，一般安装在房屋的高处或电线杆的适当地方。

在主控室可以采用带变焦的室内可控摄像机，可以大范围地扫描主控室的情况，而且可以对主控室的仪表盘等进行特写，可以比较清楚地看到仪表盘上的读数。

在高压室等其他设备间，可以安装相应个数的固定摄像机，对重点部位进行观察。

考虑到设备供电的安全性，可以给监控设备配置稳压电源或 UPS 不间断电源，可以考虑配置相应的视频线控制线防雷器。

前端摄像机的视频信号通过嵌入式网络视频服务器压缩成数字信号，结合其他数据信号统一打成 IP 数据包，通过视频服务器的 RJ－45 以太网口直接送到变电站的交换机上，交换机再连接 2M 以太网桥转换成 2M 专线信号传输到监控中心去。

2.5.3.2 视频监控系统功能简介

（1）视频监控功能，包括远程视频查看、云台控制等。

（2）视频巡视功能。

（3）视频设备状态检测功能。

（4）视频设备录像检测功能。

（5）视频设备状态报表展示和导出功能。

（6）视频设备录像报表展示和导出功能。

第 3 章

变电站设备监控信息释义及处置

本章依据《变电站设备监控信息规范》（Q/GDW 11398—2015），对各类设备典型监控信息的含义、可能产生的原因、造成后果、处置原则等内容进行了介绍，尤其对监控信息来源进行了详细阐述，以方便调控运行及相关专业人员对设备监控信息的理解和掌握。

3.1　变电站设备监控信息定义及分类

变电站设备监控信息是指为满足集中监控需要接入智能电网调度控制系统的一次设备、二次设备及辅助设备监视和控制信息，按业务需求分为设备运行数据、设备动作信息、设备告警信息、设备控制命令、设备状态监测信息五部分。

3.1.1　设备运行数据

设备运行数据主要包括反映一次设备、二次设备运行工况的量测数据和位置状态。

（1）量测数据。

一次设备量测数据是反映电网和设备运行状况的电气和非电气变化量，主要规定如下：

1）线路、主变等一次设备有功和无功参考方向以母线为参照对象，送出母线为正值，Ⅰ段母线送Ⅱ段母线为正值，Ⅱ段母线送Ⅲ段母线为正值，正母送入副母为正值，反之为负值。

2）电容器、电抗器的无功的参考方向以该一次设备为参照对象，送出该一次设备为正值，反之为负值。

3）对于非 3/2 接线的连接两条母线的断路器，潮流方向则以正母送副母、Ⅰ母送Ⅱ母为正值，反之为负值。

一次设备量测数据典型信息如表 3-1 所示。

表 3-1　　　　　　　　　　　一次设备量测数据典型信息

设备	项目	单位	典型信息
线路	有功	MW	×××线有功
	无功	Mvar	×××线无功
	电流	A	×××线电流
	电压	kV	×××线 A 相电压

续表

设 备	项 目	单 位	典型信息
变压器	有功	MW	3 号主变压器 500kV 侧有功
	无功	Mvar	2 号主变压器 2201 有功
	电流	A	1 号主变压器 2201A 相电流
	挡位	—	1 号主变压器分接开关挡位
	温度	℃	1 号主变压器油温
	中性点电压	V	1 号主变压器中性点电压
母联（分段）开关	有功	MW	2441 有功
	无功	Mvar	2442 无功
	电流	A	2441B 相电流
电容、电抗	无功	Mvar	3061 无功
	电流	A	2061 电抗器 A 相电流
	温度（电抗器）	℃	2061 电抗器油温
直流母线	电压	V	I 段直流母线电压
母线	电压	kV	220kV 母线 A 相电压
	频率	Hz	220kV 母线频率

二次设备量测数据是反映设备运行状况的电气和非电气变化量，主要规定如下：

1）继电保护装置运行定值区号（取值范围≥1；正式运行定值区：1 区）；

2）安全自动装置运行定值区号（取值范围≥1；正式运行定值区：1 区）。

（2）位置状态。

一次设备位置状态是反映电网和设备运行状况的状态量，信息定义采用正逻辑，合上为"1"，断开为"0"，具体规定如下：

1）断路器位置：合位为 1，分位为 0；

2）隔离开关位置：合位为 1，分位为 0；

3）接地刀闸（接地器、主变中性点接地刀闸）位置：合位为 1，分位为 0。

4）断路器位置信号应采集常开、常闭节点信息，隔离开关、接地刀闸等位置信号宜采集常开、常闭节点信息，并形成双位置信号上送调度控制系统；双位置信号编码应采用"10B"表示"1"，"01B"表示"0"，"00B""11B"表示不确定状态。

5）分相操动机构断路器除采集总位置信号外，还应采集断路器的分相位置信号，其中总位置信号应采用分相位置信号串联，由断路器辅助触点直接提供。

一次设备位置状态典型信息如表 3-2 所示。

表 3-2　　　　　　　　　　一次设备位置状态典型信息

设 备	典型信息	设 备	典型信息
断路器	2211A 相合位	接地刀闸	301-7 接地刀闸位置
隔离开关	145-4 隔离开关位置		

二次设备位置状态是反映二次设备压板投退等运行状况的状态量，信息定义采用正逻辑，具体规定如下：

1）重合闸软压板位置：投入为1，退出为0；

2）重合闸充电状态：完成为1，未充电为0；

3）备自投软压板位置：投入为1，退出为0；

4）备自投装置充电状态：完成为1，未充电为0；

5）测控装置控制切至就地位置：就地位置为1，远方位置为0。

二次设备位置状态典型信息如表3-3所示。

表 3-3　　　　　　　　　　　　　　二次设备位置状态典型信息

设　备	典　型　信　息
重合闸	311 保护重合闸软压板投入
	311 保护重合闸充电完成
备自投	3441 备自投装置软压板投入
	3441 备自投装置充电完成
断路器	3442 开关机构就地控制

3.1.2　设备动作信息

设备动作信息主要包括变电站内断路器、继电保护和安全自动装置等设备或间隔的动作信号及相关故障录波（报告）信息。

设备动作信息定义采用正逻辑，肯定所表述内容，认为信息动作，设为"1"；否定所表述内容，认为信息未动作，设为"0"。具体规定如下：

（1）继电保护及安全自动装置应提供动作出口总信号。对于需区分主保护和后备保护的，应提供主保护出口总信号。

（2）断路器机构动作信号应包括机构三相不一致跳闸。

（3）间隔事故信号应选择断路器合后位置与分闸位置串联生成。

（4）全站事故总信号应将各电气间隔事故信号逻辑或组合，采用"触发加自动复归"方式形成全站事故总信号。

（5）故障录波格式应满足 GB/T 22386 要求，包括但不限于故障录波装置稳态录波文件、故障启动录波文件、故障录波定值等信息。故障报告格式应满足 Q/GDW 1396 要求，主要分为 TripInfo、FaultInfo、DigiCTlSCTtus、DigiCTlEvent、SettingValue 五种信息体。

3.1.3　设备告警信息

设备告警信息主要包括一次设备、二次设备及辅助设备的故障和异常信息。设备告警信息按对设备影响的严重程度至少分为设备故障、设备异常两类。装有在线监测的设备，还应包括在线监测装置的告警信息。

（1）设备故障。

一次设备故障是指一次设备发生缺陷造成无法继续运行或正常操作的情况。二次设备及辅助设备故障是指设备（系统）因自身、辅助装置、通信链路或回路原因发生重要缺陷、失电等引起设备（系统）闭锁或主要功能失去的情况。信息定义采用正逻辑，肯定所表述内容为告警，设为"1"；否定所表述内容为未告警，设为"0"，具体要求如下：

1）一次设备智能化后，应提供设备故障总信号。

2）二次设备及辅助设备应提供设备故障总信号。

3）故障总信号应采用硬接点信号形式提供，采用瞬动触点，故障发生时动作，消失时自动复归。故障具体信号可由设备软报文信号实现。

（2）设备异常。

一次设备异常是指一次设备发生缺陷造成设备无法长期运行或性能降低的情况。二次设备及辅助设备异常是指设备自身、辅助装置、通信链路或回路原因发生不影响主要功能的缺陷。信息定义采用正逻辑，肯定所表述内容为告警，设为"1"；否定所表述内容为未告警，设为"0"，具体要求如下：

1）一次设备智能化后，应提供异常总信号。

2）二次设备及辅助设备应提供设备异常总信号。

一、二次设备典型告警信息如表 3-4 所示。

表 3-4 　　　　　　　　　　　　一、二次设备典型告警信息

类　　别	典　型　信　息
故障信息	1 号主变保护 A 屏 CSC326 保护装置故障
	2211 保护 A 屏 CSC103 保护装置故障
异常信息	1 号主变保护 A 屏 CSC326 保护装置异常
	1 号主变过负荷告警
	2211 线路保护重合闸闭锁
	2211 线路保护 TV 断线
	2211 线路保护 GOOSE 总告警
	2211 线路保护对时异常
	2061 电容器保护装置通信中断
	1 号充电机交流电源异常
	2 号蓄电池组熔断器熔断

3.1.4　设备控制命令

设备控制命令包括一次、二次设备单一遥控、遥调操作以及程序化操作命令。

（1）遥控命令。

遥控操作是对指定设备的一种或两种运行状态进行远程控制，信息定义采用正逻辑，合闸为"1"，分闸为"0"；投入为"1"，退出为"0"，具体规定如下：

1）断路器合/分，同期合、无压合：合闸为 1，分闸为 0；同期合为 1，无压合为 1；

2）变压器分接头升/降，急停：升挡为 1，降挡为 0；急停为 1；

3）电容器、电抗器投/切：投入为 1，切除为 0；

4）重合闸软压板投/退：投入为 1，退出为 0；

5）备自投软压板投/退：投入为 1，退出为 0。

远程控制需满足"双确认"规定，即，具体要求如下：

1）断路器远方操作有合闸、分闸两种方式，对于有同期、无压合闸需要的设备还应区分强合、同期合、无压合。"强合"和"分闸"共用 1 个遥控点设置，"同期合""无压合"宜单独设置遥控点。采用断路器分合闸位置和相应设备有功、无功、电流、电压等变化作为双确认条件。

2）变压器分接头远方操作有升挡、降挡、急停三种方式，"升挡"和"降挡"共用 1 个遥控点，"急停"单独设置遥控点。采用分接头挡位和相应设备无功、电压变化作为双确认条件。

3）电容器、电抗器投切采用对应断路器开关位置和相应设备无功变化作为双确认条件。

4）重合闸软压板投退采用重合闸软压板位置、重合闸充电状态变化作为双确认条件。

5）备自投软压板投退采用备自投软压板位置、备自投装置充电状态变化作为双确认条件。

（2）遥调命令。

1）遥调操作指对设备的多种或连续的运行状态进行远程控制，包括继电保护装置定值区切换操作。

2）继电保护装置、安全自动装置定值区号应满足 Q/GDW 1161 要求，正式运行定值置于"1"区，备用定值依次排列，调试定值置于最末区。

（3）程序化操作。

1）程序化操作由调度控制系统通过变电站监控系统直接获取站内调试确认并固化的程序化控制信息，操作范围为间隔内设备"运行""热备用""冷备用"相互转换。

2）调度控制系统确认程序化控制信息后，下发相应的命令，由变电站端监控系统完成具体操作。

3.1.5　设备状态监测信息

设备状态监测信息主要包括状态监测量测数据和告警信息。

（1）状态监测量测数据。

设备状态监测量测数据包括输电设备状态监测量测信息和变电设备状态监测量测信息两部分，具体内容如下：

1）输电设备状态监测量测信息，主要包括：架空线路的风速、风向、气温、湿度、气压、杆塔倾斜度，电缆护层电流等。

2）变电设备状态监测量测信息，主要包括：变压器电抗器的油中溶解气体（氢气、一氧化碳、二氧化碳、甲烷等）含量、电容量、介质损耗因数、全电流，电流互感器和电压互感器的电容量、介质损耗因数、全电流等。

（2）状态监测告警信息。

设备状态监测告警信息包括输电设备状态监测告警信息和变电设备状态监测告警信息两部分。

输电设备在线监测告警信息，主要包括：

1）输电线路环境温度、等值覆冰厚度、微风振动、现场污秽度、导线弧垂告警；

2）杆塔倾斜告警；

3）电缆护层电流告警。

变电设备在线监测告警信息，主要包括：

1）变压器/电抗器油中溶解气体绝对、相对产气速率告警；

2）变压器/电抗器油中微水告警；

3）变压器/电抗器铁芯接地电流告警；

4）变压器/电抗器套管、电压互感器、电流互感器等介质损耗因数、电容量数值及变化情况告警；

5）断路器/GIS SF$_6$气体压力、水分告警；

6）金属氧化物避雷器阻性电流、全电流告警。

3.2 一次设备监控信息释义及处置

3.2.1 变压器监控信息

3.2.1.1 变压器典型监控信息表

变压器测量信息应包括各侧有功、无功、电流、电压以及变压器挡位、油温、绕组温度等，对三相分体的变压器油温信息宜按相分别采集。变压器遥信信息应反映变压器本体、冷却器、有载调压机构、在线滤油装置等重要部件的运行状况和异常、故障情况，还应包括变压器本体和有载调压装置非电量保护的动作信息。变压器控制应包括变压器分接开关挡位调节与急停。变压器典型监控信息应包括但不限于表3-5。

表 3-5　　　　　　　　变压器典型监控信息表

序号	信息/部件类型		信息名称	告警分级	站端信息对应关系说明	备注
1	运行数据	量测数据	××变压器××kV侧有功	—	—	变压器各对应侧
2			××变压器××kV侧无功	—	—	变压器各对应侧
3			××变压器××kV侧A相电流	越限	—	变压器各对应侧
4			××变压器××kV侧B相电流	—	—	变压器各对应侧
5			××变压器××kV侧C相电流	—	—	变压器各对应侧
6			××变压器××kV侧线电压	—	—	适用于变压器侧有TV按TV实际配置采集
7			××变压器××kV侧A相电压	—	—	适用于变压器侧有TV

续表

序号	信息/部件类型		信 息 名 称	告警分级	站端信息对应关系说明	备 注
8	运行数据	量测数据	××变压器××kV 侧 B 相电压	—	—	适用于变压器侧有 TV
9			××变压器××kV 侧 C 相电压	—	—	适用于变压器侧有 TV
10			××变压器××kV 侧功率因数	—	—	根据需要采集
11			××变压器分接开关挡位	—	—	三相分体变压器可按 A、B、C 三相分别采集挡位
12			××变压器××相油温 1	越限	—	三相分体变压器按 A、B、C 三相分别采集，三相一体变压器不分相采集。油温 1、2 为上层油温的两个不同监测点
13			××变压器××相油温 2	—	—	
14			××变压器××相绕组温度	—	—	500kV 必须有，220kV 可选
15	告警信息	冷却器	××变压器冷却器全停跳闸	事故	—	适用于强油主变全停后延时 20min 跳闸
16			××变压器冷却器全停告警	异常	—	适用于强油主变
17			××变压器冷却器故障	异常	包括冷却器风扇故障（强油、风冷）、油泵故障（强油）、控制装置故障	—
18		冷却器	××变压器辅助冷却器投入	告知	—	强油、风冷
19			××变压器备用冷却器投入	异常	—	强油、风冷
20			××变压器冷却器第一组电源消失	异常	工作电源或控制电源故障	强油、风冷
21			××变压器冷却器第二组电源消失	异常	工作电源或控制电源故障	强油、风冷
22		本体	××变压器本体重瓦斯跳闸	事故	—	—
23			××变压器本体轻瓦斯告警	异常	—	—
24			××变压器本体压力释放告警	异常	—	投跳闸时信息名称为压力释放跳闸，分类为事故
25			××变压器本体压力突变告警	异常	—	500kV 主变必须有、220kV 主变可选
26			××变压器本体油温过高告警	异常	—	投跳闸时信息名称为油温高跳闸，分类为事故
27			××变压器本体油温高告警	异常	—	—
28			××变压器本体绕组温度高告警	异常	—	—
29			××变压器本体油位异常	异常	—	油位高、低合并
30			××变压器本体非电量保护装置故障	异常	—	保护故障/闭锁/电源异常等合并
31			××变压器本体非电量保护装置异常	异常	—	装置内部检测判断
32		有载调压机构	××变压器有载重瓦斯跳闸	事故	—	适用于有载调压变压器
33			××变压器有载轻瓦斯告警	异常	—	适用于有载调压变压器

续表

序号	信息/部件类型		信 息 名 称	告警分级	站端信息对应关系说明	备 注
34	告警信息	有载调压机构	××变压器有载压力释放告警	异常	—	适用于有载调压变压器。投跳闸时信息名称为压力释放跳闸，分类为事故
35			××变压器有载油位异常	异常	—	适用于有载调压变压器
36			××变压器过载闭锁有载调压	异常	—	适用于有载调压变压器
37			××变压器有载调压调挡异常	异常	—	适用于有载调压变压器
38			××变压器有载调压电源消失	异常	电机电源消失、控制电源消失	适用于有载调压变压器
39		在线滤油	××变压器在线滤油装置启动	告知	—	—
40			××变压器在线滤油运转超时	异常	—	—
41			××变压器在线滤油异常	异常	—	—
42	控制命令	遥控	××变压器分接开关挡位升降	—	—	—
43			××变压器分接开关调挡急停	—	—	—

3.2.1.2 变压器典型监控信息释义及处置

（1）变压器冷却器全停跳闸。

1）信息释义：变压器冷却器全停延时跳闸时发此信号。冷却系统全停保护用于监测变压器冷却系统运行情况，当遇到冷却系统两路电源全部故障或所有冷却装置同时故障时启动，使变压器跳闸。冷却器全停保护并非故障一发生即启动，一般情况下允许带额定负载运行 20min。如 20min 后顶层油温尚未达到 75℃，则允许上升到 75℃，但在这种状态下运行的最长时间不得超过 1h。

冷却器两组工作电源监视继电器的常闭触点串联后接入信号回路，该信号由变压器本体非电量保护装置或变压器本体智能终端发出，同时伴有该台变压器的冷却器全停告警、冷却器故障、冷却器第一组电源消失、冷却器第二组电源消失等信号，此时风扇、油泵均停。

如图 3-1 所示，SS 冷却器电源控制开关在工作位置时，17、18 触点和 19、20 触点总

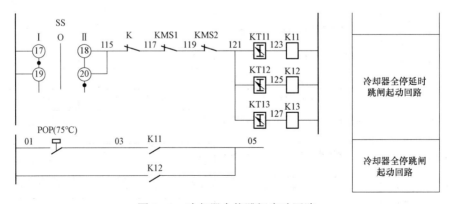

图 3-1　冷却器全停跳闸启动回路

有一组在导通状态，此时若变压器在工作状态，当 KMS1 或 KMS2 均失去时，将延时启动 K11、K12 和 K13，其中 K11 的常开触点之前有接有 75℃ 的延时触点。

2）信息发生可能原因：

a. 两组冷却器电源消失；

b. 一组冷却器电源消失后，自动切换回路故障，造成另一组电源不能投入；

c. 冷却器控制回路或交流电源回路有短路现象，造成两组电源空气断路器跳开。

3）造成后果：变压器冷却器全停一段时间后跳开变压器。

4）信息处置原则：对变压器进行检查，确认变压器工作风扇全停。若为冷却器两组工作电源全部失电，则需检查冷却器两组电源进线空气断路器及低压交流母线上冷却器电源开关的情况，检查冷却回路是否有故障，工作电源、交流接触器是否完好，控制电源是否失去，迅速恢复冷却器用电。若风扇电源空气断路器全部跳开，则需查明空气断路器跳开原因，及时恢复风扇电源，不能及时恢复，汇报调度转移变压器负荷，运维人员按照冷却器全停的要求，进行处理。

（2）变压器冷却器全停告警。

1）信息释义：含义为冷却系统两路电源全部故障。冷却器两组工作电源监视继电器的常闭触点串联后接入该信号回路，该信号由变压器本体非电量保护装置或变压器本体智能终端发出。同时伴有该台变压器的冷却器故障、冷却器第一组电源消失、冷却器第二组电源消失等信号，此时风扇、油泵均停。

2）信息发生可能原因：

a. 两组冷却器电源消失；

b. 一组冷却器电源消失后，自动切换回路故障，造成另一组电源不能投入；

c. 冷却器控制回路或交流电源回路有短路现象，造成两组电源空气断路器跳开。

3）造成后果：变压器风扇、油泵全停，超过变压器无冷却器运行的规定时间时，应将变压器停运

4）信息处置原则：

a. 若为冷却器两组工作电源全部失电，则需检查冷却器两组电源进线空气断路器，所用电上冷却器电源开关的情况，检查冷却器回路是否有故障，工作电源、交流接触器是否完好，控制直流是否失去，迅速恢复冷却器用电。

b. 当有站外临时电源时，应按照现场运行规程，及时将临时电源投入，恢复冷却器运行。

c. 冷却器电源不能及时恢复时，应立即上报调度，尽快转移变压器负荷，将变压器停运。

d. 油浸风冷变压器失去全部冷却器时，顶层油温不超过 65℃，允许带负载运行。当顶层油温超过 65℃ 而冷却器不能恢复时，应立即上报调度。

e. 强油风冷变压器，当冷却系统故障切除全部冷却器时，允许带额定负载运行 20min。如 20min 后顶层油温尚未达到 75℃，允许上升到 75℃，但这种情况下的最长运行时间不得超过 1h。

（3）变压器冷却器故障

1）信息释义：任一组风扇、油泵故障发此信号。各组风扇、油泵等设备的控制开关辅

助接点或电源监视继电器常闭接点串联或并联后接入该信号回路,该信号由变压器本体非电量保护装置或变压器本体智能终端发出。

2)信息发生可能原因:

a. 冷却器装置电机过载、热继电器、油流继电器动作;

b. 冷却器电机、油泵故障;

c. 冷却器交流电源或控制电源消失;

3)造成后果:故障冷却器退出运行,备用冷却器投入运行。

4)信息处置原则:

a. 密切监视异常变压器负荷情况、油温和绕组温度;

b. 将故障冷却器切至停止位置,检查备用冷却器有无自动投入,若无手动投入;

c. 检查冷却器交流电源或控制电源;

d. 检查冷却器控制回路;

e. 检查风扇、电机、热继电器、油流继电器;

f. 检查油泵工作状态。

(4)变压器辅助冷却器投入。

1)信息释义:变压器温度或负荷达到整定值,辅助状态的冷却风扇投入运行时发出。将相应的辅助冷却器控制开关辅助接点接入该信号回路,该信号由变压器本体非电量保护装置或变压器本体智能终端发出。变压器辅助风冷控制回路如图3-2所示。

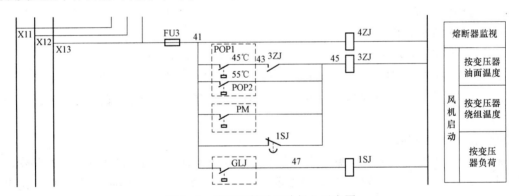

图3-2　变压器辅助风冷投入示意图

a. 按上层油温启动。

上层油温高于55℃时,POP2常开闭合,3ZJ线圈励磁,辅助风扇启动,启动后即使油温低于55℃,经保持回路继续运行。当上层油温低于45℃时,POP1常开打开,断开后保持回路,冷却器停止。

b. 按绕组温度启动。

当线温高于整定值时,PM常开闭合,3ZJ线圈励磁。辅助风扇启动。

c. 按负荷启动。

根据保护定值单,负荷电流一般达到 $2/3I_e$ 时,GLJ常开闭合,1SJ带电励磁。1SJ延时3s闭合常开,3ZJ带电励磁,保持回路启动。当负荷电流低于 $2/3I_e$ 时,经GLJ返回后,1SJ

断电返回。

2）信息发生可能原因：变压器温度或负荷达到整定值。

3）造成后果：辅助状态的冷却风扇投入运行。

4）信息处置原则：注意检查变压器风冷投入情况，确认辅助状态的风扇已投入运行。加强变压器负荷、温度的巡视。

（5）变压器备用冷却器投入。

1）信息释义：因有电源开关、风扇热耦继电器动作等原因，变压器冷却器任一工作风扇故障，备用状态风扇投入。将相应的备用冷却器控制开关辅助接点接入该信号回路，该信号由变压器本体非电量保护装置或变压器本体智能终端发出。

2）信息发生可能原因：任一工作风扇故障。

3）造成后果：有部分工作风扇停止运转，虽有备用风扇投入，但仍可能影响变压器散热。

4）信息处置原则：按异常处理流程处置，并注意通知运维班检查备用风扇是否确实投入，检查投入原因，若确是风扇故障引起，但暂不影响变压器运行，现场运维则应向监控汇报，填报缺陷；若影响变压器运行的，运维人员应立即向调度和监控汇报。监控应加强该变压器负荷、温度的监视。调度根据现场检查情况进行处理。

（6）变压器冷却器第一（二）组电源消失。

1）信息释义：变压器冷却器工作电源Ⅰ或Ⅱ故障，或其电源监视继电器故障。冷却器工作电源监视继电器的常闭触点接入该信号回路，该信号由变压器本体非电量保护装置或变压器本体智能终端发出。

2）信息发生可能原因：

a. 变压器冷却器工作电源Ⅰ或Ⅱ故障；

b. 变压器冷却器工作电源监视继电器故障。

3）造成后果：变压器冷却器失去备用/工作电源。

4）信息处置原则：检查风扇电源是否切换至另一组正常电源，检查变压器风扇运行应正常。检查故障电源的空气断路器、所用电上冷却器电源开关以及电源监视继电器的情况，设法恢复故障电源。不能恢复则汇报检修人员，派人处理。

（7）变压器本体重瓦斯跳闸。

1）信息释义：变压器本体内部故障引起变压器油流涌动冲击挡板，接通本体瓦斯继电器重瓦斯干簧触点，造成本体重瓦斯动作。瓦斯继电器提供两对重瓦斯接点，一对接入信号回路，一对接入跳闸回路，该信号由变压器本体非电量保护装置或变压器本体智能终端发出。

2）信息发生可能原因：

a. 变压器本体内部发生严重故障；

b. 变压器本体瓦斯继电器故障或二次回路故障；

c. 附近有较强的震动。

3）造成后果：变压器三侧开关跳闸。

4）信息处置原则：

a. 变压器断路器跳闸后，应监视其他运行变压器及相关线路的过载情况，检查另一台变压器冷却装置运行是否正常，必要时增加特巡，发现异常及时上报调度；

b. 如站用电消失，及时切换或恢复；

c. 断开失压母线上的电容器、线路断路器；

d. 检查变压器保护装置动作信息及运行情况，检查故障录波器动作情况；

e. 检查变压器本体油位油色，进行油色谱分析，检查本体瓦斯继电器及其二次回路，由专业人员进行取气分析；

f. 检查变压器油枕、本体压力释放阀是否破裂；

g. 经判定为内部故障，未经内部检查并试验合格，不得重新投入运行，防止扩大事故；

h. 确认是二次触点受潮等原因引起的误动，故障消除后上报调度，可以试送；

i. 现场有着火等特殊情况时，应进行紧急处理。

（8）变压器本体轻瓦斯告警。

1）信息释义：变压器本体内部轻微故障，接通本体瓦斯继电器轻瓦斯干簧触点，造成本体轻瓦斯告警。瓦斯继电器提供一对轻瓦斯接点，接入信号回路，该信号由变压器本体非电量保护装置或变压器本体智能终端发出。

2）信息发生可能原因：

a. 变压器本体内部有轻微故障；

b. 油温骤然下降或渗漏油使油位降低；

c. 滤油、加油、换油、硅胶更换等工作后空气进入变压器；

d. 有穿越性故障发生；

e. 变压器本体瓦斯继电器故障或二次回路故障；

f. 附近有较强的震动。

3）造成后果：有进一步发展成重瓦斯跳闸造成变压器停电的危险。

4）信息处置原则：

a. 检查变压器本体油温、油位、声音；

b. 对变压器本体各部位、瓦斯继电器及二次回路进行检查；

c. 检查变压器油枕、本体压力释放阀是否破裂；

d. 由相关专业人员进行取气分析，判断变压器是否可以继续运行；

e. 确认是二次触点受潮等原因引起的误动，应由专业人员尽快处理。

（9）变压器本体压力释放告警。

1）信息释义：当变压器本体内部故障压力不断增大到其开启压力时，本体压力释放阀动作，使变压器跳闸或发信，同时释放阀顶杆打开，与外界联通，释放变压器压力，防止变压器故障扩大。一般变压器本体压力释放接发信。压力释放阀的辅助接点接入该信号回路，该信号由变压器本体非电量保护装置或变压器本体智能终端发出。

2）信息发生可能原因：

a. 变压器内部铁芯或线圈故障，油压过大，从释放阀中喷出；

b. 大修后变压器注油过满；

c. 负荷大、温度高，使油位上升，向压力释放阀喷油；

d. 变压器本体压力释放阀触点故障或二次回路故障。

3）造成后果：变压器压力释放阀喷油，若内部故障可能导致变压器跳闸。

4）信息处置原则：

a. 检查变压器本体油温、油位、声音。

b. 检查变压器保护装置动作信息及运行情况，检查故障录波器动作情况。

c. 检查变压器本体压力释放阀是否喷油，是否由于二次回路故障造成误动。

d. 检查呼吸器的管道是否畅通，各个附件是否有漏油现象，变压器外壳是否有异常情况。

e. 通知检修人员采取本体油样及气体进行分析。需检查瓦斯继电器内气体情况，瓦斯保护的动作情况。当压力释放阀恢复运行时，应手动复归其动作标杆。

（10）变压器本体压力突变告警。

1）信息释义：压力突变是在变压器器身上方侧面安有一个压力突变继电器，它通过管路与变压器油箱连通，内部故障时它感受到油流迅速流动，导致传动杆移动带动行程开关闭合，使变压器跳闸或发信。一般变压器本体压力突变接发信。压力突变继电器的辅助接点接入该信号回路，该信号由变压器本体非电量保护装置或变压器本体智能终端发出。

2）信息发生可能原因：

a. 变压器本体内部故障油流迅速流动；

b. 变压器本体压力突变继电器故障或二次回路故障。

3）造成后果：内部故障导致变压器跳闸。

4）信息处置原则：

a. 检查保护装置、故障录波器动作情况；

b. 检查变压器本体瓦斯保护是否动作，检查变压器本体是否正常；

c. 检查变压器油位油色、声音，压力释放阀是否动作；

d. 检查变压器本体压力突变继电器及其二次回路。

（11）变压器本体油温过高告警。

1）信息释义：该信号由温度计的微动开关（行程开关）来实现。油温高于超温告警高限值时，温度计的指针到微动开关设定值，微动开关的常闭接点就闭合，使变压器跳闸或发信。一般变压器本体油温过高接发信。温度计微动开关的辅助接点接入该信号回路，该信号由变压器本体非电量保护装置或变压器本体智能终端发出。

2）信息发生可能原因：

a. 变压器冷却器运行不正常或全停；

b. 变压器长期过负荷；

c. 变压器本体内部轻微故障；

d. 油面温度计、二次回路故障或散热器阀门未打开。

3）造成后果：变压器本体油温高于告警值，影响变压器绝缘。

4）信息处置原则：

a. 检查变压器冷却器是否全部投入运行，检查变压器室的通风情况及环境温度，检查温度测量装置及其二次回路；

b. 如果是由于过负荷引起的，应上报调度，要求转移负荷，同时记录时间和过负荷倍数，并进行特巡，依据现场运行规程要求，申请将变压器停电；

c. 在正常负载和冷却条件下，变压器温度不正常并不断上升，则认为变压器已经发生内部故障，应立即向调度申请，将变压器停运。

（12）变压器本体油温高告警。

1）信息释义：该信号由温度计的微动开关（行程开关）来实现。油温高于超温告警低限值时，温度计的指针到微动开关设定值，微动开关的常闭接点就闭合，发出告警信号。温度计微动开关的辅助接点接入该信号回路，该信号由变压器本体非电量保护装置或变压器本体智能终端发出。

2）信息发生可能原因：

a. 变压器冷却器运行不正常或全停；

b. 变压器长期过负荷；

c. 变压器本体内部轻微故障；

d. 油面温度计、二次回路故障或散热器阀门未打开。

3）造成后果：变压器本体油温高于告警值，影响变压器绝缘。

4）信息处置原则：

a. 检查变压器冷却器是否全部投入运行，检查变压器室的通风情况及环境温度，检查温度测量装置及其二次回路；

b. 如果是由于过负荷引起的，应上报调度，要求转移负荷，同时记录时间和过负荷倍数，并进行特巡，依据现场运行规程要求，申请将变压器停电；

c. 在正常负载和冷却条件下，变压器温度不正常并不断上升，则认为变压器已经发生内部故障，应立即向调度申请，将变压器停运。

（13）变压器本体绕组温度高告警。

1）信息释义：该信号由温度计的微动开关（行程开关）来实现。绕组温度高于超温告警低限值时，温度计的指针到微动开关设定值，微动开关的常闭接点就闭合，发出告警信号。温度计微动开关的辅助接点接入该信号回路，该信号由变压器本体非电量保护装置或变压器本体智能终端发出。

2）信息发生可能原因：

a. 变压器冷却器运行不正常或全停；

b. 变压器长期过负荷；

c. 变压器本体内部轻微故障；

d. 绕组温度计损坏、二次回路故障或散热器阀门未打开。

3）造成后果：变压器本体绕组温度高于告警值，影响变压器绝缘。

4）信息处置原则：

a. 检查变压器冷却器是否全部投入运行，检查变压器室的通风情况及环境温度，检查温度测量装置及其二次回路；

b. 如果是由于过负荷引起的，应上报调度，要求转移负荷，同时记录时间和过负荷倍数，并进行特巡，依据现场运行规程要求，申请将变压器停电；

c. 在正常负载和冷却条件下，变压器温度不正常并不断上升，则认为变压器已经发生内部故障，应立即向调度申请，将变压器停运。

（14）变压器本体油位异常。

1）信息释义：变压器本体油位过高或过低。当油位上升到最高油位或下降到最低油位时，本体油位计相应的干簧接点开关（或微动开关）接通，发出报警信号。一般变压器本体会引出一对油位高辅助接点和油位低辅助接点，将其合并后接入该信号回路，该信号由变压器本体非电量保护装置或变压器本体智能终端发出。

2）信息发生可能原因：变压器本体油位过高或过低。

油位过高的原因：

a. 大修后变压器本体储油柜加油过满；

b. 本体油位计损坏造成假油位；

c. 本体储油柜胶囊或隔膜破裂造成假油位；

d. 本体呼吸器堵塞；

e. 变压器本体部分油温急剧升高。

油位过低的原因：

a. 变压器本体部分存在长期渗漏油，造成油位偏低；

b. 本体油位计损坏造成假油位；

c. 本体储油柜胶囊或隔膜破裂造成假油位；

d. 变压器本体部分油温急剧降低；

e. 工作放油后未及时加油或加油不足。

3）造成后果：如果本体油位过低，将会影响变压器内部线圈的散热与绝缘，可能导致导线过热、绝缘击穿，导致变压器跳闸。如果本体油位过高，可能造成油压过高，有导致变压器本体压力释放阀动作的危险。

4）信息处置原则：

a. 检查变压器油位、油温、负荷情况，通过变压器铭牌上的油位曲线图分析油位计指示是否正确。

b. 如变压器油位因温度上升而逐步升高时，若最高油温时的油位可能高出油位计的指示，应检查呼吸器是否畅通以及储油柜的气体是否排尽等问题，以避免假油位现象发生；如不属假油位，则应放油。放油前，必须向调度申请将重瓦斯改接信号。

c. 油位偏低时，检查变压器各部位是否有渗漏点：如因大量漏油而使油位迅速下降时，应迅速采取制止漏油的措施，并立即加油，补油时应向调度申请将本体重瓦斯保护压板改投信号；如因环境温度低引起，则应关闭散热器。

（15）变压器本体非电量保护装置故障。

1）信息释义：变压器非电量保护装置自检、巡检发生严重错误，装置闭锁所有保护功能。

2）信息发生可能原因：

a. 装置内部元件故障；

b. 保护程序出错等，自检、巡检异常；

c. 装置直流电源消失。

3）造成后果：闭锁所有保护功能，如果当时所保护设备故障，则保护拒动。

4）信息处置原则：

a. 检查保护装置报文及指示灯；

b. 检查保护装置电源空气开关是否跳开；

c. 根据检查情况，由专业人员进行处理；

d. 为防止保护拒动、误动，应及时汇报调度，停用保护装置。

（16）变压器本体非电量保护装置异常。

1）信息释义：变压器非电量保护装置自检、巡检发生错误，不闭锁保护，但部分保护功能可能会受到影响。

2）信息发生可能原因：装置长期启动等，装置自检、巡检异常。

3）造成后果：退出部分保护功能。

4）信息处置原则：

a. 检查保护装置报文及指示灯；

b. 根据检查情况，由专业人员进行处理。

（17）变压器有载重瓦斯跳闸。

1）信息释义：变压器有载调压部分内部故障引起变压器油流涌动冲击挡板，接通有载调压瓦斯继电器重瓦斯干簧触点，造成有载调压重瓦斯动作。瓦斯继电器提供两对重瓦斯接点，一对接入信号回路，一对接入跳闸回路，该信号由变压器本体非电量保护装置或变压器本体智能终端发出。

2）信息发生可能原因：

a. 变压器有载调压分接开关内部故障或者接触不良，严重发热；

b. 变压器有载调压分接开关瓦斯继电器或二次回路故障；

c. 切换开关在调压的过程中途停下，电阻长期通过工作电流发热或过渡电阻松动、断裂；

d. 附近有较强的震动。

3）造成后果：变压器三侧开关跳闸。

4）信息处置原则：

a. 变压器断路器跳闸后，应监视其他运行变压器及相关线路的过载情况，检查另一台变压器冷却装置运行是否正常，必要时增加特巡，发现异常及时上报调度；

b. 如站用电消失，及时切换或恢复；

c. 断开失压母线上的电容器、线路断路器；

d. 检查变压器保护装置动作信息及运行情况，检查故障录波器动作情况；

e. 检查有载调压分接开关油位油色、在线净油装置、有载调压分接开关瓦斯继电器及其二次回路；

f. 现场有着火等特殊情况时，应进行紧急处理。

（18）变压器有载轻瓦斯告警。

1）信息释义：变压器有载调压部分内部轻微故障，接通有载调压瓦斯继电器轻瓦斯干簧触点，造成有载调压轻瓦斯告警。瓦斯继电器提供一对轻瓦斯接点，接入信号回路，该信号由变压器本体非电量保护装置或变压器本体智能终端发出。

2）信息发生可能原因：

a. 变压器有载调压分接开关有轻微故障或频繁调压；

b. 油温骤然下降或渗漏油使油位降低；

c. 新投运或检修后的变压器投运后，有气体产生；

d. 二次回路或有载调压分接开关瓦斯继电器本身故障；

e. 附近有较强的震动。

3）造成后果：有进一步发展成有载重瓦斯跳闸造成变压器停电的危险。

4）信息处置原则：

a. 检查变压器有载调压分接开关油温、油位；

b. 对有载调压分接开关各部位、瓦斯继电器及二次回路进行检查；

c. 检查变压器有载调压分接开关调压次数是否过于频繁；

d. 由相关专业人员进行取气分析，判断变压器是否可以继续运行；

e. 检查变压器油枕、压力释放阀是否破裂；

f. 确认是二次触点受潮等原因引起的误动，应由专业人员尽快处理。

（19）变压器有载压力释放告警。

1）信息释义：当变压器有载调压部分内部故障压力不断增大到其开启压力时，有载调压压力释放阀动作，使变压器跳闸或发信，同时释放阀顶杆打开，与外界联通，释放变压器压力，防止变压器故障扩大。一般变压器有载压力释放接发信。压力释放阀的辅助接点接入该信号回路，该信号由变压器本体非电量保护装置或变压器本体智能终端发出。

2）信息发生可能原因：

a. 有载调压分接开关内部故障，油压过大，从释放阀中喷出；

b. 大修后有载调压分接开关注油过满；

c. 有载调压分接开关压力释放阀触点绝缘降低或二次回路故障。

3）造成后果：变压器有载调压装置压力释放阀喷油。

4）信息处置原则：

a. 变压器断路器跳闸后，应监视其他运行变压器及相关线路的过载情况，检查另一台变压器冷却装置运行是否正常，必要时增加特巡，发现异常及时上报调度；

b. 如站用电消失，及时切换或恢复；

c. 断开失压母线上的电容器、线路断路器；

d. 检查变压器保护装置动作信息及运行情况，检查故障录波器动作情况；

e. 检查变压器有载调压分接开关压力释放阀是否喷油，是否由于二次回路故障造成误动；

f. 将检查情况上报调度，按照调度指令处理。

（20）变压器有载油位异常。

1）信息释义：变压器有载调压油位过高或过低。当油位上升到最高油位或下降到最低油位时，有载调压油位计相应的干簧接点开关（或微动开关）接通，发出报警信号。一般变压器有载调压会引出一对油位高辅助接点和油位低辅助接点，将其合并后接入该信号回路，该信号由变压器本体非电量保护装置或变压器本体智能终端发出。

2）信息发生可能原因：变压器有载调压部分油位过高或过低。

油位过高的原因：

a. 大修后变压器有载调压储油柜加油过满；

b. 有载调压油位计损坏造成假油位；

c. 有载调压储油柜胶囊或隔膜破裂造成假油位；

d. 有载调压呼吸器堵塞；

e. 变压器有载调压部分油温急剧升高。

油位过低的原因：

a. 变压器有载调压部分存在长期渗漏油，造成油位偏低；

b. 有载调压油位计损坏造成假油位；

c. 有载调压储油柜胶囊或隔膜破裂造成假油位；

d. 变压器有载调压部分油温急剧降低；

e. 工作放油后未及时加油或加油不足。

3）造成后果：如果油位过低，将会影响变压器有载调压装置内部线圈的散热与绝缘，可能导致导线过热、绝缘击穿，导致变压器跳闸。变压器有载油位过高，可能造成油压过高，有导致变压器有载压力释放阀动作的危险。

4）信息处置原则：

a. 油位高时，检查变压器的负荷情况，如出现过负荷，按过负荷处理；

b. 检查变压器有载调压分接开关油温、油位及有载调压分接开关各部位是否有渗漏点；

c. 处理有载调压分接开关呼吸器堵塞、有载调压分接开关油枕故障等造成的假油位时，应做好防潮措施；

d. 油位高，须放油时，应将有载调压重瓦斯保护改投信号；

e. 看不见油位或须补油时，应向调度申请，将有载调压重瓦斯改投信号。

（21）变压器过载闭锁有载调压。

1）信息释义：当变压器过负荷时，闭锁变压器的有载调压功能。该信号由变压器电气量保护装置发出，同时变压器保护装置通过开出节点，向变压器有载调压装置发送闭锁信号，闭锁有载调压功能。

2）信息发生可能原因：系统负荷增加，超过变压器过负荷界限。

3）造成后果：变压器无法有载调压。

4）信息处置原则：检查变压器是否确实过负荷，若是则按变压器过负荷原则处理。

（22）变压器有载调压调挡异常。

1）信息释义：变压器有载调压分接开关在调挡过程中出现滑挡、拒动等异常情况或者与实际挡位不符。该信号由有载调压控制装置生成，通过变压器本体非电量保护装置或变压器本体智能终端发出。

2）信息发生可能原因：

a. 交流接触器剩磁或油污造成失电超时，顺序开关故障或交流接触器动作配合不当；

b. 操作电源电压消失或过低；

c. 有载调压电机及二次回路故障；

d. 有载调压"远方/就地"切换开关在就地位置，远方控制失灵；

e. 挡位控制器故障。

3）造成后果：变压器无法有载调压。

4）信息处置原则：

a. 检查变压器挡位值是否与监控系统显示相同；

b. 检查交流接触器失电是否延时返回或卡滞，检查开关触点动作顺序是否正确；

c. 检查操作电源和电动机控制回路的正确性，消除故障后进行整组联动试验。

（23）变压器有载调压电源消失。

1）信息释义：变压器有载调压控制或电机电源消失。将有载调压装置控制回路电源开关及电机电源开关辅助接点或电源监视继电器辅助触点合并接入该信号回路，该信号由变压器本体非电量保护装置或变压器本体智能终端发出。

2）信息发生可能原因：

a. 有载调压分接开关控制屏交流电源短路或缺相，交流电源空气开关跳闸；

b. 有载调压分接开关直流失压或控制回路故障；

c. 有载调压装置电机电源回路故障或电机故障。

3）造成后果：变压器无法有载调压。

4）信息处置原则：

a. 检查有载调压控制屏交流电源空气开关是否跳闸，经检查无其他异常时，可试合一次；再次跳闸，则由相关专业人员处理。

b. 检查有载调压控制屏直流电源空气开关是否跳闸。

c. 检查有载调压装置电机电源空气开关是否跳闸，电机是否故障。

（24）变压器在线滤油运转超时。

1）信息释义：有载调压开关配有在线滤油装置，用于清洁并干燥有载分接开关油箱中的油。滤油装置正常运行应设为"自动"工作方式，即在有载调压开关动作时自动启动运转，若在线滤油装置运行时间超过整定时限发此信号。

2）信息发生可能原因：变压器在线滤油装置故障。

3）造成后果：变压器在线滤油装置不能正常工作。

4）信息处置原则：运维人员检查变压器在线滤油装置运行是否正常，若装置运行异常，应通知检修人员至现场检查。

（25）变压器在线滤油异常。

1）信息释义：有载调压开关配有在线滤油装置，用于清洁并干燥有载分接开关油箱中的油。滤油装置正常运行应设为"自动"工作方式，即在有载调压开关动作时自动启动运转，若在线滤油装置异常发此信号。

2）信息发生可能原因：变压器在线滤油装置内部板件或程序故障。

3）造成后果：变压器在线滤油装置不能正常工作。

4）信息处置原则：运维人员检查变压器在线滤油装置运行是否正常，若装置运行异常，应通知检修人员至现场检查。

3.2.2 断路器监控信息

3.2.2.1 断路器典型监控信息表

断路器设备遥信信息应包含断路器灭弧室、操动机构、控制回路等各重要部件信息，用以反映断路器设备的运行状况和异常、故障情况。断路器应采集电流信息，对母联、分段、旁路断路器还应采集有功、无功。分相断路器应按相采集断路器位置。断路器遥控合闸宜区分强合、同期合、无压合（天津公司目前不区分三种方式，主站统一为强合，具体方式由站内测控装置自动判断）。断路器典型监控信息应包括但不限于表 3-6。

表 3-6   断路器典型监控信息表

序号	信息/部件类型		信息名称	告警分级	站端信息对应关系说明	备 注
1	运行数据	量测数据	××开关有功	—	—	—
2			××开关无功	—	—	—
3			××开关 A 相电流	—	—	—
4			××开关 B 相电流	—	—	—
5			××开关 C 相电流	—	—	—
6		位置状态	××开关位置	变位	—	注：分相机构开关位置采集回路应将"三相常开接点串联""三相常闭接点串联"形成开关合位、分位接入测控装置；分相机构开关还应采集开关分相位置信息
7			××开关 A 相位置	变位	—	
8			××开关 B 相位置	变位	—	
9			××开关 C 相位置	变位	—	
10	动作信息	间隔	××间隔事故总	事故	—	应由硬接点实现，即合后 KKJ 串接 TWJ 接点
11		机构	××开关机构三相不一致跳闸	事故	—	—
12	告警信息	SF₆开关	××开关 SF₆ 气压低告警	异常	—	—
13			××开关 SF₆ 气压低闭锁	异常	—	—
14		液压机构	××开关油压低分合闸总闭锁	异常	—	—
15			××开关油压低合闸闭锁	异常	—	—
16			××开关油压低重合闸闭锁	异常	—	—
17			××开关 N₂ 泄漏告警	异常	—	—
18			××开关 N₂ 泄漏闭锁	异常	—	—
19			××开关油泵启动	告知	—	—
20			××开关油泵打压超时	异常	—	—
21		气动机构	××开关气压低分合闸总闭锁	异常	—	—
22			××开关气压低合闸闭锁	异常	—	—
23			××开关气压低重合闸闭锁	异常	—	—
24			××开关气泵启动	告知	—	—

续表

序号	信息/部件类型		信息名称	告警分级	站端信息对应关系说明	备 注
25	告警信息	气动机构	××开关气泵打压超时	异常	—	—
26			××开关气泵空气压力高告警	异常	—	—
27		弹簧机构	××开关机构弹簧未储能	异常	—	—
28		液簧机构	××开关油压低分合闸总闭锁	异常	—	—
29			××开关油压低合闸闭锁	异常	—	—
30			××开关油压低重合闸闭锁	异常	—	—
31			××开关机构弹簧未储能	异常	—	—
32			××开关油泵启动	告知	—	—
33			××开关油泵打压超时	异常	—	—
34		机构异常信号	××开关机构储能电机故障	异常	—	包括储能电源空开断开
35			××开关机构加热器故障	异常	—	包括加热电源空开断开
36			××开关机构就地控制	异常	—	—
37		控制回路状态	××开关第一组控制回路断线	异常	—	—
38			××开关第二组控制回路断线	异常	—	—
39			××开关第一组控制电源消失	异常	—	可选
40			××开关第二组控制电源消失	异常	—	可选
41		手车开关	××开关手车工作位置	告知	—	—
42			××开关手车试验位置	告知	—	—
43	控制命令	遥控	××开关合分	—	—	—
44			××开关同期合	—	—	—
45			××开关无压合	—	—	—

3.2.2.2　断路器典型监控信息释义及处置

（1）间隔事故总。

1）信息释义：该间隔开关事故分闸。开关间隔事故总信号的实现主要有三种方式：

第一种方式：合后通串接开关常闭辅助接点，开关通过监控系统后台操作合闸时，合后通的接点闭合，开关通过监控系统后台操作开关分闸，合后通的接点打开，当保护动作跳开开关时，断路器常闭辅助接点闭合，而合后通的接点不返回，触发事故跳闸的事故信号。如图 3-3（a）所示。

第二种方式：类似于第一种方式，图中合后继电器的接点只有当手合或者手分断路器时，随着断路器的分合操作，闭合或者打开，当保护动作跳相应的开关时，合后继电器的接点保持在闭合，而跳闸位置继电器跳闸相的常开接点闭合，形成通路，发出事故跳闸信号。如图 3-3（b）所示。

第三种方式：保护动作跳闸接点串接断路器常闭辅助接点，当保护动作跳闸的同时加上开关跳闸相的常闭辅助接点闭合后形成通路,发出某开关的事故跳闸信号。现在这种方式已不常用,且此种方式下开关偷跳无法触发事故跳闸信号。如图3－3(c)所示。

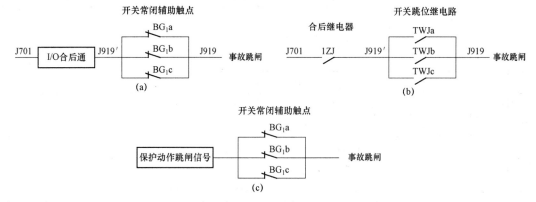

图3－3　开关间隔事故总信号的实现方式

2)信息发生可能原因:设备故障、线路故障、外力破坏等引起的开关跳闸。

3)造成后果:无。

4)信息处置原则:查看相应的跳闸开关,记录跳闸的时间、保护动作情况及站内设备的潮流情况,汇报相应的值班调度员(按照事故处理流程处理)。

(2)开关机构三相不一致跳闸。

1)信息释义:开关三相位置不一致,开关一相分闸、两相合闸,两相分闸、一相合闸。

开关本体三相不一致保护动作回路如图3－4所示,当三相均在合闸或分闸位置时,总有一组辅助接点处于分开位置,继电器 K16 不动作。当三相不一致时,有一相或两相处于分闸位置时,两组辅助接点中总有接点处于接通状态,K16 继电器动作,延时闭合,使继电器 K61 动作。

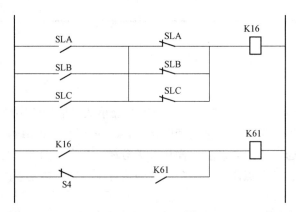

图3－4　开关三相不一致回路

该信号由该开关操作箱经相关线路保护、变压器保护或断路器保护装置发出,或由该开关智能终端直接发出。

2)信息发生可能原因:开关三相不一致,开关一相或两相跳开或开关位置继电器接点不良造成。

3）造成后果：开关跳闸。如开关未全部跳开则开关将非全相运行，此时将破坏电力网三相的对称性，产生较大的负序与零序电流。可能引起保护误动。

4）信息处置原则：

a. 运维班现场检查开关位置。三相不一致保护动作，跳开开关，查看相应的跳闸开关，记录跳闸的时间、保护动作情况及站内设备的潮流情况，汇报相应的值班调度员，按事故流程处理。若保护未动，开关非全相运行，需要汇报调度，听候处理。

b. 若保护信号已发，而开关仍在三相合闸位置，运维人员有条件时立即停用三相不一致保护，检修检查处理。

c. 如果为西门子开关，三相不一致动作后，再次合闸前需复位。

d. 开关操作时，若造成一相合上、二相断开的状态，应立即拉开合上的一相，而不准合上另外二相；如造成二相合上、一相断开的状态，应将断开的一相再合一次，若不成则拉开另二相，进行检查并汇报调度。

（3）开关 SF_6 气压低告警。

1）信息释义：开关 SF_6 压力低于告警值。该信号适用采用 SF_6 气体做灭弧或绝缘介质的开关。将 SF_6 气体密度继电器行程开关辅助接点接入该信号回路，由开关操作箱经该间隔测控装置发出，或由该间隔智能终端直接发出。

2）信息发生可能原因：

a. 断路器有泄漏点，压力降低到报警值；

b. SF_6 气体密度继电器损坏；

c. 二次回路故障；

d. 根据 SF_6 压力温度曲线，温度变化时，SF_6 压力值变化。

3）造成后果：SF_6 气体泄漏压力进一步降低可能闭锁开关分合闸；密度继电器故障无法准确监视 SF_6 气体压力。

4）信息处置原则：

a. 检查现场压力表，检查信号报出是否正确，是否有漏气，检查前做好防毒、防爆安全措施；

b. 如果检查没有漏气，是由于运行正常压力降低或者温度变化引起压力变化造成，则由专业人员带电补气；

c. 如果有漏气现象，则应密切监视断路器 SF_6 压力值，并立即上报调度，等候处理；

d. 如果是密度继电器或回路故障造成误发信号应对回路及继电器进行检查，及时消除故障。

（4）开关 SF_6 气压低闭锁。

1）信息释义：开关 SF_6 压力降低至闭锁压力，由 SF_6 气体密度继电器发出，并闭锁开关合闸及分闸回路，一般会伴有断路器 SF_6 压力低告警和控制回路断线信号。该信号适用采用 SF_6 气体做灭弧介质的开关。将 SF_6 气体密度继电器行程开关辅助接点接入该信号回路，由开关操作箱经该间隔测控装置发出，或由该间隔智能终端直接发出。

2）信息发生可能原因：

a. 断路器有泄漏点，压力降低到闭锁值；

b. 密度继电器损坏；

c. 二次回路故障。

3）造成后果：开关分合闸闭锁，此时若系统发生故障，开关拒动，将使事故扩大。

4）信息处置原则：

a. 进入开关室前，应检查开关室含氧仪指示值，宜通风 15min，做好防毒、防爆安全措施；检查现场 SF_6 密度，检查信号报出是否正确，是否有漏气；

b. 如果有漏气现象引起分闸闭锁，应采取断开断路器控制电源、断路器机构储能电源的措施，并立即上报调度，同时制定隔离措施和方案，做好代路或开关停用准备；

c. 如果是密度继电器或回路故障造成误发信号应对回路及继电器进行检查，及时消除故障。

（5）开关油压低分合闸总闭锁。

1）信息释义：液压机构液压油压力降低至分闸闭锁压力值，发出信号并断开开关分闸回路。一般会伴有油压低重合闸闭锁、油压低合闸闭锁和控制回路断线信号。将液压油压力表计内分闸闭锁行程开关辅助接点接入该信号回路，由开关操作箱经该间隔测控装置发出，或由该间隔智能终端直接发出。

2）信息发生可能原因：

a. 液压机构内部有泄漏；

b. 油泵故障，无法正常启动；

c. 油泵电机电源消失；

d. 液压操作控制回路故障或启动回路故障；

e. 压力表计内行程开关卡涩。

3）造成后果：开关分合闸闭锁，此时若系统发生故障，开关拒动，将使事故扩大。

4）信息处置原则：

a. 现场检查压力表，检查信号报出是否正确，若压力降低到闭锁分闸时应采取防慢分措施，并禁止操作断路器；

b. 如果是漏油引起分闸闭锁，应采取断开断路器控制电源，断路器储能机构电源，并立即上报调度，同时制定隔离措施和方案，做好代路或开关停用准备；

c. 如果是油压表或回路故障造成误发信号，应对回路及继电器进行检查，及时消除故障。

（6）油压低合闸闭锁。

1）信息释义：液压机构液压油压力下降至合闸闭锁压力值，发出信号并断开开关合闸回路。一般会伴有油压低重合闸闭锁信号。将液压油压力表计内合闸闭锁行程开关辅助接点接入该信号回路，由开关操作箱经该间隔测控装置发出，或由该间隔智能终端直接发出。

2）信息发生可能原因：

a. 液压机构内部有泄漏；

b. 油泵故障，无法正常启动；

c. 油泵电机电源消失；

d. 液压操作控制回路故障或启动回路故障；

e. 压力表计内行程开关卡涩。

3）造成后果：开关无法正常合闸（人工合闸与重合闸均无法进行），若压力继续下降引起开关分合闸闭锁。

4）信息处置原则：

a. 检查信号发出是否正确，液压机构断路器压力值是否已降低至闭锁合闸值；

b. 密切监视油压，并立即上报调度，等候处理；

c. 如果是油压表或回路故障造成误发信号应对回路及继电器进行检查，及时消除故障。

（7）开关油压低重合闸闭锁。

1）信息释义：液压机构液压油压力下降至闭锁重合闸压力值，发出信号并断开开关重合闸回路。将液压油压力表计内重合闸闭锁行程开关辅助接点接入该信号回路，由开关操作箱经该间隔测控装置发出，或由该间隔智能终端直接发出。

2）信息发生可能原因：

a. 液压机构内部有泄漏；

b. 油泵故障，无法正常启动；

c. 油泵电机电源消失；

d. 液压操作控制回路故障或启动回路故障；

e. 压力表计内行程开关卡涩。

3）造成后果：开关闭锁重合闸，事故跳闸后，开关将不能正常重合。

4）信息处置原则：

a. 现场检查压力表，检查信号报出是否正确，检查断路器操作机构是否存在漏油，若压力降低到闭锁重合闸，向调度申请停用重合闸装置；

b. 密切监视油压，并立即上报调度，等候处理；

c. 如果是油压表或回路故障造成误发信号，应对回路及继电器进行检查，及时消除故障。

（8）开关 N_2 泄漏告警。

1）信息释义：该信号适用于液压操动机构开关。当储压器液压油压力达到一定值时，活塞位置也移动到限制位置，触发相应的行程开关，发出信号并断开开关合闸回路。将 N_2 储压器内活塞限制位置行程开关辅助接点接入该信号回路，由开关操作箱经该间隔测控装置发出，或由该间隔智能终端直接发出。

2）信息发生可能原因：

a. N_2 泄漏如封闭圈封闭不严；

b. 二次回路故障；

c. 环境温度的变化影响 N_2 的压力值。

3）造成后果：

a. N_2 泄漏可能使开关慢分；

b. 油泵打压回路被断开，无法继续补压；

c. 开关无法正常合闸（人工合闸与重合闸均无法进行），若压力继续下降引起开关分合闸闭锁。

4）信息处置原则：

a. 现场检查是否存在漏气，若是漏气发出的信号，并立即上报调度，同时制定采取防慢分措施及隔离该故障开关的措施；

b. 如果是二次回路故障造成误发信号，应对回路及继电器进行检查，及时消除故障。

（9）开关 N_2 泄漏闭锁。

1）信息释义：开关 N_2 泄漏告警信号发出后，经时间继电器延迟且信号未返回，发出信号并断开开关分闸回路。该信号由开关操作箱经该间隔测控装置发出，或由该间隔智能终端直接发出。

2）信息发生可能原因：

a. N_2 泄漏如封闭圈封闭不严；

b. 二次回路故障。

3）造成后果：开关分合闸闭锁，此时若系统发生故障，开关拒动，将使事故扩大。

4）信息处置原则：

a. 现场检查机构压力，检查是否存在漏气，若是漏气发出的信号，则断路器分合闸闭锁，应采取断开断路器控制电源、断路器机构储能电源的措施，并立即上报调度，同时制定隔离措施和方案；

b. 如果是二次回路故障造成误发信号，应对回路及继电器进行检查，及时消除故障。

（10）开关油泵打压超时。

1）信息释义：储能电机启动时间过长，若现场无此节点，将油泵启动增加 3min 延时上送。油泵打压超时信号发出后，可能闭锁电机电源。该信号由开关操作箱经该间隔测控装置发出，或由该间隔智能终端直接发出。

2）信息发生可能原因：液压机构打压不能自动停止，微动开关卡涩，液压机构无法建压，油泵故障等。

3）造成后果：储能电机启动时间过长，造成液压机构压力过高、储能电机损坏。

4）信息处置原则：应检查机构是否存在外部泄漏，压力表指示是否正常，若外部无泄漏，压力下降很快，则可能是机构内部泄漏，则应汇报调度和工区，将断路器停役后处理。

（11）开关气压低分合闸总闭锁。

1）信息释义：气动机构压缩空气压力降低至分闸闭锁压力值，发出信号并断开开关分闸回路。一般会伴有油压低重合闸闭锁、气压低合闸闭锁和控制回路断线信号。将压缩空气压力表计内分闸闭锁行程开关辅助接点接入该信号回路，由开关操作箱经该间隔测控装置发出，或由该间隔智能终端直接发出。

2）信息发生可能原因：

a. 空气泄漏；

b. 压缩机故障，气泵无法正常启动；

c. 气泵电机电源消失；

d. 气动机构控制回路故障或启动回路故障；

e. 压力表计内行程开关卡涩。

3）造成后果：开关分合闸闭锁，此时若系统发生故障，开关拒动，将使事故扩大。

a. 现场检查压力表，检查信号报出是否正确，若压力降低到闭锁分闸时应采取防慢分措施，并禁止操作断路器；

b. 如果是泄漏引起分闸闭锁，应采取断开断路器控制电源，断路器储能机构电源，并立即上报调度，同时制定隔离措施和方案，做好代路或开关停用准备；

c. 如果是二次回路故障造成误发信号，应对回路及继电器进行检查，及时消除故障。

（12）开关气压低合闸闭锁。

1）信息释义：气动机构压缩空气压力降低至合闸闭锁压力值，发出信号并断开开关合闸回路。一般会伴有油压低重合闸闭锁信号。将压缩空气压力表计内合闸闭锁行程开关辅助接点接入该信号回路，由开关操作箱经该间隔测控装置发出，或由该间隔智能终端直接发出。

2）信息发生可能原因：

a. 空气泄漏；

b. 压缩机故障，气泵无法正常启动；

c. 气泵电机电源消失；

d. 气动机构控制回路故障或启动回路故障；

e. 压力表计内行程开关卡涩。

3）造成后果：开关无法正常合闸（人工合闸与重合闸均无法进行），若压力继续下降引起开关分合闸闭锁。

4）信息处置原则：

a. 现场检查压缩空气压力表是否指示正确，检查气动机构是否泄漏，检查柜内储能电源空开是否断开，经检查无其他异常时，可试合一次；

b. 密切监视压缩空气压力指示值，立即上报调度部门，同时制定开关隔离措施和方案；

c. 如果是二次回路故障造成误发信号，应对回路及继电器进行检查，及时消除故障。

（13）开关气压低重合闸闭锁。

1）信息释义：气动机构压缩空气压力降低至重合闸闭锁压力值，发出信号并断开开关重合闸回路。将压缩空气压力表计内重合闸闭锁行程开关辅助接点接入该信号回路，由开关操作箱经该间隔测控装置发出，或由该间隔智能终端直接发出。

2）信息发生可能原因：

a. 空气泄漏；

b. 压缩机故障，气泵无法正常启动；

c. 气泵电机电源消失；

d. 气动机构控制回路故障或启动回路故障；

e. 压力表计内行程开关卡涩。

3）造成后果：开关闭锁重合闸，事故跳闸后，开关将不能正常重合。

4）信息处置原则：

a. 现场检查压缩空气压力表是否指示正确，检查气动机构是否泄漏，检查柜内储能电源空气断路器是否断开，经检查无其他异常时，可试合一次；

b. 向调度申请，停用重合闸装置；

c. 密切监视压缩空气压力指示值，上报调度，等候处理；

d. 如果是二次回路故障造成误发信号，应对回路及继电器进行检查，及时消除故障。

（14）开关气泵打压超时。

1）信息释义：气泵电机启动时间过长。若现场无此专用接点，将气泵启动增加 3min 延时上送。气泵打压超时信号发出后，可能断开电机电源。将气泵控制回路相关开关辅助接点接入该信号回路，由开关操作箱经该间隔测控装置发出，或由该间隔智能终端直接发出。

2）信息发生可能原因：

a. 气泵电机控制回路故障，打压不能自动停止；

b. 气动机构有泄漏，无法建压；

c. 气泵故障。

3）造成后果：气泵电机启动时间过长，造成气动机构压力过高或气动机构有泄漏，无法建压。均可能造成开关无法正常分合闸。

4）信息处置原则：应检查机构是否存在外部泄漏，压力表指示是否正常，若外部无泄漏，压力下降很快，则可能是机构内部泄漏，则应汇报调度和工区，将断路器停役后处理。

（15）开关机构弹簧未储能

1）信息释义：开关的合闸弹簧未储能时发此信号。一般合闸操作时开关会发弹簧未储能信号，但会短时间复归。

如图 3-5 所示，在弹簧机构储能电机的启动回路中，接入了反映弹簧状态限位触点 CK，只要是弹簧未拉紧到位，CK 就闭合。当弹簧未储能或能量释放后，储能行程开关 CK 接点闭合，使储能中间继电器 ZK，发出"开关机构弹簧未储能"信号。同时 ZK 接点闭合，接通储能电机回路，启动电机运转将合闸弹簧拉紧完成储能。储能到位后，储能行程开关 CK 断开，切断电动机启动回路。电机失电停止运转，弹簧未储能信号复归。将储能行程开关辅助接点接入该信号回路，由开关操作箱经该间隔测控装置发出，或由该间隔智能终端直接发出。

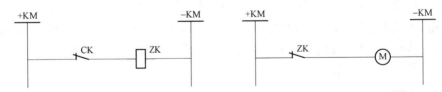

图 3-5　弹簧机构断路器储能信号回路及控制回路

2）信息发生可能原因：

a. 储能电源断线或熔断器熔断（空气断路器跳开）；

b. 储能弹簧机构故障；

c. 储能电机故障；

d. 电机控制回路故障。

3）造成后果：开关在合闸状态下，弹簧未储能闭锁合闸回路，未储能相只能进行分闸操作，开关跳闸后开关不能重合。

4）信息处置原则：

a. 现场检查开关弹簧指示是否在"未储能"位置，检查储能电源空气断路器或熔断器，停用重合闸保护装置；

b. 检查弹簧储能电机及控制回路；

c. 检查储能弹簧是否正常，如正常断开储能电源，手动储能一次；

d. 检查柜内储能电源空气开关是否断开，经检查无其他异常时，可试合一次；

e. 将检查结果上报调度，根据调度指令进行处理。

（16）开关机构储能电机故障。

1）信息释义：储能电机电源回路空气开关跳开或电源失电。将开关机构储能电机电源回路空气开关辅助接点或电源监视继电器常闭触点接入该信号回路，由开关操作箱经该间隔测控装置发出，或由该间隔智能终端直接发出。

2）信息发生可能原因：

a. 电机电源断线或熔断器熔断（空气开关跳开）；

b. 电机故障或电源回路故障。

3）造成后果：断路器操作机构无法储能，严重情况下造成油压或气压降低闭锁断路器合闸或分闸操作；对弹簧机构开关将闭锁开关合闸操作。

4）信息处置原则：

a. 检查电机电源回路是否断线、短路；

b. 检查电机电源空气开关是否跳开，若跳开，经检查无其他异常情况，试合一次；

c. 根据检查情况，由相关专业人员进行处理。

（17）开关机构加热器故障。

1）信息释义：开关柜或机构内加热器电源回路空气开关跳开或电源失电。将加热器电源回路空气开关辅助接点或电源监视继电器常闭触点接入该信号回路，由开关操作箱经该间隔测控装置发出，或由该间隔智能终端直接发出。

2）信息发生可能原因：

a. 加热器电源断线或熔断器熔断（空气开关跳开）；

b. 加热器故障；

c. 加热器控制回路断线故障；

d. 温控器故障。

3）造成后果：加热器不能正常工作，导致开关端子箱内容易受潮。

4）信息处置原则：

a. 根据环境温度，分析温控器运行是否正常；

b. 检查加热器电源是否正常，小开关是否跳开；

c. 检查温控器、加热模块及加热回路是否正常；

d. 根据检查情况，由相关专业人员进行处理。

（18）开关机构就地控制。

1）信息释义：开关只能在机构本体进行分合闸操作。保护跳闸回路也被切断。伴有控制回路断线信号。将开关机构本体远方/就地切换开关辅助接点接入该信号回路，由开关操作箱经该间隔测控装置发出，或由该间隔智能终端直接发出。

2）信息发生可能原因：开关机构本体远方/就地切换开关切至就地位置。

3）造成后果：此时只能在机构本体分合开关，无法在监控系统或测控单元上远方遥控操作，如果开关在运行位置则同时影响保护跳闸。

4）信息处置原则：

a. 开关在检修状态时，检修人员进行分合此开关操作时，需将"运方/就地切换开关"切至就地位置，工作完毕切至远方，送电前该切换开关在远方位置。

b. 开关运行中出现此信号时，运维人员应至现场检查开关机构本体远方/就地切换开关是否切至就地位置。若不能尽快恢复远方操作位置，应采取断开断路器控制电源、断路器储能机构电源，并立即上报调度，同时制定隔离措施和方案，做好代路或开关停用准备。

（19）开关第×组控制回路断线。

1）信息释义：第×组开关分闸回路与合闸回路同时断开。如图3-6所示。3TWJa、3TWJb、3TWJc分别监视开关A、B、C相合闸回路完好，11HWJa、11HWJb、11HWJc分别监视开关A、B、C相第一组跳闸回路完好，21HWJa、21HWJb、21HWJc分别监视开关A、B、C相第二组跳闸回路完好。

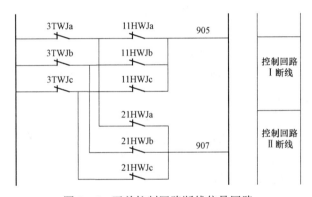

图3-6　开关控制回路断线信号回路

当开关分闸或合闸回路都接通时，相应TWJ或HWJ继电器得电，常闭节点断开；当开关分闸或合闸回路断线时，相应TWJ或HWJ继电器失电，常闭节点闭合。正常情况下，开关无论处于分闸或合闸位置，分合闸回路中总有一条接通，一条断开，此时发信回路不能导通。若第×组开关分闸回路与合闸回路同时断开，TWJ及HWJ继电器同时失电，发信回路接通，第×组控制回路断线信号发出。该信号由开关操作箱生成，经该间隔测控装置发出，或由该间隔智能终端直接生成并发出。

2）信息发生可能原因：

a. 二次回路接线松动；

b. 控制保险熔断或空气开关跳闸；

c. 断路器辅助接点接触不良，合闸或分闸位置继电器故障；

d. 分合闸线圈损坏；

e. 断路器机构"远方/就地"切换开关损坏；

f. 弹簧机构未储能或断路器机构压力降至闭锁值、SF_6气体压力降至闭锁值。

3）造成后果：开关第×组跳闸线圈不能正常分闸；开关无法进行合闸操作；开关跳闸后重合闸无法重合。

4）信息处置原则：

a. 检查控制电源熔断器（空气小开关）、跳合闸线圈、辅助触点等是否接触良好；

b. 检查断路器操作机构和 SF_6 的压力值；

c. 检查断路器操作箱位置指示；

d. 根据检查情况，由相关专业人员处理。

（20）开关第×组控制电源消失。

1）信息释义：第×组开关控制回路电源空气开关断开或回路失电。一般会伴有开关第×组控制回路断线信号。将开关控制回路的电源空开辅助接点或控制回路电源监视继电器常闭触点接入该信号回路，由开关操作箱经该间隔测控装置发出，或由该间隔智能终端直接发出。

2）信息发生可能原因：

a. 第×组控制直流失压；

b. 第×组控制电源熔断器熔断或空气小开关跳闸。

3）造成后果：开关第×组跳闸线圈不能正常分闸；开关无法进行合闸操作；开关跳闸后重合闸无法重合。

4）信息处置原则：

a. 检查控制电源保险是否熔断，空气小断路器是否跳闸，若跳开，检查无其他异常时，手动合一次；

b. 检查第×组控制直流电源；

c. 根据检查情况，由相关专业人员处理现场检查。

3.2.3　GIS（含 HGIS）监控信息

3.2.3.1　GIS（含 HGIS）典型监控信息表

GIS（含 HGIS）设备遥信信息应包含 GIS 气室、GIS 汇控柜等相关信息，反映 GIS 气室压力异常和汇控柜异常运行工况。GIS 分气室的气压低告警信息应按实际气室个数分别上传。GIS（含 HGIS）典型监控信息应包括但不限于表 3－7。

表 3－7　　　　　　　　　　GIS（含 HGIS）典型监控信息表

序号	信息/部件类型		信息名称	告警分级	站端信息对应关系说明	备　注
1	告警信息	气室	××气室 SF_6 气压低告警	异常	按气室个数分别上传告警信号，与实际设备名称对应	
2		汇控柜	××开关汇控柜电气联锁解除	告知	—	—
3			××开关汇控柜交流电源消失	异常	—	注：开关储能电源单独设立，汇控柜内其他电源按照交流或直流分别合并告警信息
4			××开关汇控柜直流电源消失	异常	汇控柜内多个直流电源消失告警信号合并	

续表

序号	信息/部件类型		信息名称	告警分级	站端信息对应关系说明	备　注
5	告警信息	汇控柜	××开关汇控柜温湿度控制设备故障	异常	含汇控柜加热器故障	—
6			××开关汇控柜温度异常	异常	—	站内应合理设定限值，避免频发信息
7		小室	××小室SF$_6$浓度超标	异常	—	室内GIS小室按需采集

3.2.3.2　GIS（含HGIS）典型监控信息释义及处置

（1）气室SF$_6$气压低告警。

1）信息释义：隔离开关、母线TV、避雷器等气室SF$_6$压力降低至报警压力时发信。将相应气室的SF$_6$气体密度继电器行程开关辅助接点接入该信号回路，由该间隔测控装置发出，或由该间隔智能终端发出。

2）信息发生可能原因：

a. 气室有泄漏点，压力降低到报警值；

b. 密度继电器失灵；

c. 二次回路故障；

d. 根据SF$_6$压力温度曲线，温度变化时，SF$_6$压力值变化。

3）造成后果：GIS气室绝缘程度下降，操作时易发生击穿短路故障。

4）信息处置原则：

a. 检查现场压力表，检查信号报出是否正确，是否有漏气，检查前注意通风，防止SF$_6$中毒；

b. 如果检查没有漏气，是由于运行正常压力降低或者温度变化引起压力变化造成，则由专业人员带电补气；

c. 如果有漏气现象，则应密切监视断路器SF$_6$压力值，并立即上报调度，等候处理；

d. 如果是压力继电器或回路故障造成误发信号，应对回路及继电器进行检查，及时消除故障。

（2）开关汇控柜电气联锁解除。

1）信息释义：断路器汇控柜中联锁装置分为投入/解除状态，此信号反映联锁装置解除状态。将联锁装置控制方式开关辅助接点接入该信号回路，由该间隔测控装置发出，或由该间隔智能终端发出。

2）信息发生可能原因：

a. 汇控柜面板上的联锁装置解除；

b. 设备检修传动时手动将联锁装置解除。

3）造成后果：汇控柜操作面板上的联锁装置解除后，其所有关联设备将失去联锁，可随意操作。

4）信息处置原则：

a. 由相关专业人员进行检查，查找原因并进行处理；

b. 若为检修传动解除联锁，工作完毕后应将联锁投入。

（3）开关汇控柜交流电源消失。

1）信息释义：反映汇控柜中除储能电机电源、照明电源之外各交流回路任一回路电源消失。将汇控柜中其他交流电源回路空气断路器辅助接点或电源监视继电器常开触点并联接入该信号回路，由该间隔测控装置发出，或由该间隔智能终端发出。

2）信息发生可能原因：

a. 汇控柜中任一交流电源空气断路器跳闸，或几个交流电源空气断路器跳闸；

b. 汇控柜中任一交流回路有故障，或几个交流回路有故障。

3）造成后果：根据不同交流回路故障后果不同，应视具体情况而定。

4）信息处置原则：

a. 检查汇控柜内各交流电源空气断路器是否有跳闸、虚接等情况；

b. 由相关专业人员检查各交流回路完好性，查找原因并处理。

（4）开关汇控柜直流电源消失。

1）信息释义：反映汇控柜中除开关控制电源、储能电机电源、照明电源之外各直流回路任一回路电源消失。将汇控柜中其他直流电源回路空气断路器辅助接点或电源监视继电器常开触点并联接入该信号回路，由该间隔测控装置发出，或由该间隔智能终端发出。

2）信息发生可能原因：

a. 汇控柜中任一直流电源空气断路器跳闸，或几个直流电源空气断路器跳闸；

b. 汇控柜中任一直流回路有故障，或几个直流回路有故障。

3）造成后果：根据不同直流回路故障后果不同，应视具体情况而定。

4）信息处置原则：

a. 检查汇控柜内各直流电源空气断路器是否有跳闸、虚接等情况；

b. 由相关专业人员检查各直流回路完好性，查找原因并处理。

3.2.4　隔离开关监控信息

3.2.4.1　隔离开关典型监控信息表

隔离开关设备遥信信息应包含隔离开关位置和电动机构两部分信息，用以反映隔离开关设备的位置状态和操作回路的异常、故障情况。隔离开关典型监控信息应包括但不限于表 3－8。

表 3－8　　　　　　　　　　　　隔离开关典型监控信息表

序号	信息/部件类型		信息名称	告警分级	站端信息对应关系说明	备　注
1	运行数据	位置状态	××隔离开关位置	告知	—	宜单点双位置上送

续表

序号	信息/部件类型		信息名称	告警分级	站端信息对应关系说明	备　注
2	告警信息	电动机构	××隔离开关机构就地控制	告知	—	需远方操作时，该告警分级为异常
3			××隔离开关电机电源消失	异常	—	
4			××隔离开关机构加热器故障	异常	—	
5			××隔离开关控制电源消失	异常	—	

3.2.4.2　隔离开关典型监控信息释义及处置

（1）隔离开关电机电源消失。

1）信息释义：隔离开关操作回路电机电源空气开关跳开或电源失电。将隔离开关机构操作回路电机电源空开辅助接点或电源监视继电器常闭触点接入该信号回路，由该间隔测控装置发出，或由该间隔智能终端发出。隔离开关的操作回路和控制回路如图 3-7 所示。

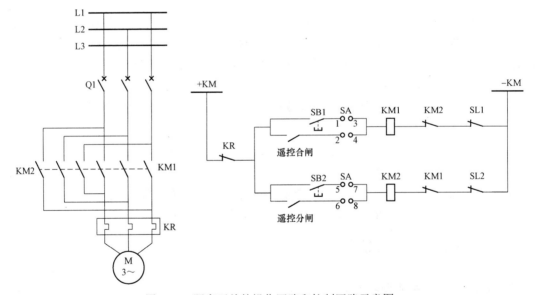

图 3-7　隔离开关的操作回路和控制回路示意图

2）信息发生可能原因：

a. 电机电源回路断线或熔断器熔断（空气开关跳闸）；

b. 电机电源回路故障。

3）造成后果：隔离开关电机电源消失，无法进行正常电动操作。

4）信息处置原则：

a. 检查电机电源回路是否断线、短路；

b. 检查电机电源回路空气开关是否断开；

c. 根据检查情况，由相关专业人员进行处理。

（2）隔离开关机构加热器故障。

1）信息释义：隔离开关机构内加热器电源回路空气开关跳开或电源失电。将加热器电源回路空气开关辅助触点或电源监视继电器动断触点接入该信号回路，由该间隔测控装置发出，或由该间隔智能终端发出。

2）信息发生可能原因：

a. 加热器电源断线或熔断器熔断；

b. 加热模块短路；

c. 加热回路断线（含端子松动、接触不良）；

d. 温控器故障。

3）造成后果：隔离开关加热器失灵，无法保证机构箱维持在正常温度范围。

4）信息处置原则：

a. 根据环境温度，分析温控器运行是否正常；

b. 检查交流控制屏交流电源；

c. 检查温控器、发热模块及加热回路；

d. 根据检查情况，由相关专业人员进行处理。

（3）隔离开关控制电源消失。

1）信息释义：隔离开关机构控制回路电源空气断路器跳开或电源失电。将隔离开关机构控制电源回路空气断路器辅助接点或电源监视继电器常闭触点接入该信号回路，由该间隔测控装置发出，或由该间隔智能终端发出。

2）信息发生可能原因：

a. 隔离开关控制回路断线或熔断器熔断（空气断路器跳闸）；

b. 隔离开关控制回路故障。

3）造成后果：隔离开关控制电源消失，无法进行正常电动操作。

4）信息处置原则：

a. 检查隔离开关控制回路是否断线、短路；

b. 检查隔离开关控制回路空气断路器是否断开；

c. 根据检查情况，由相关专业人员进行处理。

3.2.5　线路监控信息

线路遥测信息应包含线路有功、无功、电流、电压等遥测信息。对接有三相 TV 的线路，还应采集三相电压和线电压信息，线电压宜取 AB 相间电压。

线路典型监控信息应包括但不限于表 3－9。

表 3－9　　　　　　　　　　线路典型监控信息表

序号	信息/部件类型		信息名称	告警分级	站端信息对应关系说明	备　注
1	运行数据	量测数据	××线有功	—	—	—
2			××线无功	—	—	—

序号	信息/部件类型		信息名称	告警分级	站端信息对应关系说明	备　注
3	运行数据	量测数据	××线 A 相电流	越限	—	—
4			××线 B 相电流	—	—	—
5			××线 C 相电流	—	—	—
6			××线线电压	越限	—	适用于线路有三相 TV 按 TV 实际配置采集
7			××线 A 相电压	—	—	适用于线路有 TV
8			××线 B 相电压	—	—	适用于线路有 TV
9			××线 C 相电压	—	—	适用于线路有 TV

3.2.6　母线监控信息

母线遥测信息应包含母线各相电压、线电压、$3U_0$ 电压、频率等遥测信息。线电压宜取 AB 相间电压。对只有单相 TV 的母线，只采集单相电压。对不接地系统应采集母线接地信号。

母线典型监控信息应包括但不限于表 3－10。

表 3－10　　　　　　　　母线典型监控信息表

序号	信息/部件类型		信息名称	告警分级	站端信息对应关系说明	备　注
1	运行数据	量测数据	××母线线电压	越限	—	采集完整的线电压
2			××母 A 相电压	—	—	适用于母线有 TV
3			××母 B 相电压	—	—	适用于母线有 TV
4			××母 C 相电压	—	—	适用于母线有 TV
5			××母 $3U_0$ 电压	越限	—	根据实际配置采集
6			××母频率	—	—	适用于有频率监视需求的母线
7	告警信息	故障异常信息	××母线接地	异常	不接地系统的各段母线	适用于不接地系统

3.2.7　低容低抗监控信息

3.2.7.1　低容低抗典型监控信息表

电容器电抗器应采集反映设备负载的无功、电流等测量信息。对于油浸式电抗器还应采集反映本体异常、故障的告警信息，非电量保护的动作信息以及油温等信息。

低容低抗典型监控信息应包括但不限于表 3－11。

表 3-11　　　　　　　　　　　　低容低抗典型监控信息表

序号	信息/部件类型		信息名称	告警分级	站端信息对应关系说明	备　　注
1	运行数据	电容器	××电容器无功	—	—	—
2			××电容器 A 相电流	—	—	—
3			××电容器 B 相电流	—	—	—
4			××电容器 C 相电流	—	—	—
5		电抗器	××电抗器无功	—	—	—
6			××电抗器 A 相电流	—	—	—
7			××电抗器 B 相电流	—	—	—
8			××电抗器 C 相电流	—	—	—
9			××电抗器油温	—	—	适用于油浸式电抗器
10	告警信息	电抗器	××电抗器重瓦斯出口	事故	—	适用于油浸式电抗器
11			××电抗器油温高告警	异常	—	适用于油浸式电抗器
12			××电抗器轻瓦斯告警	异常	—	适用于油浸式电抗器
13			××电抗器压力释放告警	异常	—	适用于油浸式电抗器
14			××电抗器油位异常	异常	—	适用于油浸式电抗器

3.2.7.2　低容低抗典型监控信息释义及处置

（1）电抗器重瓦斯出口。

1）信息释义：电抗器内部故障引起油流涌动冲击挡板，接通其瓦斯继电器重瓦斯干簧触点，造成重瓦斯动作。瓦斯继电器提供两对重瓦斯接点，一对接入信号回路，一对接入跳闸回路，该信号由该间隔测保装置或智能终端发出。

2）信息发生可能原因：

a. 电抗器内部发生严重故障；

b. 电抗器瓦斯继电器故障或二次回路故障；

c. 附近有较强的震动。

3）造成后果：电抗器跳闸。

4）信息处置原则：

a. 检查电抗器保护装置动作信息及运行情况，检查故障录波器动作情况；

b. 检查电抗器油位油色，进行油色谱分析，检查瓦斯继电器及其二次回路，由专业人员进行取气分析；

c. 检查电抗器压力释放阀是否破裂；

d. 经判定为内部故障，未经内部检查并试验合格，不得重新投入运行，防止扩大事故；

e. 确认是二次触点受潮等原因引起的误动，故障消除后上报调度，可以试送；

f. 现场有着火等特殊情况时，应进行紧急处理。

（2）电抗器油温高告警。

1）信息释义：该信号由温度计的微动开关（行程开关）来实现。油温高于超温告警限值时，温度计的指针到微动开关设定值，微动开关的常闭接点就闭合，发出告警信号。温度计微动开关的辅助接点接入该信号回路，该信号由该间隔测保装置或智能终端发出。

2）信息发生可能原因：

a. 电抗器内部轻微故障；

b. 油面温度计或二次回路故障。

3）造成后果：电抗器油温高于告警值，影响电抗器绝缘。

4）信息处置原则：

a. 检查电抗器室的通风情况及环境温度，检查温度测量装置及其二次回路；

b. 在正常负载和冷却条件下，电抗器油温不正常并不断上升，则认为电抗器已经发生内部故障，应立即向调度申请，将电抗器停运。

（3）电抗器轻瓦斯告警。

1）信息释义：电抗器内部轻微故障，接通其瓦斯继电器轻瓦斯干簧触点，造成轻瓦斯告警。瓦斯继电器提供一对轻瓦斯接点，接入信号回路，该信号由该间隔测保装置或智能终端发出。

2）信息发生可能原因：

a. 电抗器内部有轻微故障；

b. 油温骤然下降或渗漏油使油位降低；

c. 滤油、加油、换油等工作后空气进入电抗器；

d. 电抗器瓦斯继电器故障或二次回路故障；

e. 附近有较强的震动。

3）造成后果：有进一步发展成重瓦斯跳闸造成电抗器停电的危险。

4）信息处置原则：

a. 检查电抗器油温、油位、声音；

b. 对电抗器各部位、瓦斯继电器及二次回路进行检查；

c. 检查电抗器压力释放阀是否破裂；

d. 由相关专业人员进行取气分析，判断电抗器是否可以继续运行；

e. 确认是二次触点受潮等原因引起的误动，应由专业人员尽快处理。

（4）电抗器压力释放告警。

1）电抗器跳闸或发信，同时释放阀顶杆打开，与外界联通，释放变压器压力，防止变压器故障扩大。一般主变本体压力释放接发信。压力释放阀的辅助接点接入该信号回路，该信号由主变本体非电量保护装置或主变本体智能终端发出。

2）信息发生可能原因：

a. 电抗器铁芯或线圈故障，油压过大，从释放阀中喷出；

b. 大修后电抗器注油过满；

c. 温度高，使油位上升，向压力释放阀喷油；

d. 电抗器压力释放阀触点故障或二次回路故障。

3）造成后果：电抗器压力释放阀喷油；若内部故障可能导致电抗器跳闸。

4）信息处置原则：

a. 检查电抗器油温、油位、声音。

b. 检查电抗器保护装置动作信息及运行情况。

c. 检查电抗器压力释放阀是否喷油，是否由于二次回路故障造成误动。

d. 检查各个部分是否有漏油现象，电抗器外壳是否有异常情况。

e. 通知检修人员采取电抗器油样及气体进行分析。需检查瓦斯继电器内气体情况，瓦斯保护的动作情况。当压力释放阀恢复运行时，应手动复归其动作标杆。

（5）电抗器油位异常。

1）信息释义：电抗器油位过高或过低。当油位上升到最高油位或下降到最低油位时，电抗器油位计相应的干簧接点开关（或微动开关）接通，发出报警信号。一般电抗器会引出一对油位高辅助接点和油位低辅助接点，将其合并后接入该信号回路，该信号由该间隔测保装置或智能终端发出。

2）信息发生可能原因：电抗器油位过高或过低。

油位过高的原因：

a. 大修后电抗器储油柜加油过满；

b. 电抗器油位计损坏造成假油位；

c. 电抗器油温急剧升高。

油位过低的原因：

a. 电抗器存在长期渗漏油，造成油位偏低；

b. 电抗器油位计损坏造成假油位；

c. 电抗器油温急剧降低；

d. 工作放油后未及时加油或加油不足。

3）造成后果：如果电抗器油位过低，将会影响电抗器内部线圈的散热与绝缘，可能导致导线过热、绝缘击穿，导致电抗器跳闸。如果电抗器油位过高，可能造成油压过高，有导致电抗器压力释放阀动作的危险。

4）信息处置原则：

a. 检查电抗器油位、油温、负荷情况，通过电抗器铭牌上的油位曲线图分析油位计指示是否正确；

b. 如电抗器油位因温度上升而逐步升高时，若最高油温时的油位可能高出油位计的指示，应全面检查以避免假油位现象发生，如不属假油位，则应放油。放油前，必须向调度申请将电抗器重瓦斯改接信号；

c. 油位偏低时，检查电抗器各部位是否有渗漏点；如因大量漏油而使油位迅速下降时，应迅速采取制止漏油的措施，并立即加油，补油时应向调度申请将电抗器重瓦斯保护压板改投信号。

3.2.8 互感器监控信息

3.2.8.1 互感器典型监控信息表

电压互感器应采集相关运行状态以及辅助装置的告警信息，对 SF$_6$ 绝缘电流互感器，应采集 SF$_6$ 气压的告警信息。TV 二次电压空气开关状态应纳入监控范围，TV 接地保护器状态宜纳入监控范围。

互感器典型监控信息应包括但不限于表 3-12。

表 3-12   互感器典型监控信息表

序号	信息/部件类型		信息名称	告警分级	站端信息对应关系说明	备　注
1	告警信息	TA 设备	××电流互感器 SF$_6$ 气压低告警	异常	—	适用于 SF$_6$ 绝缘电流互感器
2	告警信息	TV 设备	××TV 二次电压空气开关跳开	异常	保护、测量、计量二次电压空气开关跳开	告警信息不需区分保护、测量、计量二次电压空气开关
3			××TV 接地保护器故障	异常	接地保护器击穿	适用于采用接地保护器的 TV
4			××母线 TV 二次电压并列	告知	—	—
5			××电压切换继电器同时动作	异常	—	—
6			××电压切换继电器失压	异常	—	—
7			××母线 TV 并列装置直流电源消失	异常	—	—

3.2.8.2 互感器典型监控信息释义及处置

（1）电流互感器 SF$_6$ 气压低告警。

1）信息释义：电流互感器 SF$_6$ 压力低于告警值。该信号适用采用 SF$_6$ 气体做绝缘介质的电流互感器。将 SF$_6$ 气体密度继电器行程开关辅助接点接入该信号回路，由该间隔测控装置发出，或由该间隔智能终端发出。

2）信息发生可能原因：

a. SF$_6$ 电流互感器密封不严，有泄漏点；

b. SF$_6$ 压力表计或压力继电器损坏；

c. 由于环境温度变化引起 SF$_6$ 电流互感器内部 SF$_6$ 压力变化，一般多发生于室外设备和环境温度较低时。

3）造成后果：造成电流互感器内部 SF$_6$ 气体绝缘性能降低，影响电流互感器安全运行。如遇故障，可能会造成电流互感器损坏。

4）信息处置原则：

a. 现场检查 SF$_6$ 电流互感器是否漏气，压力指示是否正确，是否达到告警值。

b. 确定压力继电器是否损坏。

c. 确定是否由于环境温度变化引起电流互感器内部 SF_6 压力变化。若为压力降低或环境温度变化引起，可根据专业人员意见，选择带电补气或停电补气处理；若为压力继电器损坏或二次回路异常，可更换压力继电器或消除二次回路故障。

d. 根据检查情况，由相关专业人员进行处理。

（2）TV 二次电压空气开关跳开

1）信息释义：TV 间隔电压二次保护、测量或计量任一回路空气开关跳闸。将各个电压二次回路空气开关辅助接点合并后接入该信号回路，该信号由该电压等级公用间隔测控装置或智能终端发出。

2）信息发生可能原因：

a. 二次电压回路由于异物、污秽、潮湿、小动物等原因引起的短路；

b. 人为误碰、震动等原因引起的空气断路器跳闸；

c. 空气断路器老化严重及产品质量等原因导致空气断路器跳闸；

d. 谐振过电压、TV 内部故障、系统接地等原因造成一次熔丝未熔断。

3）造成后果：

a. 影响与电压相关的保护及备自投、低频减负荷等自动装置正确动作；

b. 影响母线电压测量及母线上所接全部间隔的计量。

4）信息处置原则：

a. 汇报调度，申请停用受影响的保护及自动装置；

b. 经检查，若无其他异常情况，试合空气断路器一次；

c. 根据检查情况，由相关专业人员进行处理。

（3）母线 TV 二次电压并列。

1）信息释义：反映双母线接线方式下两条母线 TV 二次并列。将电压并列装置二次并列开关辅助接点接入该信号回路，该信号由该电压等级公用间隔测控装置或智能终端发出。

如图 3-8 所示，DL 为母联断路器辅助接点，1G、2G 为母联隔离开关辅助接点，1PTG、2PTG 为 TV 隔离开关辅助接点 1GWJ、2GWJ 为 TV 隔离开关重动继电器，BK 为电压并列装置并列开关，切至并列位置时①、③导通，QJ 为电压并列继电器。

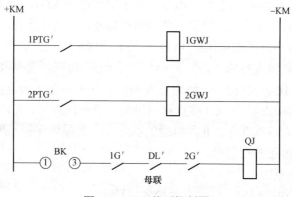

图 3-8　TV 并列控制图

ZKKⅠ为Ⅰ段母线 TV 二次空气开关，ZKKⅡ为Ⅱ段母线 TV 二次空气开关，1YQJ、2YQJ 为线路保护操作箱电压切换继电器，受线路母线侧隔离开关的辅助接点控制，1ZKK、2ZKK 为线路保护屏后的空气开关。

正常运行时两条母线的 TV 隔离开关均在合闸位置，1PTG、2PTG 合闸，1GWJ、2GWJ 闭合。TV 二次空气开关 ZKKⅠ、ZKKⅡ合位，两段母线 TV 的二次电压经重动继电器 1GWJ、2GWJ 的接点引入各自的电压小母线，如图 3-9 所示。

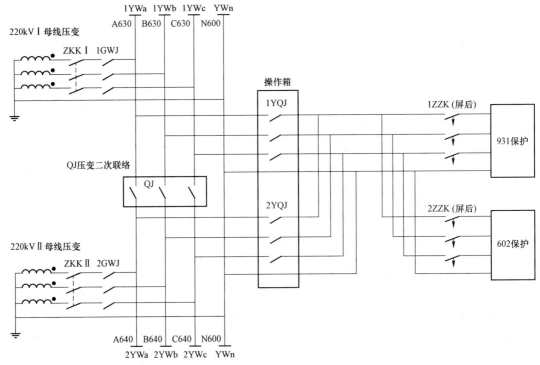

图 3-9　TV 二次回路图

双母线系统上所连接的电气元件，为了保证其一次系统和二次系统在电压上保持对应，以免发生保护或自动装置误动、拒动，要求保护及自动装置的二次电压回路随同主接线一起进行切换。用隔离开关辅助触点去启动电压切换中间继电器 YQJ，利用其触点实现电压回路的自动切换，要求保护、测量、计量都有自动切换功能。当某线路的Ⅰ母侧隔离开关合闸时 1YQJ 闭合，Ⅰ段电压小母线的电压经 1YQJ，经保护屏后空气开关引入两套保护。

当Ⅰ段母线压变需停电检修时，两条母线并列运行，母联断路器及断路器两侧隔离开关均在合闸位置，DL、1G、2G 闭合，将电压并列切换开关切至并列位置，BK 接通，电压并列继电器 QJ 得点，其接点闭合，QJ 接点将两段电压小母线联络，Ⅱ段母线压变二次电压经两段电压小母线同时为运行在Ⅰ、Ⅱ段母线的线路及主变提供保护、测量、计量电压。监控会收到Ⅰ、Ⅱ段母线电压并列信号。

2）信息发生可能原因：

a. 正常倒母线操作过程中，隔离开关位置双跨；

b. 隔离开关辅助触点损坏；

c. 电压切换继电器损坏;

d. 电压切换回路存在异常。

3）造成后果：可能引起相关测量、计量、保护装置异常。

4）信息处置原则：

a. 检查母线侧隔离开关辅助触点切换是否正常;

b. 检查电压并列装置切换指示灯;

c. 根据检查情况，由相关专业人员进行处理。

（4）电压切换继电器同时动作。

1）信息释义：如图 3-10 所示，双母线接线方式下任一间隔 I、II 母隔离开关同时合上时，该间隔操作箱或智能终端上的二次电压切换继电器 1YQJ 和 2YQJ 同时得电，其辅助接点同时闭合发出该信号，将二次电压切换继电器常开触点串联后接入该信号回路，由该间隔操作箱经测控装置发出或本间隔智能终端发出。

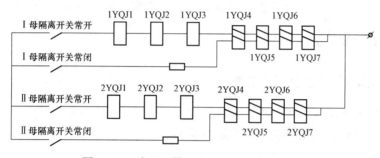

图 3-10   电压切换继电器同时动作回路图

2）信息发生可能原因：开关热倒操作时两把母线隔离开关同时合上时，或分开的母线隔离开关辅助接点未可靠返回，或操作箱切换继电器出现故障。

3）造成后果：可能造成双母线二次电压并列。

4）信息处置原则：检查该间隔的母线隔离开关位置及其辅助接点情况，如无法返回将 TV 二次并列开关切至通位，联系检修人员处理。

（5）电压切换继电器失压。

1）信息释义：双母线接线方式下任一间隔 I、II 母隔离开关同时拉开时，该间隔操作箱或智能终端上的二次电压切换继电器 1YQJ 和 2YQJ 同时失电，其辅助接点同时断开发出该信号，将二次电压切换继电器常闭触点并联后接入该信号回路，由该间隔操作箱经测控装置发出或本间隔智能终端发出。

2）信息发生可能原因：开关热倒操作时两把母线隔离开关同时拉开时，或闭合的母线隔离开关辅助接点未可靠返回，或操作箱切换继电器出现故障。

3）造成后果：可能引起相关测量、计量、保护装置异常。

4）信息处置原则：检查该间隔的母线隔离开关位置及其辅助接点情况，如无法返回将 TV 二次并列开关切至通位，联系检修人员处理。

（6）母线 TV 并列装置直流电源消失。

1）信息释义：母线电压并列装置直流电源消失。将电压并列装置电源开关辅助接点或电源监视继电器常闭触点接入该信号回路,该信号由该电压等级公用间隔测控装置或智能终端发出。

2)信息发生可能原因:

a. 母线电压并列装置电源失电;

b. 装置内部故障(电源模块、开入开出板)。

3)造成后果:

a. 传统变电站:TV 二次无法正常并列,无法进行母线倒排操作。

b. 智能变电站(保护电压采用 SV 协议传输):TV 二次无法正常并列,不影响母线倒排操作(智能站不存在二次向一次倒送电可能,母线倒排无需压变二次联络),但单台母线压变故障,无法通过母线联络方式检修。

4)信息处置原则:

a. 如果装置上所有灯都熄灭,检查装置直流电源。

b. 如果装置上所有灯运行正常,建议联系专业班组对装置内部进行检查。

3.2.9 消弧线圈监控信息

3.2.9.1 消弧线圈典型监控信息表

消弧线圈应采集消弧线圈调挡、调谐异常以及控制装置的异常、故障等遥信信息。

消弧线圈典型监控信息应包括但不限于表 3-13。

表 3-13　　　　　　　　　　　消弧线圈典型监控信息表

序号	信息/部件类型		信息名称	告警分级	站端信息对应关系说明	备　注
1	运行数据	量测数据	××消弧线圈位移电压	—	—	中性点电压
			××消弧线圈电容电流	—	—	可选
			××消弧线圈脱谐度	—	—	可选
			××消弧线圈残流	—	—	可选
2			××母线接地线路序号	—	—	适用于有接地选线功能的消弧线圈控制装置
3	告警信息	消弧线圈	××消弧线圈控制装置故障	异常	包含控制装置电源消失	硬接点信号
4			××消弧线圈控制装置异常	异常	—	—
5			××消弧线圈调挡	告知	—	—
6			××消弧线圈调谐异常	异常	调挡拒动、挡位到头、位移过限等	—

3.2.9.2 消弧线圈典型监控信息释义及处置

(1)消弧线圈控制装置故障。

1)信息释义:消弧线圈控制装置软硬件自检、巡检发生错误,且装置全部控制功能已失去。或消弧线圈控制装置电源失电。该信号由消弧线圈控制装置开出，同时并接消弧线圈控制装置电源回路空气开关辅助接点或电源监视继电器常闭触点，经公用测控装置发出。

2）信息发生可能原因：

a. 消弧线圈消谐装置交、直流电源回路故障；

b. 消弧线圈控制装置发生故障，如装置内部异常、拒动或者电机异常等。

3）造成后果：控制装置不能正常工作，电容电流、脱谐度调节不满足运行要求。

4）信息处置原则：

a. 检查消弧线圈控制装置工作情况，可根据调度命令处理；

b. 检查消弧线圈测控装置交、直流电源及相关二次回路有无异常。

（2）消弧线圈控制装置异常。

1）信息释义：消弧线圈控制装置软硬件自检、巡检发生错误，但控制功能可正常发挥，装置可坚持运行。该信号由消弧线圈控制装置经公用测控装置发出。

2）信息发生可能原因：

a. 消弧线圈分接开关运行异常；

b. 消弧线圈消谐相关装置异常。

3）造成后果：消弧线圈消谐装置不能正常工作，消弧线圈消谐装置无法进行分接头的自动调节，不能正常补偿系统电容电流。

4）信息处置原则：

a. 检查消弧线圈消谐装置及分接开关是否正常；

b. 根据检查情况，由相关专业人员进行处理。

（3）消弧线圈调谐异常。

1）信息释义：调谐控制装置脱谐度超标时发此信号。该信号由消弧线圈控制装置经公用测控装置发出。

2）信息发生可能原因：脱谐度超出规定范围。

3）造成后果：电容电流、脱谐度不符合规定。电网单相接地故障后仍存在较大电容或电感电流，威胁设备安全。

4）信息处置原则：检查消弧线圈调谐控制装置工作情况，可根据调度命令处理。

3.2.10　高抗监控信息

3.2.10.1　高抗典型监控信息表

高抗遥信信息应反映高抗本体油温、油位、瓦斯等异常情况，还应采集本体非电量保护的动作信息。高抗应采集无功、电流等测量信息。

高抗典型监控信息应包括但不限于表 3－14。

表 3-14 高抗典型监控信息表

序号	信息/部件类型		信息名称	告警分级	站端信息对应关系说明	备 注
1	运行数据	量测数据	××高抗无功	—	—	—
2			××高抗 A 相电流	—	—	—
3			××高抗 B 相电流	—	—	—
4			××高抗 C 相电流	—	—	—
5			××高抗 A 相油温	越限	—	—
6			××高抗 B 相油温	—	—	—
7			××高抗 C 相油温	—	—	—
8			××高抗中性点小电抗油温	—	—	—
9	告警信息	高抗本体	××高抗重瓦斯出口	事故	—	—
10			××高抗压力释放告警	异常	—	—
11			××高抗轻瓦斯告警	异常	—	—
12			××高抗油温高告警	异常	—	—
13			××高抗油温过高告警	异常	—	—
14			××高抗油位异常	异常	—	—
15		中性点小电抗	××小电抗重瓦斯出口	事故	—	—
16			××小电抗油温高告警	异常	—	—
17			××小电抗轻瓦斯告警	异常	—	—
18			××小电抗油位异常	异常	—	—

3.2.10.2 高抗典型监控信息释义及处置

（1）高抗重瓦斯出口。

1）信息释义：电抗器内部故障引起油流涌动冲击挡板，接通电抗器瓦斯继电器重瓦斯干簧触点，造成电抗器重瓦斯动作。瓦斯继电器提供两对重瓦斯接点，一对接入信号回路，一对接入跳闸回路，该信号由电抗器非电量保护装置或电抗器智能终端发出。

2）信息发生可能原因：

a. 电抗器内部发生严重故障；

b. 电抗器瓦斯继电器故障或二次回路故障；

c. 附近有较强的震动。

3）造成后果：跳本侧线路开关，并发远方跳闸跳对侧开关。

4）信息处置原则：

a. 电抗器的重瓦斯和差动保护同时动作跳闸，未经查明原因并消除故障前，不得进行强送和试送。

b. 电抗器的重瓦斯或差动保护之一动作跳闸，在检查电抗器外部无明显故障，经瓦斯气体检查及试验证明电抗器内部无明显故障后，在系统急需时，可以试送一次。

c. 瓦斯继电器内有气体使重瓦斯动作跳闸，应迅速取气体鉴别其性质，判别故障类型。

（2）高抗压力释放告警。

1）信息释义：当电抗器内部故障压力不断增大到其开启压力时，电抗器压力释放阀动作，使线路跳闸或发信，同时释放阀顶杆打开，与外界联通，释放电抗器压力，防止电抗器故障扩大。一般电抗器压力释放接发信。压力释放阀的辅助接点接入该信号回路，该信号由电抗器非电量保护装置或电抗器智能终端发出。

2）信息发生可能原因：

a. 电抗器内部铁芯或线圈故障，油压过大，从释放阀中喷出；

b. 大修后电抗器注油过满；

c. 温度高，使油位上升，向压力释放阀喷油；

d. 电抗器压力释放阀触点故障或二次回路故障。

3）造成后果：电抗器压力释放阀喷油；若内部故障可能导致线路跳闸。

4）信息处置原则：

a. 检查电抗器本体油温、油位、声音。

b. 检查电抗器保护装置动作信息及运行情况，检查故障录波器动作情况。

c. 检查电抗器压力释放阀是否喷油，是否由于二次回路故障造成误动。

d. 检查呼吸器的管道是否畅通，各个附件是否有漏油现象，电抗器外壳是否有异常情况。

e. 通知检修人员采取本体油样及气体进行分析。需检查瓦斯继电器内气体情况，瓦斯保护的动作情况。当压力释放阀恢复运行时，应手动复归其动作标杆。

（3）高抗轻瓦斯告警。

1）信息释义：电抗器轻微故障，接通电抗器瓦斯继电器轻瓦斯干簧触点，造成电抗器轻瓦斯告警。瓦斯继电器提供一对轻瓦斯接点，接入信号回路，该信号由电抗器非电量保护装置或电抗器智能终端发出。

2）信息发生可能原因：

a. 电抗器内部有轻微故障；

b. 油温骤然下降或渗漏油使油位降低；

c. 滤油、加油、换油、硅胶更换等工作后空气进入电抗器；

d. 有穿越性故障发生；

e. 电抗器瓦斯继电器故障或二次回路故障；

f. 附近有较强的震动。

3）造成后果：有进一步发展成重瓦斯跳闸造成线路停电的危险。

4）信息处置原则：

a. 检查电抗器油温、油位、声音；

b. 对电抗器各部位、瓦斯继电器及二次回路进行检查；

c. 检查电抗器油枕、电抗器压力释放阀是否破裂；

d. 由相关专业人员进行取气分析，判断电抗器是否可以继续运行；

e. 确认是二次触点受潮等原因引起的误动，应由专业人员尽快处理。

（4）高抗油温高告警。

1）信息释义：该信号由温度计的微动开关（行程开关）来实现。油温高于超温告警低限值时，温度计的指针到微动开关设定值，微动开关的常闭接点就闭合，使线路跳闸或发信。一般电抗器油温高接发信。温度计微动开关的辅助接点接入该信号回路，该信号由电抗器非电量保护装置或电抗器智能终端发出。

2）信息发生可能原因：

a. 主变本体内部轻微故障；

b. 油面温度计、二次回路故障或散热器阀门未打开。

3）造成后果：电抗器油温高于告警值，影响电抗器绝缘。

4）信息处置原则：

a. 检查电抗器室的通风情况及环境温度，检查温度测量装置及其二次回路；

b. 在正常冷却条件下，电抗器温度不正常并不断上升，则认为电抗器已经发生内部故障，应立即向调度申请，将电抗器停运。

（5）高抗油温过高告警。

1）信息释义：该信号由温度计的微动开关（行程开关）来实现。油温高于超温告警高限值时，温度计的指针到微动开关设定值，微动开关的常闭接点就闭合，使线路跳闸或发信。一般电抗器油温过高接发信。温度计微动开关的辅助接点接入该信号回路，该信号由电抗器非电量保护装置或电抗器智能终端发出。

2）信息发生可能原因：

a. 主变本体内部轻微故障；

b. 油面温度计、二次回路故障或散热器阀门未打开。

3）造成后果：电抗器油温高于告警值，影响电抗器绝缘。

4）信息处置原则：

a. 检查电抗器室的通风情况及环境温度，检查温度测量装置及其二次回路；

b. 在正常冷却条件下，电抗器温度不正常并不断上升，则认为电抗器已经发生内部故障，应立即向调度申请，将电抗器停运。

（6）高抗油位异常。

1）信息释义：电抗器油位过高或过低。当油位上升到最高油位或下降到最低油位时，电抗器油位计相应的干簧接点开关（或微动开关）接通，发出报警信号。一般电抗器会引出一对油位高辅助接点和油位低辅助接点，将其合并后接入该信号回路，该信号由电抗器非电量保护装置或电抗器智能终端发出。

2）信息发生可能原因：电抗器油位过高或过低。

油位过高的原因：

a. 大修后电抗器储油柜加油过满；

b. 电抗器油位计损坏造成假油位；

c. 电抗器储油柜胶囊或隔膜破裂造成假油位；

d. 电抗器呼吸器堵塞；

e. 电抗器油温急剧升高。

油位过低的原因：

a. 电抗器存在长期渗漏油，造成油位偏低；

b. 电抗器油位计损坏造成假油位；

c. 电抗器储油柜胶囊或隔膜破裂造成假油位；

d. 电抗器油温急剧降低；

e. 工作放油后未及时加油或加油不足。

3）造成后果：如果油位过低，将会影响高抗内部线圈的散热与绝缘，可能导致导线过热、绝缘击穿，导致线路跳闸。油位过高，可能出现高抗喷油情况。

4）信息处置原则：

a. 检查电抗器油位、油温、负荷情况，通过电抗器铭牌上的油位曲线图分析油位计指示是否正确；

b. 如电抗器油位因温度上升而逐步升高时，若最高油温时的油位可能高出油位计的指示，应检查呼吸器是否畅通以及储油柜的气体是否排尽等问题，以避免假油位现象发生，如不属假油位，则应放油。放油前，必须向调度申请将重瓦斯改接信号。

c. 油位偏低时，检查主变各部位是否有渗漏点；如因大量漏油而使油位迅速下降时，应迅速采取制止漏油的措施，并立即加油，补油时应向调度申请将本体重瓦斯保护压板改投信号；如因环境温度低引起，则应关闭散热器。

（7）小电抗重瓦斯出口。

1）信息释义：500kV 线路高抗一般分主电抗器和中性点电抗器。中性点电抗器接在三相主电抗器的中性点引出线上，用于接地，作用是减小非全相情况下的潜供电流。当系统发生单相接地或在单相断开线路期间，小电抗器会流过较大电流，如中性点电抗器内部出现严重故障，引起油流涌动冲击挡板，接通中性点电抗器瓦斯继电器重瓦斯干簧触点，造成中性点电抗器重瓦斯动作。瓦斯继电器提供两对重瓦斯接点，一对接入信号回路，一对接入跳闸回路，该信号由主电抗器非电量保护装置或主电抗器智能终端发出。

2）信息发生可能原因：

a. 中性点电抗器内部发生严重故障；

b. 中性点电抗器瓦斯继电器故障或二次回路故障；

c. 附近有较强的震动。

3）造成后果：跳本侧线路开关，并发远方跳闸跳对侧开关。

4）信息处置原则：

a. 仅有中性点电抗器的重瓦斯动作跳闸，在检查电抗器外部无明显故障，经瓦斯气体检查及试验证明电抗器内部无明显故障后，在系统急需时，可以试送一次。

b. 瓦斯继电器内有气体使重瓦斯动作跳闸，应迅速取气体鉴别其性质，判别故障类型。

（8）小电抗油温高告警。

1）信息释义：该信号由温度计的微动开关（行程开关）来实现。油温高于超温告警限值时，温度计的指针到微动开关设定值，微动开关的常闭接点就闭合，使线路跳闸或发信。一般中性点电抗器油温高接发信。温度计微动开关的辅助接点接入该信号回路，该信号由主电抗器非电量保护装置或主电抗器智能终端发出。

2）信息发生可能原因：

a. 电抗器内部轻微故障；

b. 油面温度计或二次回路故障。

3）造成后果：电抗器油温高于告警值，影响电抗器绝缘。

4）信息处置原则：

a. 检查电抗器室的通风情况及环境温度，检查温度测量装置及其二次回路；

b. 在正常冷却条件下，中性点电抗器温度不正常并不断上升，则认为中性点电抗器已经发生内部故障，应立即向调度申请，将主电抗器停运。

（9）小电抗轻瓦斯告警。

1）信息释义：中性点电抗器轻微故障，接通中性点电抗器瓦斯继电器轻瓦斯干簧触点，造成中性点电抗器轻瓦斯告警。瓦斯继电器提供一对轻瓦斯接点，接入信号回路，该信号由主电抗器非电量保护装置或主电抗器智能终端发出。

2）信息发生可能原因：

a. 中性点电抗器内部有轻微故障；

b. 油温骤然下降或渗漏油使油位降低；

c. 滤油、加油、换油等工作后空气进入中性点电抗器；

d. 中性点电抗器瓦斯继电器故障或二次回路故障；

e. 附近有较强的震动。

3）造成后果：有进一步发展成重瓦斯跳闸造成线路停电的危险。

4）信息处置原则：

a. 检查中性点电抗器油温、油位、声音；

b. 对中性点电抗器各部位、瓦斯继电器及二次回路进行检查；

c. 由相关专业人员进行取气分析，判断中性点电抗器是否可以继续运行；

d. 确认是二次触点受潮等原因引起的误动，应由专业人员尽快处理。

（10）小电抗油位异常。

1）信息释义：中性点电抗器油位过高或过低。当油位上升到最高油位或下降到最低油位时，中性点电抗器油位计相应的干簧接点开关（或微动开关）接通，发出报警信号。一般中性点电抗器会引出一对油位高辅助接点和油位低辅助接点，将其合并后接入该信号回路，该信号由主电抗器非电量保护装置或主电抗器智能终端发出。

2）信息发生可能原因：中性点电抗器油位过高或过低。

油位过高的原因：

a. 大修后电抗器储油柜加油过满；

b. 电抗器油位计损坏造成假油位；

c. 电抗器油温急剧升高。

油位过低的原因：

a. 电抗器存在长期渗漏油，造成油位偏低；

b. 电抗器油位计损坏造成假油位；

c. 电抗器油温急剧降低；

d. 工作放油后未及时加油或加油不足。

3）造成后果：如果油位过低，将会影响中性点小电抗内部线圈的散热与绝缘，可能导致导线过热、绝缘击穿，导致线路跳闸。油位过高，可能出现中性点小电抗喷油情况。

4）信息处置原则：

a. 检查中性点电抗器油位、油温、负荷情况，通过中性点电抗器铭牌上的油位曲线图分析油位计指示是否正确；

b. 如中性点电抗器油位因温度上升而逐步升高时，若最高油温时的油位可能高出油位计的指示，应全面检查以避免假油位现象发生，如不属假油位，则应放油。放油前，必须向调度申请将重瓦斯改接信号；

c. 采取制止漏油的措施，并立即加油，补油时应向调度申请将中性点电抗器重瓦斯保护压板改投信号。

3.2.11　站用电监控信息

3.2.11.1　站用电典型监控信息表

站用电应采集反映站用电运行方式的低压断路器位置信息和电压量测信息。此外，还应采集备自投动作、异常及故障信息，装置故障信号应反映装置失电情况，并采用硬接点方式接入。

站用电典型监控信息应包括但不限于表 3－15。

表 3－15　　　　　　　　　　　站用电典型监控信息表

序号	信息/部件类型		信息名称	告警分级	站端信息对应关系说明	备　注
1	运行数据	量测数据	站用电×段线电压	越限	—	Ⅰ、Ⅱ段
2			站用电×段 A 相电压	—	—	—
3			站用电×段 B 相电压	—	—	—
4			站用电×段 C 相电压	—	—	—
5	告警信息	低压开关	××所用变××低压开关	变位	—	—
6			站用电××分段开关	变位	—	—
7			××所用变××低压开关跳闸	事故	—	—
8			站用电××分段开关跳闸	事故	—	—
9			站用电××分段开关异常	异常	—	条件具备时设备直接提供总信号，不具备时可不采集
10			××所用变××低压开关异常	异常	—	
11		备自投	站用电备自投装置出口	事故	—	适用于有站外电源的
12			站用电备自投装置故障	异常	—	硬接点信号
13			站用电备自投装置异常	异常	—	—
14		总信号	站用电交流电源异常	异常	失电、缺相	—

3.2.11.2　站用电典型监控信息释义及处置

（1）站用电分段开关异常。

1）信息释义：由分段开关的控制回路电源空气开关辅助触点或电源监视继电器动断触点、分合闸位置监视继电器动断触点、机构储能弹簧状态行程开关辅助触点合并后交流系统监控装置发出。

2）信息发生可能原因：

a. 开关机构控制回路故障；

b. 开关机构弹簧未储能；

c. 开关控制回路电源消失。

3）造成后果：分段开关无法正常分合闸。

4）信息处置原则：检查开关发出异常的原因，查看有无控制开关控制回路断线等其他的信号发出，查看开关储能情况是否良好。

（2）所用变低压开关异常。

1）信息释义：由低压交流进线开关的控制回路电源空气开关辅助触点或电源监视继电器动断触点、分合闸位置监视继电器动断触点、机构储能弹簧状态行程开关辅助触点合并后经交流系统监控装置发出。

2）信息发生可能原因：

a. 开关机构控制回路故障；

b. 开关机构弹簧未储能；

c. 开关控制回路电源消失。

3）造成后果：低压交流进线开关无法正常分合闸。

4）信息处置原则：检查开关发出异常的原因，查看有无控制开关控制回路断线等其他的信号发出，查看开关储能情况是否良好。

（3）站用电备自投装置故障。

1）信息释义：站用低压交流电源备自投装置故障，备自投及充电保护功能全部失去。由备自投装置经交流系统监控装置发出。

2）信息发生可能原因：装置直流电源开关跳闸；定值出错；装置内部软硬件故障。

3）造成后果：

a. 某段交流母线失电后，联络开关无法进行合闸，导致交流母线失电；

b. 进线备自投装置故障，备自投装置无法进行切换工作，当工作进线电源失去后，无法进行切换工作，导致交流母线失电。

4）信息处置原则：检查装置直流电源是否正常，查看装置面板告警信息，确认故障后，停用备自投装置，联系检修处理。

（4）站用电备自投装置异常。

1）信息释义：站用低压交流母线间备自投装置异常，备自投及充电保护功能部分失去，装置仍能运行。由备自投装置经交流系统监控装置发出。

2）信息发生可能原因：

a. 备自投装置交流采样出错；

b. 备自投装置失去一路或者两路交流进线电源。

3）造成后果：所用电系统交流母线供电可靠性降低，再有一路电源失去，将导致两段交流母线失电。

4）信息处置原则：尽快恢复备自投装置的两路交流电源，查明备自投装置运行异常的原因，若无法处理，联系检修处理。

（5）站用电交流电源异常。

1）信息释义：站用低压交流母线电压过高、过低或缺相，由站用低压交流电压监视继电器的触点经交流系统监控装置发出。

2）信息发生可能原因：所用电失电；电压监视继电器误动；系统电压高，导致所用变二次电压高。

3）造成后果：

a. 电压过低将造成变压器冷却器风扇无法正常启动；

b. 若由所用变失电引起，则所在交流母线将失电；

c. 电压过高，将导致常带电的继电器长期承受高电压，容易损坏。

4）信息处置原则：检查所用电电压异常的原因，排除所用电故障，调整所用变的有载调压抽头，将电压控制在合理的范围内。实际测量交流电压母线的电压值，排除电压监视继电器故障。

3.2.12 直流系统监控信息

3.2.12.1 直流系统典型监控信息表

直流系统监控信息应覆盖直流系统交流输入电源（含防雷器）、充电机、蓄电池、直流母线、重要馈线等关键环节，反映各个环节设备的运行状况和异常、故障情况；还应包括直流系统监控装置、监控系统逆变电源以及通信直流电源等相关设备的告警信息。直流系统控制母线电压应纳入监控范围，直流系统合闸母线电压，直流母线正、负极对地电压宜纳入监控范围。

直流系统典型监控信息应包括但不限于表 3－16。

表 3－16　　　　　　　　　　直流系统典型监控信息表

序号	信息/部件类型		信息名称	告警分级	站端信息对应关系说明	备　注
1	运行数据	量测数据	×段直流母线电压	—	—	Ⅰ、Ⅱ段
2			×#蓄电池组电压	—	—	1#、2#
3			×#蓄电池组电流	—	—	1#、2#
4			×#充电机直流输出电压	—	—	1#、2#
5			×#充电机直流输出电流	—	—	1#、2#
6			0#充电机投×段直流输出电压	—	—	Ⅰ、Ⅱ段

序号	信息/部件类型		信息名称	告警分级	站端信息对应关系说明	备　注
7	运行数据	量测数据	0#充电机投×段直流输出电流	—	—	Ⅰ、Ⅱ段
8			通信直流电源电压	—	—	—
9		开关量	×段直流母线投入开关	变位	—	Ⅰ、Ⅱ段
10			×#充电机交流进线开关	变位	—	1#、2#、0#
11			×#充电机直流输出开关	变位	—	1#、2#
12			0#充电机输出至Ⅰ母线开关	变位	—	
13			0#充电机输出至Ⅱ母线开关	变位	—	
14			×#蓄电池组开关	变位	—	1#、2#
15			母线联络开关	变位	—	
16	告警信息	充电机	×#充电机故障	异常		1#、2#、0#
17			×#充电机输出电压异常	异常		1#、2#、0#
18			×#充电机交流电源异常	异常		1#、2#、0#
19			×#充电机避雷器故障	异常		1#、2#、0#
20			×#监控装置故障	异常		1#、2#、0#
21		蓄电池	×#蓄电池组保险熔断	异常		1#、2#
22			×#蓄电池组巡检仪故障	异常		1#、2#
23			×#蓄电池组电压异常	异常		1#、2#
24			×#蓄电池组单只电压异常	异常		1#、2#
25		直流母线	×段直流母线电压异常	异常	含母线电压消失、电压过高、过低	Ⅰ、Ⅱ段
26			×段直流母线接地	异常	—	Ⅰ、Ⅱ段
27			×段直流母线馈出开关断开	异常		Ⅰ、Ⅱ段
28			×段直流绝缘监测装置故障	异常		Ⅰ、Ⅱ段
29		监控装置	一体化电源监控装置通信中断	异常	—	—
30			一体化电源监控装置异常	异常	—	—
31		逆变电源	×#UPS装置异常	异常	—	
32			×#UPS交流输入异常	异常	—	
33			×#UPS直流输入异常	异常	—	
34		通信直流系统	通信直流系统异常	异常	通信直流系统电压异常、通信直流系统交流输入故障、通信直流系统模块故障、通信蓄电池总熔丝熔断	—

3.2.12.2　直流系统典型监控信息释义及处置

（1）充电机交流电源异常。

1）信息释义：直流充电机无交流电源输入或者缺少一路电源输入。

2）信息发生可能原因：

a. 某段所用变交流母线失压；

b. 所用变正在进行切换操作；

c. 直流充电机交流输入电源空气开关故障；

d. 双路交流自投电路的交流监控单元或交流接触器故障。

3）造成后果：故障充电机所在直流母线负载由蓄电池组负担，长时间处理不好，导致蓄电池组过放电，直流母线电压过低。影响断路器的分合闸及保护装置的正常运行。

4）信息处置原则：设法恢复直流系统交流电源的正常供电，若无法处理，联系检修处理。

（2）蓄电池组保险熔断。

1）信息释义：蓄电池熔丝熔断。

2）信息发生可能原因：

a. 蓄电池组存在短路；

b. 蓄电池充、放电电流过大。

3）造成后果：

a. 影响 UPS 正常工作；

b. 若充电机同时故障，影响直流系统可靠性。

4）信息处置原则：

a. 检查蓄电池正负极熔丝是否熔断或接触不良；

b. 若熔丝熔断，查明原因后更换容量符合要求的熔丝；

c. 检查熔丝信号回路及辅助报警触点有无异常；

d. 若无法处理，尽快联系专业人员。

（3）蓄电池组电压异常。

1）信息释义：蓄电池（整组或单支）电压过高、过低，由直流系统监控装置根据采集的蓄电池组电压判别后生成。

2）信息发生可能原因：

a. 蓄电池内部故障；

b. 蓄电池的熔丝和连线有松动或接触不良；

c. 蓄电池组运行时间过长，大部分电池性能降低。

3）造成后果：若不及时处理，站内蓄电池可能会失去后备作用。

4）信息处置原则：

a. 检查蓄电池组电压、单个电池电压是否正常；

b. 检查蓄电池监控装置是否正常。

（4）蓄电池组单只电压异常。

1）信息释义：蓄电池组某单只电压过高、过低，由直流系统监控装置根据采集的蓄电池组中每只蓄电池单只电压判别后生成。

2）信息发生可能原因：

a. 蓄电池内部故障；

b. 蓄电池的熔丝和连线有松动或接触不良；

c. 蓄电池组运行时间过长，某些电池性能降低。

3）造成后果：若不及时处理，站内蓄电池可能会失去后备作用。

4）信息处置原则：

a. 检查蓄电池组电压、单个电池电压是否正常；

b. 检查蓄电池监控装置是否正常。

（5）直流母线电压异常。

1）信息释义：直流母线电压不在正常范围内（一般运行不超过10%），由直流系统监控装置根据采集的直流母线电压判别后生成。

2）信息发生可能原因：

a. 直流系统有接地或者绝缘降低；

b. 所在直流母线充电机故障，导致蓄电池过放电；

c. 充电机输出电压过高。

3）造成后果：

a. 直流母线电压过低，跳合闸继电器可能无法正确动作；

b. 直流母线电压过高，长期带电的继电器容易过压损坏。

4）信息处置原则：查看直流母线充电机工作是否正常。直流母线有无接地现象，若无法处理，通知检修处理。

（6）直流母线接地。

1）信息释义：当直流系统发生接地故障或绝缘水平低于设定值时，由直流绝缘监测装置发出该信号。

2）信息发生可能原因：

a. 在二次回路上工作时，造成直流馈线接地；

b. 直流馈线电缆或其回路上元件因受潮、锈蚀、发热等原因绝缘不良；

c. 直流母线或蓄电池、充电设备绝缘不良；

d. 绝缘监测装置或直流监控装置故障误发信号。

3）造成后果：若再有一点直流接地可能造成直流系统短路使熔丝熔断，造成直流失电或者使保护拒动或者误动。

4）信息处置原则：

a. 直流系统接地后，值班人员应记录时间、接地极、接地检测装置提示的支路号和绝缘电阻等信息，现场如有工作应立刻暂停一切工作，按照绝缘监测装置提示进行查找。

b. 无选线装置或装置提示错误，可采用拉路的方法，根据先信号和照明回路，后操作回路，先室外后室内，先低电压等级再高电压等级的原则，按照规程制定的顺序进行拉路。拉路前应汇报调度和检修，得到调度的同意后进行，拉路时无论是否接地均不得超过3s。

（7）UPS装置异常。

1）信息释义：UPS 装置内部告警接点发出为所有 UPS 装置交流异常、UPS 装置直流异常、UPS 装置故障、UPS 装置旁路供电、UPS 装置过载信号合并。

2）信息发生可能原因：

a. UPS 装置无输出；

b. UPS 装置交、直流电源输入缺失（备用电源异常）；

c. UPS 装置输出超载；

d. 直流电压过高；

e. 整流器异常；

f. 蓄电池低电压。

3）造成后果：

a. 站内自动化系统失去可靠的不间断电源；

b. 站内 UPS 系统若无输出，将导致整个自动化系统的瘫痪。

4）信息处置原则：检查 UPS 系统交、直流电源输入是否正常，若无法处理，联系检修处理。

（8）UPS 交流输入异常。

1）信息释义：公用测控装置检测到 UPS 装置交流输入异常信号。

2）信息发生可能原因：

a. UPS 装置电源插件故障；

b. UPS 装置交流输入回路故障；

c. UPS 装置交流输入电源熔断器熔断或交流屏 UPS 电源开关跳开。

3）造成后果：UPS 所带设备将由蓄电池组对其进行供电，影响蓄电池寿命。

4）信息处置原则：

a. 检查 UPS 装置运行情况；

b. 检查 UPS 装置、交流屏 UPS 装置交流电源熔断器或空气开关；

c. 检查 UPS 装置交流输入电源回路。

（9）UPS 直流输入异常。

1）信息释义：公用测控装置检测到 UPS 装置直流输入异常信号。

2）信息发生可能原因：

a. UPS 装置电源插件故障；

b. UPS 装置直流输入回路故障；

c. UPS 装置直流输入电源熔断器熔断或直流屏 UPS 电源开关跳开。

3）造成后果：UPS 失去交流输入电源后，交流输出电源亦将失去，UPS 装置失去不间断供电功能。

4）信息处置原则：

a. 检查 UPS 装置运行情况；

b. 检查 UPS 装置、直流屏 UPS 装置交流电源熔断器或空气开关；

c. 检查 UPS 装置直流输入电源回路。

（10）通信直流系统异常

1）信息释义：通信直流系统电压异常、通信直流系统交流输入故障、通信直流系统模块故障、通信蓄电池总熔丝熔断等告警信息合并，由通信电源监控装置发出。

2）信息发生可能原因：通信电源消失、缺相或模块自检故障。

3）造成后果：通信电源不能正常工作，可能会影响站内通信网络和调度数据网络的正常运行。

4）信息处置原则：检查通信电源全部开关是否跳开，通信屏上相关工作指示灯是否正常，可将 DC/DC 装置重新启动，不能恢复联系检修处理。

3.3 二次设备监控信息释义及处置

3.3.1 变压器保护监控信息

3.3.1.1 变压器保护典型监控信息表

变压器保护应采集装置的投退、动作、异常及故障信息，对于保护动作信号，还应区分主保护及后备保护，装置故障信号应反映装置失电情况，并采用硬接点方式接入。对于智能变电站，还应采集 SV、GOOSE 告警信息及检修压板状态。若配置双套保护，双套保护信息分别采集（下同）。

变压器保护典型监控信息应包括但不限于表 3－17。

表 3－17　　　　　　　　　变压器保护典型监控信息表

序号	信息/部件类型		信息名称	告警分级	站端信息对应关系说明	备　注
1		总信号	××变压器保护动作	事故	—	—
2	动作信息	具体信号	××变压器差动保护动作	事故	纵差差动速断动作、纵差保护动作、分相差动保护动作、低压侧小区差动保护动作、分侧差动保护动作、故障分量差动保护动作、零序分量差动保护动作等	
3			××变压器高压侧后备保护动作	事故	高复压方向过流 1 时限动作、高复压方向过流 2 时限动作、高复压过流动作、高压方向零流 1 时限动作、高压方向零流 2 时限动作、高压零序过流动作、高压侧失灵联跳动作、高压侧间隙过流动作、高压侧零序过压动作等	—
4			××变压器中压侧后备保护动作	事故	中复压方向过流 1 时限动作、中复压方向过流 2 时限动作、中复压过流 3 时限动作、中限时速断 1 时限动作、中限时速断 2 时限动作、中压方向零流 1 时限动作、中压方向零流 2 时限动作、中压零序过流动作、中压侧间隙过流动作、中压侧零序过压动作等	

续表

序号	信息/部件类型		信息名称	告警分级	站端信息对应关系说明	备注
5	动作信息	具体信号	××变压器低压侧×分支后备保护动作	事故	低压侧复压过流1时限动作、低压侧复压过流2时限动作、低压侧复压过流3时限动作、低压侧过流1时限动作、低压侧过流2时限动作、低压侧过流3时限动作等	没有分支的为××主变保护A屏低压侧后备保护出口
6			××变压器过励磁保护动作	事故	反时限过励磁保护	—
7			××变压器公共绕组零序过流保护动作	事故	—	适用于自耦变
8			××变压器失灵保护联跳三侧	事故	高断路器失灵联跳动作、中断路器失灵联跳动作等	—
9	告警信息	总信号	××变压器保护装置故障	异常	硬接点信号,保护故障/闭锁/电源异常等合并,只在硬接点信号中加入装置型号	
10			××变压器保护装置异常	异常		硬接点信号,装置内部检测,不影响保护装置功能,只在硬接点信号中加入装置型号
11		故障异常信息	××变压器保护过负荷告警	异常	高压侧过负荷、中压侧过负荷、低压侧过负荷、公共绕组过负荷等	
12			××变压器保护TA断线	异常	高压侧TA断线、中压侧TA断线、低压侧TA断线、公共绕组TA断线等	包含所有分支
13			××变压器保护TV断线	异常	高压侧TV断线、中压侧TV断线、低压侧TV断线等	包含所有分支
14			××变压器保护装置通信中断	异常	由站控层后台或远动设备判别生成	
15			××变压器保护SV总告警	异常	SV总告警信号应反映SV采样链路中断、SV采样数据异常等情况	装置提供该总信号,上送主站,具体链路信息保留站端
16			××变压器保护SV采样数据异常	异常	—	具体链路信息保留站端
17			××变压器保护SV采样链路中断	异常	—	具体链路信息保留站端
18			××变压器保护GOOSE总告警	异常	GOOSE总告警应反映GOOSE链路中断、GOOSE数据异常等情况	装置提供该总信号,上送主站,具体链路信息保留站端
19			××变压器保护GOOSE数据异常	异常	—	具体链路信息保留站端
20			××变压器保护GOOSE链路中断	异常	—	具体链路信息保留站端
21			××变压器保护对时异常	异常	—	—

序号	信息/部件类型		信息名称	告警分级	站端信息对应关系说明	备　注
22	告警信息	故障异常信息	××变压器保护检修不一致	异常	—	—
23			××变压器保护检修压板投入	异常	—	—
24			××变压器低压侧中性点电压偏移告警	异常	—	适用于 330kV 以上变压器保护

3.3.1.2　变压器保护典型监控信息释义及处置

（1）变压器差动保护动作。

1）信息释义：变压器差动保护发出变压器各侧断路器跳闸命令，将纵差差动速断动作、纵差保护动作、分相差动保护动作、低压侧小区差动保护动作、分侧差动保护动作、故障分量差动保护动作、零序分量差动保护动作等保护出口信息合并。也可将上述信息分别上送。

2）信息发生可能原因：

a. 变压器套管和引出线故障，差动保护范围内（差动保护用电流互感器之间）的一次设备短路故障；

b. 变压器内部故障；

c. 差动保护用电流互感器二次回路开路或短路。

3）造成后果：造成变压器各侧断路器跳闸。

4）信息处置原则：

a. 变压器断路器跳闸后，应监视其他运行变压器及相关线路的过载情况，检查另一台变压器冷却装置运行是否正常，必要时增加特巡，发现异常及时上报调度；

b. 如站用电消失，及时切换或恢复；

c. 断开失压母线上的电容器、线路断路器；

d. 检查变压器保护装置动作信息及运行情况，检查故障录波器动作情况；

e. 检查二次回路有无故障；

f. 检查差动保护范围内一次设备有无明显的短路、接地现象；

g. 如果重瓦斯保护同时动作，或虽未同时动作但跳闸时有明显的故障现象（如爆炸声、火光、冒烟等），应进行有关试验分析，在未查明原因消除故障前不得试送；

h. 如果变压器外部故障且本体检查无异状时，隔离故障点后可将变压器试送；

i. 经检查为二次回路故障或保护误动引起差动保护动作，排除故障或停用保护后可将变压器试送；

j. 将检查情况上报调度，按照调度指令处理。

（2）变压器高压侧后备保护动作。

1）信息释义：变压器高压侧后备保护发出跳母联（分段）、跳三侧断路器跳闸命令，将高复压方向过流 1 时限动作、高复压方向过流 2 时限动作、高复压过流动作、高压方向零流

1 时限动作、高压方向零流 2 时限动作、高压零序过流动作、高压侧失灵联跳动作、高压侧间隙过流动作、高压侧零序过压动作等保护出口信息合并。也可将上述信息分别上送。变压器各侧后备保护分类如图 3 – 11 所示。

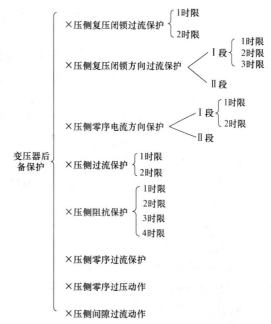

图 3 – 11　变压器各侧后备保护分类图

2）信息发生可能原因：

a. 变压器及其套管、引出线故障，变压器保护拒动；

b 母线、线路故障，相关保护拒动；

c. 系统发生接地故障，大电流接系统失去中性点接地点后，致使变压器高压侧中性点电压升高或间隙击穿。

3）造成后果：造成母联（分段）、变压器三侧断路器跳闸。

4）信息处置原则：

a. 变压器断路器跳闸后，应监视其他运行变压器及相关线路的过载情况，检查另一台变压器冷却装置运行是否正常，必要时增加特巡，发现异常及时上报调度；

b. 如站用电消失，及时切换或恢复；

c. 断开失压母线上的电容器、线路断路器；

d. 检查变压器保护装置动作信息及运行情况，检查故障录波器动作情况；

e. 检查其他母线、线路保护的启动和动作情况；

f. 根据保护动作情况、告警信号、断路器跳闸情况及设备检查情况，判明故障范围和停电范围；

g. 如果变压器外部故障且本体检查无异状时，隔离故障点后可将变压器试送；

h. 将检查情况上报调度，按照调度指令处理。

（3）变压器中压侧后备保护动作。

1）信息释义：变压器中压侧后备保护发出跳母联（分段）、跳本侧断路器、跳三侧断路器跳闸命令，将中复压方向过流 1 时限动作、中复压方向过流 2 时限动作、中复压过流 3 时限动作、中限时速断 1 时限动作、中限时速断 2 时限动作、中压方向零流 1 时限动作、中压方向零流 2 时限动作、中压零序过流动作、中压侧间隙过流动作、中压侧零序过压动作等保护出口信息合并。也可将上述信息分别上送。

2）信息发生可能原因：

a. 母线、线路故障，相关开关或保护拒动；

b. 系统发生接地故障，大电流接系统失去中性点接地点后，致使变压器中压侧中性点电压升高或间隙击穿。

3）造成后果：造成母联（分段）、变压器中压侧断路器或三侧断路器跳闸。

4）信息处置原则：

a. 变压器断路器跳闸后，应监视其他运行变压器及相关线路的过载情况，检查另一台变压器冷却装置运行是否正常，必要时增加特巡，发现异常及时上报调度；

b. 如站用电消失，及时切换或恢复；

c. 断开失压母线上的电容器、线路断路器；

d. 检查变压器保护装置动作信息及运行情况，检查故障录波器动作情况；

e. 检查其他母线、线路保护的启动和动作情况；

f. 根据保护动作情况、告警信号、断路器跳闸情况及设备检查情况，判明故障范围和停电范围；

g. 如果变压器外部故障且本体检查无异状时，隔离故障点后可将变压器试送；

h. 将检查情况上报调度，按照调度指令处理。

（4）变压器低压侧×分支后备保护动作。

1）信息释义：变压器低压侧后备保护发出跳母联（分段）、跳本侧断路器、跳三侧断路器跳闸命令，将低压侧复压过流1时限动作、低压侧复压过流2时限动作、低压侧复压过流3时限动作、低压侧过流1时限动作、低压侧过流2时限动作、低压侧过流3时限动作、低压零序过流1时限动作、低压零序过流2时限动作等保护出口信息合并。也可将上述信息分别上送。

2）信息发生可能原因：

a. 母线、线路故障，相关开关或保护拒动；

b. 低压侧母线故障。

3）造成后果：造成母联（分段）、变压器中压侧断路器或三侧断路器跳闸。

4）信息处置原则：

a. 变压器断路器跳闸后，应监视其他运行变压器及相关线路的过载情况，检查另一台变压器冷却装置运行是否正常，必要时增加特巡，发现异常及时上报调度；

b. 如站用电消失，及时切换或恢复；

c. 断开失压母线上的电容器、线路断路器；

d. 检查变压器保护装置动作信息及运行情况，检查故障录波器动作情况；

e. 检查其他母线、线路保护的启动和动作情况；

f. 根据保护动作情况、告警信号、断路器跳闸情况及设备检查情况，判明故障范围和停电范围；

g. 如果变压器外部故障且本体检查无异状时，隔离故障点后可将变压器试送；

h. 将检查情况上报调度，按照调度指令处理。

（5）变压器过励磁保护动作。

1）信息释义：变压器过励磁保护保护发出跳三侧断路器跳闸命令。

2）信息发生可能原因：

a. 空载变压器在合闸的过渡过程中会产生过励磁；

b. 当电网频率低于额定频率时，当感性电压不变时，频率的降低会引起铁芯中磁通的增加，此时会产生过励磁；

c. 当系统电压增高时，也会产生过励磁现象。

3）造成后果：造成变压器各侧断路器跳闸。

4）信息处置原则：

a. 变压器断路器跳闸后，应监视其他运行变压器及相关线路的过载情况，检查另一台变压器冷却装置运行是否正常，必要时增加特巡，发现异常及时上报调度；

b. 如站用电消失，及时切换或恢复；

c. 断开失压母线上的电容器、线路断路器；

d. 检查变压器保护装置动作信息及运行情况，检查故障录波器动作情况。

（6）变压器失灵保护联跳三侧。

1）信息释义：当变压器保护或 220kV 及以上母差保护动作跳变压器高压侧断路器，断路器发生拒动，失灵保护经变压器非电量保护总出口跳变压器其他侧断路器。

2）信息发生可能原因：

a. 变压器保护动作跳高压侧断路器，断路器拒动；

b. 220kV 及以上母差保护动作跳变压器高压侧断路器，断路器拒动；

c. 二次回路故障。

3）造成后果：变压器其他侧断路器跳闸。

4）信息处置原则：

a. 变压器断路器跳闸后，应监视其他运行变压器及相关线路的过载情况，检查另一台变压器冷却装置运行是否正常，必要时增加特巡，发现异常及时上报调度；

b. 如站用电消失，及时切换或恢复；

c. 断开失压母线上的电容器、线路断路器；

d. 检查 220kV 及以上母线保护、变压器保护装置动作信息及运行情况，检查故障录波器动作情况；e.根据保护动作情况，检查一次设备并查找故障点；

f. 将检查情况上报调度，按照调度指令处理。

（7）变压器保护装置故障。

1）信息释义：变压器保护装置自检、巡检发生严重错误，装置闭锁所有保护功能。

2）信息发生可能原因：

a. 装置内部元件故障；

b. 保护程序、定值出错等，自检、巡检异常；

c. 装置直流电源消失。

3）造成后果：闭锁所有保护功能，如果当时所保护设备故障，则保护拒动。

4）信息处置原则：

a. 检查保护装置报文及指示灯；

b. 检查保护装置电源空气断路器是否跳开；

c. 根据检查情况，由专业人员进行处理；

d. 为防止保护拒动、误动，应及时汇报调度，停用保护装置。

（8）变压器保护装置异常。

1）信息释义：变压器保护装置自检、巡检发生错误，不闭锁保护，但部分保护功能可能会受到影响。

2）信息发生可能原因：

a. 装置内部通信出错、长期启动等，装置自检、巡检异常；

b. 装置 TV、TA 断线。

3）造成后果：退出部分保护功能。

4）信息处置原则：

a. 检查保护装置报文及指示灯；

b. 检查保护装置、电压互感器、电流互感器的二次回路有无明显异常；

c. 根据检查情况，由专业人员进行处理。

（9）变压器保护过负荷告警。

1）信息释义：变压器××侧电流超过过负荷告警值。

2）信息发生可能原因：

a. 变压器负荷增大，达到过负荷告警整定值；

b. 事故过负荷。

3）造成后果：

a. 变压器发热甚至烧毁，影响变压器寿命；

b. 增加变压器损耗。

4）信息处置原则：

a. 密切监视负荷、油温、油位情况；

b. 检查冷却装置投入情况，将冷却装置（风扇）全部投入运行；

c. 进行设备特巡和红外测温；

d. 记录过负荷的大小及持续时间，过负荷运行时间超过允许值，应立即汇报调度将变压器停运；

e. 上报调度，采取措施降低负荷。

（10）变压器保护 TA 断线。

1）信息释义：变压器保护装置检测到某一侧电流输入异常并满足装置内部判据。

2）信息发生可能原因：

a. 电流互感器本体故障；

b. 电流互感器二次回路断线（含端子松动、接触不良）或短路。

3）造成后果：保护装置采集电流值错误，造成保护误动或拒动。

4）信息处置原则：

a. 检查保护装置告警信息及运行工况；

b. 向调度申请，退出可能误动的保护，查找故障时应采取相应的安全措施；

c. 检查电流互感器是否有异常、异声、异味及电流互感器二次电流回路有无烧蚀，确有上述情况，应立即上报调度，将电流互感器退出运行。

（11）变压器保护 TV 断线。

1）信息释义：变压器保护装置检测到某一侧电压输入异常并满足装置内部判据。

2）信息发生可能原因：

a. 电压互感器本体故障；

b. 电压互感器熔断器熔断或空气断路器跳闸，电压互感器二次回路断线（含端子松动、接触不良）或短路；

c. 电压切换回路故障。

3）造成后果：保护装置采集电压值错误，影响相应侧方向保护、复合电压闭锁等与电压量有关的保护功能，相应功能闭锁或退出。

4）信息处置原则：

a. 检查保护装置告警信息及运行工况；

b. 向调度申请，退出可能误动的保护；

c. 检查电压互感器的熔断器或空气断路器是否跳开；

d. 检查电压切换箱相应切换指示灯是否正确；

e. 根据检查情况，由专业人员进行处理；

f. 如果电压互感器本身故障，立即上报调度，将母线停电处理。

（12）变压器保护装置通信中断。

1）信息释义：保护装置在运行过程中因装置通信板件故障或外部通信网络故障时发出的信号。由接收其信号的变压器本体测控装置发出。

2）信息发生可能原因：

a. 保护装置通信板故障，网线或光纤接口松动；

b. 保护装置通信参数设置错误；

c. 通信交换机故障。

3）造成后果：除硬接点信号外，软报文信号无法上传至后台。

4）信息处置原则：联系运维人员检查通信接口装置是否正常。

（13）变压器保护 SV 总告警。

1）信息释义：保护装置利用 SV 报文将相关测量类信息（例如电压/电流等）采集过来，如果保护装置在一定时间内未接收到相关合并单元发送的 SV 信号或接收 SV 信号存在数据异常时，将会发保护收 SV 总告警信号。

2）信息发生可能原因：

a. SV 物理链路存在中断的问题；

b. SV 报文在传输过程中丢包；

c. SV 报文存在数据异常的情况。

3）造成后果：造成保护装置接受 SV 信号异常或者无效，从而可能会导致保护装置因采样丢失或异常造成保护的误动或拒动等情况，扩大了设备的运行风险。

4）信息处置原则：

a. 核对电网运行方式，下达处置调度指令。

b. 检查保护装置 SV 的物理链路，排除因物理链路中断引起的 SV 链路中断。

c. 如若 SV 物理链路无中断，在专业人员的配合下检查 SV 报文是否连续（时间间隔是否过长，一般情况下时间间隔为 250μs±10μs），前提是做好相关防护工作。

（14）变压器保护 SV 采样数据异常。

1）信息释义：保护装置在接收其他装置（例如合并单元）的 SV 数据时采样数据发生异常。

2）信息发生可能原因：保护装置接收到的 SV 数据中存在数据品质异常的现象。

3）造成后果：该 SV 报文中的采样数据可能会导致数据无效，保护装置接收无效的采样数据，导致风险的进一步扩大。

4）信息处置原则：现场联系专业人员，在做好相关防范措施的前提之下进行 SV 采样数据异常问题的排查。

（15）变压器保护 SV 采样链路中断。

1）信息释义：保护装置在接收其他装置（例如合并单元）的 SV 数据时采样链路发生异常。例如××变压器第一套保护装置在一定时间内未接收到××合并单元应发送的 SV 数据时，将会发××变压器第一套保护收××合并单元 SV 采样链路中断告警信号。

2）信息发生可能原因：

a. 保护装置未接收到其他装置发送的订阅的特定 SV 报文；

b. 保护装置接收到的 SV 报文存在采样丢失的情况；

c. 保护装置接收到的 SV 报文存在采样时间间隔不均的情况。

3）造成后果：保护装置接收其他装置 SV 采样链路中断时会导致该保护装置采样异常，从而导致因保护采样数据丢失/异常导致的保护拒动/误动，导致风险的进一步扩大。

4）信息处置原则：

a. 核对电网运行方式，下达处置调度指令。

b. 检查保护装置 SV 的物理链路，排除因物理链路中断引起的 SV 链路中断。

c. 如若 SV 物理链路无中断，在专业人员的配合下检查 SV 报文是否连续（时间间隔是否过长，一般情况下时间间隔为 $250\mu s\pm10\mu s$），前提是做好相关防护工作。

（16）变压器保护 GOOSE 总告警。

1）信息释义：保护装置利用 GOOSE 报文传输相关遥信类信息例如开入等，GOOSE 总告警包含 GOOSE 链路中断和 GOOSE 接收和发送不匹配等问题。

2）信息发生可能原因：

a. GOOSE 链路存在中断的问题；

b. GOOSE 接收和发送不匹配。

3）造成后果：造成保护装置 GOOSE 信号无法发出或者发出的 GOOSE 信号滞后于实际情况，存在一定的运行风险。

4）信息处置原则：

a. 检查保护装置 GOOSE 的物理链路，排除因物理链路中断引起的 GOOSE 链路中断。

b. 如若 GOOSE 物理链路无中断，在专业人员的配合下检查 GOOSE 报文内容的准确性，前提是做好相关防护工作。

（17）变压器保护 GOOSE 链路中断。

1）信息释义：保护装置在接收其他装置（例如智能终端）的 GOOSE 数据时链路发生异常。例如××变压器第一套保护装置在一定时间内未接收到××智能终端应发送的 GOOSE 数据时，将会发××变压器第一套保护收××智能终端 GOOSE 链路中断告警信号。

2）信息发生可能原因：

a. GOOSE 物理链路存在中断的问题；

b. GOOSE 报文在传输过程中丢包。

3）造成后果：造成保护装置 GOOSE 信号无法发出或者发出的 GOOSE 信号滞后于实际情况，存在一定的运行风险。

4）信息处置原则：

a. 检查保护装置 GOOSE 的物理链路，排除因物理链路中断引起的 GOOSE 链路中断。

b. 如若 GOOSE 物理链路无中断，在专业人员的配合下检查 GOOSE 报文是否连续（时间间隔是否过长，一般情况下时间间隔为 5s），前提是做好相关防护工作。

（18）变压器保护对时异常。

1）信息释义：保护装置接收对时信号异常，设备无法进行对时。

2）信息发生可能原因：

a. 对时接口松动或异常；

b. 对时信号源端异常。

3）造成后果：造成保护装置与站内其他设备时间不同步，可能对保护相关信号的采集、上送及相关动作机制的判别造成一定的影响，存在一定的运行风险。

4）信息处置原则：

a. 检查现场保护装置，检查该信号是否是误报信号。

b. 如若信号非误报，则检查设备的对时接口接触是否正常。

c. 如若装置对时接口接触正常，则说明对时源可能存在异常情况，及时与专业人士联系作出相应处理，并做好相应的安全措施。

（19）变压器保护检修不一致。

1）信息释义：此信号为保护装置发出，当给该保护装置发送报文的设备（如对应间隔的合并单元、智能终端或母线保护等装置）检修硬压板投退状态与该保护装置检修硬压板状态不一致时发出该信号，检修状态不一致时该保护装置不会处理发送设备传输过来的 SV 或 GOOSE 报文。

2）信息发生可能原因：收发两侧设备检修硬压板投退状态不一致。

3）造成后果：统一的说就是不会处理发送过来的 SV 或 GOOSE 报文。

4）信息处置原则：现场检查收发两侧设备检修硬压板，现场如无检修工作或设备异常处缺工作，检修硬压板应在打开位置。

（20）变压器保护检修压板投入。

1）信息释义：保护装置的检修压板状态属于投入状态。

2）信息发生可能原因：保护装置检修压板处于投入状态。

3）造成后果：该保护装置处于检修态，此时相关设备的遥信等状态可能无法上送后台及监控系统，当对应合并单元和智能终端不处于检修态时，若保护动作，保护装置不会出口，断路器设备不会动作。

4）信息处置原则：

a. 检查现场保护装置检修压板，检查信号报出是否正确。

b. 如果检查压板确实处于投入状态，确认该装置是否确实需要检修，与监控联系确定设备的最终运行状态，及时向调度反馈现场情况，如有需求及时将保护装置的检修压板退出。

3.3.2 断路器保护监控信息

3.3.2.1 断路器保护典型监控信息表

断路器保护监控信息应采集装置的投退、动作、异常及故障信息，装置故障信号应反映装置失电情况，并采用硬接点方式接入。对于智能变电站，还应采集 SV、GOOSE 告警信息及检修压板状态。对于具备重合功能的断路器保护，还应采集重合闸信息。如果装置需远方操作的，还应采集遥控操作信息及相应的遥信状态。

断路器保护典型监控信息应包括但不限于表 3—18。

表 3—18　　　　　　　　　　断路器保护典型监控信息表

序号	信息/部件类型		信息名称	告警分级	站端信息对应关系说明	备　注
1	运行数据	位置状态	××开关保护重合闸软压板投入	变位	—	
2			××开关保护重合闸充电完成	变位	—	需远方操作时
3			××开关保护远方操作压板位置	变位	—	
4	动作信息	总信号	××开关保护动作	事故	A 相跟跳动作、B 相跟跳动作、C 相跟跳动作、三相跟跳动作、两相联跳三相动作、充电过流Ⅰ段动作、充电过流Ⅱ段动作、充电零序过流动作、三相不一致保护动作	—
5		具体信号	××开关失灵保护动作	事故	失灵跳本开关动作、失灵保护动作	—
6			××开关保护沟通三跳动作	事故	—	—
7			××开关死区保护动作	事故	—	—
8			××开关保护重合闸动作	事故	—	适用于具备重合闸功能的保护
9	告警信息	总信号	××开关保护装置故障	异常	—	硬接点信号，保护故障/闭锁/电源异常等合并
10			××开关保护装置异常	异常	—	硬接点信号，装置内部检测，不影响保护装置功能
11		故障异常信息	××开关保护 TA 断线	异常	—	—
12			××开关保护 TV 断线	异常	—	—
13			××开关保护重合闸闭锁	异常	—	适用于具备重合闸功能的保护
14			××开关保护装置通信中断	异常	由站控层后台或远动设备判别生成	—

续表

序号	信息/部件类型		信息名称	告警分级	站端信息对应关系说明	备　注
15	告警信息	故障异常信息	××开关保护 SV 总告警	异常	SV 总告警信号应反映 SV 采样链路中断、SV 采样数据异常等情况	装置提供该总信号，采集原则见变压器保护
16			××开关保护 SV 采样数据异常	异常	—	—
17			××开关保护 SV 采样链路中断	异常	—	—
18			××开关保护 GOOSE 总告警	异常	GOOSE 总告警应反映 GOOSE 链路中断、GOOSE 数据异常等情况	装置提供该总信号
19			××开关保护 GOOSE 数据异常	异常	—	—
20			××开关保护 GOOSE 链路中断	异常	—	—
21			××开关保护对时异常	异常	—	—
22			××开关保护检修不一致	异常	—	—
23			××开关保护检修压板投入	异常	—	—
24	控制命令	遥控	××开关保护重合闸软压板投/退	—	—	需远方操作时

3.3.2.2　断路器保护典型监控信息释义及处置

开关失灵保护动作。

（1）信息释义：本断路器跳闸失败，失灵保护启动相邻断路器跳闸切除故障。

（2）信息发生可能原因：

1）与本断路器有关设备故障，断路器拒动；

2）断路器与电流互感器之间发生故障；

3）二次回路故障。

（3）造成后果：与本断路器相邻的断路器跳闸。

（4）信息处置原则：

1）检查相关保护装置动作信息及运行情况，检查故障录波器动作情况；

2）检查相关断路器跳闸位置及本间隔设备是否存在故障；

3）将检查情况上报调度，按照调度指令处理。

3.3.3　线路保护监控信息

3.3.3.1　线路保护典型监控信息表

线路保护应采集装置的投退、动作、异常及故障信息，对于保护动作信号，还应区分主保护及后备保护，装置故障信号应反映装置失电情况，并采用硬接点方式接入。对于智能变电站，还应采集 SV、GOOSE 告警信息及检修压板状态。对于具备重合功能的线路保护，还应采集重合闸信息。如果装置需远方操作的，还应采集遥控操作信息及相应的遥信状态。

对于有定值区远方切换要求的，采集运行定值区号，定值区切换采用遥调方式。

线路保护典型监控信息应包括但不限于表 3-19。

表 3-19　　　　　　　　　　　　　线路保护典型监控信息表

序号	信息/部件类型		信息名称	告警分级	站端信息对应关系说明	备　注
1	运行数据	量测数据	××线路保护运行定值区号	—		需远方操作时
2		位置状态	××线路保护重合闸充电完成	变位	—	
3			××线路保护重合闸软压板投入	变位	—	
4			××线路保护远方操作压板位置	变位	—	
5	动作信息	总信号	××线路保护动作	事故	—	
6		具体信号	××线路主保护动作	事故	分相差动动作、零序差动动作、纵联差动保护动作、纵联保护动作等全线速动保护动作	主保护指具备全线速动功能的保护（注：采集原则参照变压器保护）
7			××线路后备保护动作	事故	距离Ⅰ段动作、距离Ⅱ段动作、距离Ⅲ段动作、距离加速动作、零序过流Ⅱ段动作、零序过流Ⅲ段动作、零序加速动作、零序反时限动作、过电压保护动作等其他保护动作	适用于 220kV 及以上电压等级线路保护；10kV 线路可视情况分别采集距离、过流Ⅰ、Ⅱ、Ⅲ段
8			××线路保护远跳就地判别出口	事故	—	适用于 500kV 及以上线路
9			××线路保护远跳出口	事故	—	适用于 220kV 及以下线路
10			××线路保护 A 相跳闸出口	事故	—	适用于分相跳闸的保护
11			××线路保护 B 相跳闸出口	事故	—	
12			××线路保护 C 相跳闸出口	事故	—	适用于分相跳闸的保护
13			××线路保护重合闸出口	事故	—	适用于具备重合闸功能的保护
14	告警信息	总信号	××线路保护装置故障	异常	—	硬接点信号，保护故障/闭锁/电源异常等合并
15			××线路保护装置异常	异常	—	硬接点信号，装置内部检测，不影响保护装置功能
16		故障异常信息	××线路保护过负荷告警	异常	—	适用于 220kV 及以下线路
17			××线路保护重合闸闭锁	异常	—	适用于具备重合闸功能的保护
18			××线路保护 TA 断线	异常	—	—
19			××线路保护 TV 断线	异常	—	—
20			××线路保护长期有差流	告知	—	保护装置条件具备时接入
21			××线路保护两侧差动投退不一致	告知	—	保护装置条件具备时接入
22			××线路保护 A 通道异常	异常	—	保护配置双通道的应分别上送异常信号，单通道配置的不分 A、B 通道
23			××线路保护 B 通道异常	异常	—	

续表

序号	信息/部件类型		信息名称	告警分级	站端信息对应关系说明	备　注
24	告警信息	故障异常信息	××线路保护收发信机装置故障	异常	直流电源消失	适用于闭锁式高频保护，硬接点信号
25			××线路保护收发信机装置异常	异常	—	适用于闭锁式高频保护
26			××线路保护收发信机通道异常	异常	3dB 告警	适用于闭锁式高频保护
27			××线路保护电压切换装置继电器同时动作	异常	—	适用于需要电压切换的保护装置
28			××线路保护电压切换装置故障	异常	—	适用于需要电压切换的保护装置，硬接点信号
29			××线路保护电压切换装置异常	异常	—	适用于需要电压切换的保护装置
			××线路保护 TV 并列或失压	异常	—	—
30			××线路保护装置通信中断	异常	由站控层后台或远动设备判别生成，智能站命名为 MMS 通信中断	—
31			××线路保护 SV 总告警	异常	SV 总告警信号应反映SV 采样链路中断、SV采样数据异常等情况	装置提供该总信号（注：采集原则及命名参照变压器保护）
32			××线路保护 SV 采样数据异常	异常	—	—
33			××线路保护 SV 采样链路中断	异常	—	—
34			××线路保护 GOOSE 总告警	异常	GOOSE 总告警应反映 GOOSE 链路中断、GOOSE 数据异常等情况	装置提供该总信号
35			××线路保护 GOOSE 数据异常	异常	—	—
36			××线路保护 GOOSE 链路中断	异常	—	—
37			××线路保护对时异常	异常	—	—
38			××线路保护检修不一致	异常	—	—
39			××线路保护检修压板投入	异常	—	—
40	控制命令	遥控	××线路保护重合闸软压板投/退	—	功能压板	需远方操作时
41		遥调	××线路保护运行定值区切换	—		

3.3.3.2　线路保护典型监控信息释义及处置

（1）线路主保护动作。

1）信息释义：线路主保护如纵差、高频等保护动作。将分相差动动作、零序差动动作、纵联差动保护动作、纵联保护动作等全线速动保护出口信息合并。也可将上述信息分别上送。

2）信息发生可能原因：本线路保护范围内（两侧流变之间）发生接地或相间故障。

3）造成后果：线路开关跳闸。

4）信息处置原则：查看相应的跳闸开关，记录跳闸的时间、保护动作情况及站内设备的潮流情况，汇报相应的值班调度员。线路故障，按照事故流程处理。

（2）线路后备保护动作。

1）信息释义：线路后备保护如距离、零序等保护动作。将距离Ⅰ段动作、距离Ⅱ段动作、距离Ⅲ段动作、距离加速动作、零序过流Ⅱ段动作、零序过流Ⅲ段动作、零序加速动作、零序反时限动作、过电压保护动作等其他保护动作出口信息合并。也可将上述信息分别上送。

2）信息发生可能原因：本线路范围内或者对侧变电站母线、相邻线路等发生故障。

3）造成后果：线路开关跳闸。

4）信息处置原则：查看相应的跳闸开关，记录跳闸的时间、保护动作情况及站内设备的潮流情况，汇报相应的值班调度员。线路故障，按事故流程进行处理。

（3）线路保护远跳就地判别出口。

1）信息释义：线路保护收到对侧保护发送的远跳信号后，经本侧的就地判别装置判别确有故障现象存在后，由就地判别装置发出线路本侧断路器跳闸命令。

2）信息发生可能原因：

a. 线路对侧断路器失灵；

b. 线路对侧断路器与电流互感器之间发生故障；

c. 二次回路故障。

3）造成后果：造成线路断路器跳闸。

4）信息处置原则：

a. 检查保护装置动作信息及运行情况，检查故障录波器动作情况；

b. 检查断路器跳闸位置及间隔设备是否存在故障。

c. 将检查情况上报调度，按照调度指令处理。

（4）线路保护远跳出口。

1）信息释义：线路本侧断路器失灵或断路器与电流互感器之间发生故障，本侧保护向对侧发送远跳信号。

2）信息发生可能原因：

a. 本侧线路断路器失灵；

b. 本侧线路断路器与电流互感器之间发生故障；

c. 二次回路故障。

3）造成后果：可能造成对侧线路保护远跳误动，误跳线路对侧断路器。

4）信息处置原则：

a. 检查保护装置动作信息及运行情况；

b. 根据检查情况，由专业人员进行处理。

（5）线路保护装置故障。

1）信息释义：保护装置自检、巡检发生严重错误，装置闭锁所有保护功能。

2）信息发生可能原因：

a. 装置内部元件故障；

b. 保护程序、定值出错等，自检、巡检异常；

c. 装置直流电源消失。

3）造成后果：闭锁所有保护功能，如果当时所保护设备故障，则保护拒动。

4）信息处置原则：

a. 检查保护装置报文及指示灯；

b. 检查保护装置电源空气断路器是否跳开；

c. 根据检查情况，由专业人员进行处理；

d. 为防止保护拒动、误动，应及时汇报调度，停用保护装置。

（6）线路保护装置异常。

1）信息释义：保护装置自检、巡检发生错误，不闭锁保护，但部分保护功能可能会受到影响。

2）信息发生可能原因：

a. 长期启动、跳位继电器故障等，装置自检、巡检异常；

b. 装置 TV、TA 断线。

3）造成后果：退出部分保护功能。

4）信息处置原则：

a. 检查保护装置报文及指示灯；

b. 检查保护装置、电压互感器、电流互感器的二次回路有无明显异常；

c. 根据检查情况，由专业人员进行处理。

（7）线路保护重合闸闭锁。

1）信息释义：保护重合闸功能被闭锁，无法实现重合。如图 3－12 所示，当出现手合（21SHJ 得电）、手跳（2ZJ 得电）、永跳（距离Ⅲ段、零序保护、距离加速动作等，13TJR、23TJR 得电）和开关压力低（21YJJ 得电）的情况时，重合闸被闭锁放电。

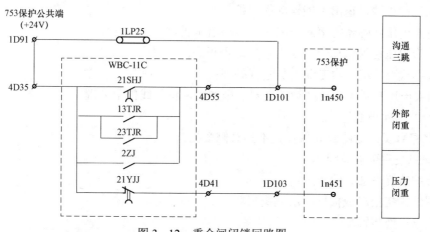

图 3－12　重合闸闭锁回路图

2）信息发生可能原因：开关气压力低、油压低、后备保护动作、手动分合开关等均会闭锁重合闸。

3）造成后果：线路开关跳闸后无法重合。

4）信息处置原则：检查开关压力、重合闸回路等，联系检修人员处理。

（8）线路保护 TA 断线。

1）信息释义：线路保护装置检测到电流输入异常并满足装置内部判据。

2）信息发生可能原因：

a. 电流互感器本体故障；

b. 电流互感器二次回路断线（含端子松动、接触不良）或短路。

3）造成后果：保护装置采集电流值错误，造成保护误动或拒动。

4）信息处置原则：

a. 检查保护装置告警信息及运行工况；

b. 向调度申请，退出可能误动的保护，查找故障时应采取相应的安全措施；

c. 检查电流互感器是否有异常、异声、异味及电流互感器二次电流回路有无烧蚀，确有上述情况，应立即上报调度，将电流互感器退出运行。

（9）线路保护 TV 断线。

1）信息释义：线路保护装置检测到电压输入异常并满足装置内部判据。

2）信息发生可能原因：

a. 电压互感器本体故障；

b. 电压互感器熔断器熔断或空气断路器跳闸，电压互感器二次回路断线（含端子松动、接触不良）或短路；

c. 电压切换回路故障。

3）造成后果：保护装置采集电压值错误，影响距离保护、方向保护等与电压量有关的保护功能，造成保护误动或拒动。

4）信息处置原则：

a. 检查保护装置告警信息及运行工况；

b. 向调度申请，退出可能误动的保护；

c. 检查电压互感器的熔断器或空气断路器是否跳开；

d. 检查电压切换箱相应切换指示灯是否正确；

e. 根据检查情况，由专业人员进行处理；

f. 如果电压互感器本身故障，立即上报调度，将母线停电处理。

（10）线路保护通道异常。

1）信息释义：线路纵联保护收不到对侧数据。

2）信息发生可能原因：

a. 保护装置内部元件故障；

b. 尾纤连接松动或损坏、法兰头损坏；

c. 光电转换装置故障；

d. 通信设备故障或光纤通道问题。

3）造成后果：纵联电流差动保护闭锁，后备距离及零序保护仍可正常工作。

4）信息处置原则：

a. 检查保护装置动作信息及运行情况，检查光电转换装置运行情况；

b. 如果通道故障短时复归，应做好记录加强监视；

c. 如果无法复归或短时间内频繁出现，应立即上报调度，停用差动保护后，由专业人员进行处理。

（11）线路保护电压切换装置继电器同时动作。

1）信息释义：双母线接线方式下任一间隔Ⅰ、Ⅱ母隔离开关同时合上时，该间隔操作箱或智能终端上的二次电压切换继电器 1YQJ 和 2YQJ 同时得电，其辅助接点同时闭合发出该信号，将二次电压切换继电器常开触点串联后接入该信号回路，由该间隔操作箱经测控装置发出或本间隔智能终端发出。

2）信息发生可能原因：开关热倒操作时两把母线隔离开关同时合上时，或分开的母线隔离开关辅助接点未可靠返回，或操作箱切换继电器出现故障。

3）造成后果：可能造成双母线二次电压并列。

4）信息处置原则：

检查该间隔的母线隔离开关位置及其辅助接点情况，如无法返回将 TV 二次并列开关切至通位，联系检修人员处理。

（12）线路保护 TV 并列或失压。

1）信息释义：双母线接线方式下任一间隔Ⅰ、Ⅱ母隔离开关同时拉开时，该间隔操作箱或智能终端上的二次电压切换继电器 1YQJ 和 2YQJ 同时失电，其辅助接点同时断开发出该信号，将二次电压切换继电器常闭触点并联后接入该信号回路，由该间隔操作箱经测控装置发出或本间隔智能终端发出。

2）信息发生可能原因：开关热倒操作时两把母线隔离开关同时拉开时，或闭合的母线隔离开关辅助接点未可靠返回，或操作箱切换继电器出现故障。

3）造成后果：可能引起相关测量、计量、保护装置异常。

4）信息处置原则：检查该间隔的母线隔离开关位置及其辅助接点情况，如无法返回将 TV 二次并列开关切至通位，联系检修人员处理。

3.3.4　母线保护监控信息

3.3.4.1　母线保护典型监控信息表

母线保护应采集装置的投退、动作、异常及故障信息，对于保护动作信号，应包含失灵保护动作信号，装置故障信号应反映装置失电情况，并采用硬接点方式接入。对于智能变电站，还应采集 SV、GOOSE 告警信息及检修压板状态。

母线保护典型监控信息应包括但不限于表 3-20。

表 3-20　　　　　　　　　母线保护典型监控信息表

序号	信息/部件类型		信息名称	告警分级	站端信息对应关系说明	备　注
1	动作信息	总信号	××母线保护动作	事故	—	—
2		具体信号	××母线保护差动动作	事故	Ⅰ母差动动作、Ⅱ母差动动作等	—

序号	信息/部件类型		信息名称	告警分级	站端信息对应关系说明	备　注
3	动作信息	具体信号	××母线保护失灵动作	事故	Ⅰ母失灵动作、Ⅱ母失灵动作、母联失灵动作等	—
4	告警信息	总信号	××母线保护装置故障	异常	保护CPU插件异常、出口异常、采样数据异常等	硬接点信号
5			××母线保护装置异常	异常	母线保护装置异常应能反映TA断线、TV断线、失灵启动开入异常、失灵接触电压闭锁异常、支路隔离开关位置异常等情况	装置提供该总信号
6		故障异常信息	××母线保护TA断线	异常	支路TA断线、母联/分调TA断线	现场可能存在：TA断线告警、TA断线闭锁，按实际情况采集
7			××母线保护TV断线	异常	Ⅰ母TV断线、Ⅱ母TV断线等	现场可能存在：交流断线告警，按实际情况采集
8			××母线保护装置通信中断	异常	由站控层后台或远动设备判别生成，智能站命名为MMS通信中断	—
9			××母线保护开关隔离开关位置异常	异常		适用于双母线接线
10			××母线保护SV总告警	异常	SV总告警信号应反映SV采样链路中断、SV采样数据异常等情况	装置提供该总信号
11			××母线保护SV采样数据异常	异常	—	—
12			××母线保护SV采样链路中断	异常	—	—
13			××母线保护GOOSE总告警	异常	GOOSE总告警应反映GOOSE链路中断、GOOSE数据异常等情况	装置提供该总信号
14			××母线保护GOOSE数据异常	异常	—	—
15			××母线保护GOOSE链路中断	异常	—	—
16			××母线保护对时异常	异常	—	—
17			××母线保护检修不一致	异常	—	—
18			××母线保护检修压板投入	异常	—	—
19			××母线保护母线互联运行	异常	—	适用于分段运行的母线

3.3.4.2　母线保护典型监控信息释义及处置

（1）母线保护差动动作。

1）信息释义：母差保护动作发出Ⅰ母或Ⅱ母上所有断路器跳闸命令。

2）信息发生可能原因：

a. 220kV 及以上Ⅰ段或Ⅱ段母线上发生故障；

b. 正常运行时误合Ⅰ段或Ⅱ段母线侧接地刀闸。

3）造成后果：Ⅰ母或Ⅱ母上所有断路器跳闸。

4）信息处置原则：

a. 应监视其他运行主变及相关线路的过载情况，检查运行主变运行是否正常，必要时增加特巡，发现异常及时上报调度；

b. 如站用电消失，及时切换或恢复；

c. 断开失压母线上的电容器、线路断路器；

d. 检查 220kV 及以上母线保护装置动作信息及运行情况，检查故障录波器动作情况；

e. 检查 220kV 及以上母线保护范围内的一次、二次设备，并查找故障点；

f. 如母线故障并有明显的故障点，应迅速将故障点消除或隔离；

g. 将检查情况上报调度，按照调度指令处理。

（2）母线保护 TA 断线。

1）信息释义：母线保护装置检测到任一支路电流输入异常并满足装置内部判据。

2）信息发生可能原因：

a. 电流互感器本体故障；

b. 电流互感器二次回路断线（含端子松动、接触不良）或短路。

3）造成后果：线路或主变 TA 断线时母差保护被闭锁，母联 TA 断线时母差保护自动转为单母方式

4）信息处置原则：

a. 检查保护装置告警信息及运行工况；

b. 向调度申请，退出可能误动的保护，查找故障时应采取相应的安全措施；

c. 检查电流互感器是否有异常、异声、异味及电流互感器二次电流回路有无烧蚀，确有上述情况，应立即上报调度，停用保护装置。

（3）母线保护 TV 断线。

1）信息释义：母差保护装置检测到任一母线电压输入异常并满足装置内部判据。

2）信息发生可能原因：

a. 电压互感器本体故障；

b. 电压互感器熔断器熔断或空气断路器跳闸，电压互感器二次回路断线（含端子松动、接触不良）或短路。

3）造成后果：保护装置采集电压值错误，母差保护和失灵保护的复合电压闭锁功能自动退出。

4）信息处置原则：

a. 检查保护装置告警信息及运行工况；

b. 向调度申请，退出可能误动的保护；

c. 检查电压互感器的熔断器或空气断路器是否跳开；

d. 根据检查情况，由专业人员进行处理；

e. 如果电压互感器本身故障，立即上报调度，将母线停电。

（4）母线保护装置故障。

1）信息释义：母差保护装置自检、巡检发生严重错误，装置闭锁所有保护功能。

2）信息发生可能原因：

a. 装置内部元件故障；

b. 保护程序、定值出错等，自检、巡检异常；

c. 装置直流电源消失。

3）造成后果：闭锁所有保护功能，如果当时所保护设备故障，则保护拒动。

4）信息处置原则：

a. 检查保护装置报文及指示灯；

b. 检查保护装置电源空气断路器是否跳开；

c. 根据检查情况，由专业人员进行处理；

d. 为防止保护拒动、误动，应及时汇报调度，停用保护装置。

（5）母线保护装置异常。

1）信息释义：母差保护装置自检、巡检发生错误，不闭锁保护，但部分保护功能可能会受到影响。

2）信息发生可能原因：

a. 装置内部通信出错、长期启动等，装置自检、巡检异常；

b. 装置 TA、TV 断线；

c. 启动失灵、闭锁母差开入异常；

d. 隔离开关位置报警；

e. 母线互联；

f. 母联跳闸、合闸位置异常。

3）造成后果：退出部分保护功能。

4）信息处置原则：

a. 检查保护装置报文及指示灯；

b. 检查母线所属设备母线侧隔离开关位置及其辅助触点、位置继电器切换情况；

c. 检查保护装置、电压互感器、电流互感器的二次回路有无明显异常；

d. 根据检查情况，由专业人员进行处理。

（6）母线保护开关隔离开关位置异常。

1）信息释义：母差保护检测到隔离开关位置发生变化或与实际位置不符。

2）信息发生可能原因：

a. 隔离开关位置双跨；

b. 隔离开关位置变位；

c. 隔离开关位置与实际不符。

3）造成后果：可能造成母差保护失去选择性。

4）信息处置原则：

a. 如果由于倒母线操作引起，则操作结束后手动复归信号；

b. 如果此时无倒闸操作，首先核对显示屏或模拟盘上隔离开关位置与现场是否一致，有出入时手动对位；

c. 检查 220kV 及以上母线侧隔离开关辅助触点是否松动、损坏或回路断线；

d. 检查保护装置报文及指示灯；

e. 根据检查情况，由专业人员进行处理。

3.3.4.3　母联（分段）保护监控信息

母联（分段）保护应采集装置的投退、动作、异常及故障信息，装置故障信号应反映装置失电情况，并采用硬接点方式接入。对于智能变电站，还应采集 SV、GOOSE 告警信息及检修压板状态。

母联（分段）保护典型监控信息应包括但不限于表 3-21。

表 3-21　　　　　　　　　　　　母联（分段）保护典型监控信息表

序号	信息/部件类型		信息名称	告警分级	站端信息对应关系说明	备　注
1	动作信息	总信号	××母联（分段）保护动作	事故	充电过流Ⅰ段动作、充电过流Ⅱ段动作、充电零序过流动作	—
2	告警信息	总信号	××母联（分段）保护装置故障	异常	—	硬接点信号
3			××母联（分段）保护装置异常	异常	—	装置提供该总信号
4		故障异常信息	××母联（分段）保护装置通信中断	异常	由站控层后台或远动设备判别生成，智能站命名为 MMS 通信中断	—
5			××母联（分段）保护 TA 断线	异常	—	—
6			××母联（分段）保护 SV 总告警	异常	SV 总告警信号应反映 SV 采样链路中断、SV 采样数据异常等情况	装置提供该总信号
7			××母联（分段）保护 SV 采样数据异常	异常	—	—
8			××母联（分段）保护 SV 采样链路中断	异常	—	—
9			××母联（分段）保护 GOOSE 总告警	异常	GOOSE 总告警应反映 GOOSE 链路中断、GOOSE 数据异常等情况	装置提供该总信号，装置无 GOOSE 输入时，此信号不采集

序号	信息/部件类型		信息名称	告警分级	站端信息对应关系说明	备 注
10	告警信息	故障异常信息	××母联（分段）保护 GOOSE 数据异常	异常	—	装置无 GOOSE 输入时，此信号不采集
11			××母联（分段）保护 GOOSE 链路中断	异常	—	装置无 GOOSE 输入时，此信号不采集
12			××母联（分段）保护对时异常	异常	—	—
13			××母联（分段）保护检修不一致	异常	—	—
14			××母联（分段）保护检修压板投入	异常	—	—

3.3.5 电容器保护监控信息

3.3.5.1 电容器保护典型监控信息表

电容器保护应采集装置的投退、动作、异常及故障信息，装置故障信号应反映装置失电情况，并采用硬接点方式接入。对于智能变电站，还应采集 SV、GOOSE 告警信息及检修压板状态。

电容器保护典型监控信息应包括但不限于表 3－22。

表 3－22　　　　　　　　　　电容器保护典型监控信息表

序号	信息/部件类型		信息名称	告警分级	站端信息对应关系说明	备 注
1	动作信息	总信号	××电容器保护动作	事故	过流保护动作、过压保护动作、不平衡保护动作	
2		具体信号	××电容器欠压保护动作	事故	—	
3	告警信息	总信号	××电容器保护装置故障	异常		硬接点信号
4			××电容器保护装置异常	异常		装置提供该总信号
5		故障异常信息	××电容器保护装置通信中断	异常	由站控层后台或远动设备判别生成，智能站命名为 MMS 通信中断	—
6			××电容器保护 TA 断线	异常	—	—
7			××电容器保护 TV 断线	异常	—	—
8			××电容器保护 SV 总告警	异常	SV 总告警信号应反映 SV 采样链路中断、SV 采样数据异常等情况	装置提供该总信号
9			××电容器保护 SV 采样数据异常	异常	—	—
10			××电容器保护 SV 采样链路中断	异常	—	—

续表

序号	信息/部件类型		信息名称	告警分级	站端信息对应关系说明	备　注
11	告警信息	故障异常信息	××电容器保护 GOOSE 总告警	异常	GOOSE 总告警应反映 GOOSE 链 路 中 断、GOOSE 数据异常等情况	装置提供该总信号
12			××电容器保护 GOOSE 数据异常	异常	—	—
13			××电容器保护 GOOSE 链路中断	异常	—	—
14			××电容器保护对时异常	异常	—	—
15			××电容器保护检修不一致	异常	—	—
16			××电容器保护检修压板投入	异常	—	—

3.3.5.2　电容器保护典型监控信息释义及处置

电容器保护动作。

（1）信息释义：保护动作发出电容器断路器跳闸命令，将过流保护动作、零序保护动作、过压保护动作、不平衡保护动作等保护出口信息合并，也可将上述信息分别上送。

（2）信息发生可能原因：

1）电容器内部或引线故障；

2）系统过压造成电容器跳闸；

3）二次回路故障。

（3）造成后果：将电容器切除。

（4）信息处置原则：

1）检查电容器保护装置动作信息及运行情况。

2）检查电容器断路器间隔设备及电容器组有无异常。

3）根据检查情况，由相关专业人员进行处理。排除故障点后，及时上报调度恢复送电。

3.3.6　低抗保护监控信息

3.3.6.1　低抗保护典型监控信息表

低抗保护应采集装置的投退、动作、异常及故障信息，装置故障信号应反映装置失电情况，并采用硬接点方式接入。对于智能变电站，还应采集 SV、GOOSE 告警信息及检修压板状态。

低抗保护典型监控信息应包括但不限于表 3-23。

表 3 - 23　　　　　　　　　　　低抗保护典型监控信息表

序号	信息/部件类型		信息名称	告警分级	站端信息对应关系说明	备　注
1	动作信息	总信号	××低抗保护动作	事故	差动保护动作、过流保护动作、零序保护动作	—
2		总信号	××低抗保护装置故障	异常	—	硬接点信号
3			××低抗保护装置异常	异常	—	装置提供该总信号
4		故障异常信息	××低抗保护 TA 断线	—		
5			××低抗保护 TV 断线	—		
6			××低抗保护装置通信中断	异常	由站控层后台或远动设备判别生成，智能站命名为 MMS 通信中断	—
7			××低抗保护 SV 总告警	异常	SV 总告警信号应反映 SV 采样链路中断、SV 采样数据异常等情况	装置提供该总信号
8	告警信息		××低抗保护 SV 采样数据异常	异常	—	—
9			××低抗保护 SV 采样链路中断	异常	—	—
10			××低抗保护 GOOSE 总告警	异常	GOOSE 总告警应反映 GOOSE 链路中断、GOOSE 数据异常等情况	装置提供该总信号
11			××低抗保护 GOOSE 数据异常	异常	—	—
12			××低抗保护 GOOSE 链路中断	异常	—	—
13			××低抗保护对时异常	异常	—	—
14			××低抗保护检修不一致	异常	—	—
15			××低抗保护检修压板投入	异常	—	—

3.3.6.2　低抗保护典型监控信息释义及处置

低抗保护动作。

（1）信息释义：保护动作发出电抗器断路器跳闸命令，将差动保护动作、过流保护动作、零序保护动作等保护出口信息合并，也可将上述信息分别上送。

（2）信息发生可能原因：

1）电抗器内部或引线故障；

2）系统过压造成电抗器跳闸；

3）二次回路故障。

（3）造成后果：低抗开关跳闸或主变低压侧开关跳闸。

（4）信息处置原则：

1）检查主变低抗保护动作情况。

2）现场检查电抗器外部情况，有无放电痕迹，有无喷油现象。

3）如所用电消失，恢复消失的所用电。

4）根据调度令隔离低抗，进行事故处理。

3.3.7 高抗保护监控信息

3.3.7.1 高抗保护典型监控信息表

高抗保护应采集装置的投退、动作、异常及故障信息，装置故障信号应反映装置失电情况，并采用硬接点方式接入。对于智能变电站，还应采集 SV、GOOSE 告警信息及检修压板状态。

高抗保护典型监控信息应包括但不限于表 3-24。

表 3-24 高抗保护典型监控信息表

序号	信息/部件类型		信息名称	告警分级	站端信息对应关系说明	备 注
1	动作信息	总信号	××高抗保护动作	事故	—	—
2		具体信号	××高抗主保护动作	事故	差动保护动作、零序差动保护动作、匝间保护动作	注：采集原则参照变压器保护
3			××高抗后备保护动作	事故	主电抗器过流动作、主电抗器零序过流动作、中性点电抗器过流动作	—
4	告警信息	总信号	××高抗保护装置故障	异常	—	硬接点信号
5			××高抗保护装置异常	异常	—	装置提供该总信号
6		故障异常信息	××高抗保护过负荷告警	异常	主电抗器过负荷、中性点电抗器过负荷	采用告警直传时直接传送触发过负荷告警的具体信息，如××高抗主电抗器过负荷
7			××高抗保护 TA 断线	异常	—	—
8			××高抗保护 TV 断线	异常	—	—
9			××高抗保护装置通信中断	异常	由站控层后台或远动设备判别生成，智能站命名为 MMS 通信中断	—
10			××高抗保护 SV 总告警	异常	SV 总告警信号应反映 SV 采样链路中断、SV 采样数据异常等情况	装置提供该总信号
11			××高抗保护 SV 采样数据异常	异常	—	—
12			××高抗保护 SV 采样链路中断	异常	—	—

179

序号	信息/部件类型		信息名称	告警分级	站端信息对应关系说明	备 注
13	告警信息	故障异常信息	××高抗保护 GOOSE 总告警	异常	GOOSE 总告警应反映GOOSE 链路中断、GOOSE 数据异常等情况	装置提供该总信号
14			××高抗保护 GOOSE 数据异常	异常	—	—
15			××高抗保护 GOOSE 链路中断	异常	—	—
16			××高抗保护对时异常	异常	—	—
17			××高抗保护检修不一致	异常	—	—
18			××高抗保护检修压板投入	异常	—	—

3.3.7.2 高抗保护典型监控信息释义及处置

（1）高抗主保护动作。

1）信息释义：当高抗故障时，保护动作跳开高抗所运行的线路本侧开关并闭锁重合闸，同时发出远方跳闸命令，跳开线路对侧开关切除故障。将差动保护动作、零序差动保护动作、匝间保护动作等保护出口信息合并，也可将上述信息分别上送。

2）信息发生可能原因：高抗主保护动作。

3）造成后果：高抗保护出口跳闸，高抗线路两侧开关跳闸。

4）信息处置原则：

a. 电抗器的重瓦斯和差动保护同时动作跳闸，未经查明原因并消除故障前，不得进行强送和试送。

b. 电抗器的重瓦斯或差动保护之一动作跳闸，在检查电抗器外部无明显故障，经瓦斯气体检查及试验证明电抗器内部无明显故障后，在系统急需时，可以试送一次。

c. 当高抗保护和所在的线路保护同时动作跳闸时，应按线路和高抗同时故障来考虑事故处理。在未查明高抗保护动作原因和消除故障之前不得进行强送，如系统急需对故障线路送电，在强送前应将高抗退出后才能对线路强送。同时必须符合无高抗运行的规定。

（2）高抗后备保护动作。

1）信息释义：当高抗故障时，保护动作跳开高抗所运行的线路本侧开关并闭锁重合闸，同时发出远方跳闸命令，跳开线路对侧开关切除故障。将主电抗器过流动作、主电抗器零序过流动作、中性点电抗器过流动作等保护出口信息合并，也可将上述信息分别上送。

2）信息发生可能原因：高抗本身发生故障时主保护或开关拒动引起高抗后备保护动作。

3）造成后果：高抗线路两侧开关跳闸。

4）信息处置原则：

a. 保护范围内的设备有无闪络和破损痕迹。

b. 保护本身有无不正常现象。

c. 当高抗保护和所在的线路保护同时动作跳闸时，应按线路和高抗同时故障来考虑事故处理。在未查明高抗保护动作原因和消除故障之前不得进行强送，如系统急需对故障线路送电，在强送前应将高抗退出后才能对线路强送。同时必须符合无高抗运行的规定。

（3）高抗保护过负荷告警。

1）信息释义：过负荷保护是反映电抗器线路侧运行电压升高引起电抗器过负荷的保护，利用电抗器低压套管流变的二次电流来判别高抗是否过负荷，保护动作后发信号。

2）信息发生可能原因：高抗过电压引起过负荷保护发信。

3）造成后果：高抗过电压引起过负荷运行。

4）信息处置原则：现场检查高抗情况，确实过负荷时，应立即汇报调度，采取措施降低电压。过电压造成的过负荷运行时，应对高抗进行特巡，过电压运行时间超过允许值，应立即汇报调度将高抗停运；高抗过负荷时，应记录过电压的大小及持续时间。

3.3.8 所用变保护监控信息

3.3.8.1 所用变保护典型监控信息表

所用变保护应采集装置的投退、动作、异常及故障信息，装置故障信号应反映装置失电情况，并采用硬接点方式接入。对于智能变电站，还应采集 SV、GOOSE 告警信息及检修压板状态。

所用变保护典型监控信息应包括但不限于表 3-25。

表 3-25 所用变保护典型监控信息表

序号	信息/部件类型		信息名称	告警分级	站端信息对应关系说明	备 注
1	动作信息	总信号	××所用变保护动作	事故	过流保护动作、零序保护动作	
2	告警信息	总信号	××所用变保护装置故障	异常	—	硬接点信号
3			××所用变保护装置异常	异常	—	装置提供该总信号
4		故障异常信息	××所用变保护装置通信中断	异常	由站控层后台或远动设备判别生成，智能站命名为 MMS 通信中断	—
5			××所用变保护 SV 总告警	异常	SV 总告警信号应反映 SV 采样链路中断、SV 采样数据异常等情况	装置提供该总信号
6			××所用变保护 GOOSE 总告警	异常	GOOSE 总告警应反映 GOOSE 链路中断、GOOSE 数据异常等情况	装置提供该总信号
7			××所用变保护检修压板投入	异常	—	—

3.3.8.2 所用变保护典型监控信息释义及处置

所用变保护动作。

（1）信息释义：站用变保护装置电气量或非电量保护动作出口后，由保护装置动作出口继电器接点发出。

（2）信息发生可能原因：站用变保护装置配置的保护跳闸功能包括过流Ⅰ段、过流Ⅱ段、过流Ⅲ段、高、低压侧三段式零序过流（正常不用）、本体重瓦斯、有载重瓦斯。保护动作，发此信号。

（3）造成后果：事故跳闸。

（4）信息处置原则：查看相应的跳闸开关，记录跳闸的时间、保护动作情况，汇报相应的值班调度员。按照事故流程处理。

3.3.9 中性点隔直装置监控信息

中性点隔直装置应采集装置的故障、异常信号以及装置的投退信息。电容型隔直装置还应采集隔直电容的投退信息。中性点直流电流分量采集应对应专用直流电流传感器。

中性点隔直典型监控信息应包括但不限于表 3−26。

表 3−26 中性点隔直装置典型监控信息表

序号	信息/部件类型		信息名称	告警分级	站端信息对应关系说明	备 注
1	运行数据	量测数据	×号变压器中性点直流电流	越限	对应专用直流电流传感器	—
2			×号变压器中性点直流电压	—	—	—
3	告警信号	总信号	×号变压器中性点隔直装置故障	异常	—	硬接点信号
4			×号变压器中性点隔直装置异常	异常	—	—
5		故障异常信息	×号变压器中性点隔直装置电源消失	异常	—	—
6			×号变压器中性点直流越限告警	异常	—	—
7			×号变压器中性点隔直装置电容投入	异常	—	适用于电容型隔直装置
8			×号变压器中性点隔直装置切至手动	告知	—	—

3.3.10 备自投装置监控信息

3.3.10.1 备自投装置典型监控信息表

备自投装置应采集装置的投退、动作、异常及故障信息，装置故障信号应反映装置失电情况，并采用硬接点方式接入。对于智能变电站，备自投装置还应采集 SV、GOOSE 告警信息及检修压板状态。对于备自投装置需远方投退操作的，还应采集备自投相关软压板位置及备自投充电状态信息。

备自投典型监控信息应包括但不限于表 3−27。

表 3-27 备自投典型监控信息表

序号	信息/部件类型		信息名称	告警分级	站端信息对应关系说明	备 注
1	运行数据	位置状态	××备自投装置软压板投入	变位	—	需远方操作时
2			××备自投装置充电完成	变位	—	
3			××备自投装置远方操作压板位置	变位	—	
4	动作信息	总信号	××备自投动作	事故	跳闸、合闸	—
5	告警信息	总信号	××备自投装置故障	异常	—	硬接点信号
6			××备自投装置异常	异常	—	由装置提供一个反映装置异常的告警信号
7		故障异常信息	××备自投装置通信中断	异常	由站控层后台或远动设备判别生成,智能站命名为 MMS 通信中断	—
8			××备自投装置 SV 总告警	异常	SV 总告警信号应反映 SV 采样链路中断、SV 采样数据异常等情况	装置提供该总信号
9			××备自投装置 GOOSE 总告警	异常	GOOSE 总告警应反映 GOOSE 链路中断、GOOSE 数据异常等情况	装置提供该总信号
10			××备自投装置对时异常	异常	—	—
11			××备自投装置检修不一致	异常	—	—
12			××备自投装置检修压板投入	异常	—	—
13	控制命令	遥控	××备自投装置软压板投/退	—	—	—

3.3.10.2 备自投典型监控信息释义及处置

(1)备自投装置故障。

1)信息释义:备自投装置硬件发生故障(包括定值出错、定值区号出错、A/D 出错等)发出的告警信号。

2)信息发生可能原因:备自投装置硬件发生故障。

3)造成后果:装置闭锁,备自投拒动。

4)信息处置原则:停用装置后重启装置,更换插件及相关设备。

(2)备自投装置异常。

1)信息释义:保护装置在运行过程中由于二次电压回路异常或电源及自检出错等发出的告警信号。

2)信息发生可能原因:二次电压回路异常或电源及自检出错等。

3)造成后果:可能造成备自投装置拒动或误动。

4)信息处置原则:停用装置后重启装置,更换插件及相关设备。

3.3.11 低频减负荷装置监控信息

3.3.11.1 低频减负荷装置典型监控信息表

低频减负荷装置应采集装置的投退、动作、异常及故障信息，装置故障信号应反映装置失电情况，并采用硬接点方式接入。对于智能变电站，还应采集 SV、GOOSE 告警信息及检修压板状态。

低频减负荷典型监控信息应包括但不限于表 3－28。

表 3－28　　　　　　　　　低频减负荷典型监控信息表

序号	信息/部件类型		信息名称	告警分级	站端信息对应关系说明	备　注
1	运行数据	位置状态	××低频减负荷装置总投入软压板位置	变位	—	1 表示投入，0 表示停用
2	动作信息	总信号	××低频减负荷装置动作	事故	低频第×轮出口	—
3	告警信息	总信号	××低频减负荷装置故障	异常	—	硬接点信号
4			××低频减负荷装置异常	异常	—	装置提供该总信号
5		故障异常信息	××低频减负荷装置通信中断	异常	由站控层后台或远动设备判别生成，智能站命名为 MMS 通信中断	—
6			××低频减负荷装置 SV 总告警	异常	SV 总告警信号应反映 SV 采样链路中断、SV 采样数据异常等情况	装置提供该总信号
7			××低频减负荷装置 GOOSE 总告警	异常	GOOSE 总告警应反映 GOOSE 链路中断、GOOSE 数据异常等情况	装置提供该总信号
8			××低频减负荷装置对时异常	异常	—	—
9			××低频减负荷装置检修不一致	异常	—	—
10			××低频减负荷装置检修压板投入	异常	—	—

3.3.11.2 低频减负荷装置典型监控信息释义及处置

（1）低频减负荷装置动作。

1）信息释义：低频减负荷装置是专门监测系统频率的安全自动装置。当电压小于整定值、电流大于整定值时，系统负荷过重，频率下降，下降的速度（滑差）小于整定值，当频率下降到整定值时就出口动作，投入低频保护压板出口的开关就会被跳掉，甩掉部分系统负荷，保证系统正常运行。

2）信息发生可能原因：当电压达到整定值、电流大于整定值时，系统负荷过重，频率下降，下降的速度（滑差）小于整定值频率下降到整定值出口动作。

3）造成后果：相应线路开关跳闸。

4）信息处置原则：现场检查，确认现场装置及后台有此信号，且装置正确动作无异常，立即汇报调度，按事故流程处理。

（2）低频减负荷装置异常。

1）信息释义：二次装置通过内部逻辑自检出故障时发此信号，说明二次装置的电源或内部元件存在故障，此信号为合并信号，包含低频减负荷装置告警、TV 断线、直流消失等信号。

2）信息发生可能原因：定值校验出错；装置内部故障；光耦电源异常；TV 断线。

3）造成后果：可能闭锁装置功能，也可能仍有部分功能在运行，装置发告警信号。

4）信息处置原则：停用装置后重启装置，更换插件及相关设备。

3.3.12　过负荷联切装置监控信息

3.3.12.1　过负荷联切装置典型监控信息表

过负荷联切装置应采集装置的投退、动作、异常及故障信息，装置故障信号应反映装置失电情况，并采用硬接点方式接入。对于智能变电站，还应采集 SV、GOOSE 告警信息及检修压板状态。

过负荷联切典型监控信息应包括但不限于表 3-29。

表 3-29　　　　　　　　　　　　过负荷联切典型监控信息表

序号	信息/部件类型		信息名称	告警分级	站端信息对应关系说明	备　注
1	运行数据	位置状态	××过负荷联切装置总投入软压板位置	变位	—	1 表示投入，0 表示停用
2	动作信息	总信号	××过负荷联切出口	事故	过负荷联切第×轮出口等	—
3	告警信息	总信号	××过负荷联切装置故障	异常	—	硬接点信号
4			××过负荷联切装置异常	异常	—	装置提供该总信号
5		故障异常信息	××过负荷联切装置通信中断	异常	由站控层后台或远动设备判别生成，智能站命名为 MMS 通信中断	—
6			××过负荷联切装置 SV 总告警	异常	SV 总告警信号应反映 SV 采样链路中断、SV 采样数据异常等情况	装置提供该总信号
7			××过负荷联切装置 GOOSE 总告警	异常	GOOSE 总告警应反映 GOOSE 链路中断、GOOSE 数据异常等情况	装置提供该总信号
8			××过负荷联切装置对时异常	异常	—	—
9			××过负荷联切装置检修不一致	异常	—	—
10			××过负荷联切装置检修压板投入	异常	—	—

3.3.12.2　过负荷联切装置典型监控信息释义及处置

（1）过负荷联切出口。

1）信息释义：由于 220kV 的变压器的中压侧为并列运行方式，因此当某台 220kV 变压器因内部故障或者其他原因被切除，则运行主变可能会出现严重过负荷。在不同的过负荷倍数下，变压器允许的运行时间不相同，因此需要将动作电流分级，需要在每一级过负荷元件动作后分轮出口切除负荷线路，直至变压器过负荷状况解除。联切装置在运行过程中由于二次电流达到某级过载联切定值正确动作出口发此信号。

2）信息发生可能原因：主变过负荷，过负荷联切装置达到过载联切定值。

3）造成后果：切除部分负荷。

4）信息处置原则：现场检查，确认现场装置及后台有此信号，且装置正确动作无异常，立即汇报监控及相关调度。

（2）过负荷联切装置故障。

1）信息释义：安全自动装置在运行过程中由于装置内部异常原因发出的告警信号。由装置故障告警继电器接点发出。

2）信息发生可能原因：装置失电；退出运行定值校验出错；装置内部故障。

3）造成后果：装置退出运行，装置发故障告警信号，闭锁装置。

4）信息处置原则：停用装置后重启装置，更换插件及相关设备。

（3）过负荷联切装置异常。

1）信息释义：保护装置在运行过程中由于二次回路异常发出的告警信号。由装置异常告警继电器接点发出。

2）信息发生可能原因：TV 断线告警、TA 断线告警、频率异常、定值校验出错、装置内部故障、光耦电源异常、过负荷告警。

3）造成后果：可能闭锁装置部分功能，但仍有部分功能在运行，装置发告警信号，不闭锁装置。

4）信息处置原则：停用装置后重启装置，更换插件及相关设备。

3.3.13　故障解列装置监控信息

故障解列装置应采集装置的投退、动作、异常及故障信息，装置故障信号应反映装置失电情况，并采用硬接点方式接入。对于智能变电站，还应采集 SV、GOOSE 告警信息及检修压板状态。

故障解列装置典型监控信息应包括但不限于表 3-30。

表 3-30　　　　　　　　　　故障解列装置典型监控信息表

序号	信息/部件类型		信息名称	告警分级	站端信息对应关系说明	备　注
1	运行数据	位置状态	××故障解列装置总投入软压板位置	变位	—	1 表示投入，0 表示停用

序号	信息/部件类型		信息名称	告警分级	站端信息对应关系说明	备　注
2	动作信息	总信号	××故障解列出口	事故	故障解列零序过压解列Ⅰ/Ⅱ段出口、故障解列低压解列Ⅰ/Ⅱ段出口、故障解列低频解列Ⅰ/Ⅱ段出口	—
3	告警信息	总信号	××故障解列装置故障	异常	—	硬接点信号
4			××故障解列装置异常	异常	—	装置提供该总信号
5		故障异常信息	××故障解列装置通信中断	异常	由站控层后台或远动设备判别生成，智能站命名为MMS通信中断	—
6			××故障解列装置SV总告警	异常	SV总告警信号应反映SV采样链路中断、SV采样数据异常等情况	装置提供该总信号
7			××故障解列装置GOOSE总告警	异常	GOOSE总告警应反映GOOSE链路中断、GOOSE数据异常等情况	装置提供该总信号
8			××故障解列装置对时异常	异常	—	—
9			××故障解列装置检修不一致	异常	—	—
10			××故障解列装置远方操作压板投入	变位	—	—
11			××故障解列装置检修压板投入	异常	—	—

3.3.14　稳控装置监控信息

3.3.14.1　稳控装置典型监控信息表

稳控装置应采集装置的投退、动作、异常及故障信息，装置故障信号应反映装置失电情况，并采用硬接点方式接入。对于智能变电站，还应采集 SV、GOOSE 告警信息及检修压板状态。

稳控装置典型监控信息应包括但不限于表 3—31。

表 3—31　　　　　　　　　稳控装置典型监控信息表

序号	信息/部件类型		信息名称	告警分级	站端信息对应关系说明	备　注
1	运行数据	量测数据	××稳控装置运行方式区号	—	—	—
2		位置状态	××稳控装置总投入软压板位置	变位	—	—
3	动作信息	总信号	××稳控装置出口	事故	根据稳控装置现场实际动作信号合并	—
4	告警信息	总信号	××稳控装置故障	异常	—	硬接点信号

序号	信息/部件类型		信息名称	告警分级	站端信息对应关系说明	备 注
5	告警信息	总信号	××稳控装置异常	异常	—	装置提供该总信号
6		故障异常信息	××稳控装置通道异常	异常	—	—
7			××稳控装置通信中断	异常	远动设备判别生成，智能站命名为 MMS 通信中断	—
8			××稳控装置 SV 总告警	异常	SV 总告警信号应反映 SV 采样链路中断、SV 采样数据异常等情况	装置提供该总信号
9			××稳控装置 GOOSE 总告警	异常	GOOSE 总告警应反映 GOOSE 链路中断、GOOSE 数据异常等情况	装置提供该总信号
10			××稳控装置装置对时异常	异常	—	—
11			××稳控装置装置检修不一致	异常	—	—
12			××稳控装置检修压板投入	异常	—	—

3.3.14.2 稳控装置典型监控信息释义及处置

（1）稳控装置出口。

1）信息释义：稳控装置在运行过程中由于开入量的变化满足装置按定值设置好的动作条件而引起的稳控装置动作出口，由稳控装置动作信号继电器接点发出。

2）信息发生可能原因：在系统的潮流、电压、频率等较大的波动情况下，装置按照定值要求的策略表顺序，实现迅速切机或切负荷保证系统暂态稳定。

3）造成后果：按照策略表顺序，可能造成部分负荷损失或电网的解列、解环等。

4）信息处置原则：按事故流程处理，检查稳控装置。配合调度逐步恢复电网的正常运行。

（2）稳控装置故障。

1）信息释义：稳控装置在运行过程中由于装置失电、定值校验出错、装置内部故障或通道故障等原因造成装置不能正常工作而发出故障信号，由稳控装置故障报警继电器接点发出。

2）信息发生可能原因：装置失电、定值校验出错、装置内部故障或通道故障等原因。

3）造成后果：稳控装置不能正常工作。

4）信息处置原则：按异常流程处理，检查稳控装置。联系检修尽快处理异常，如短时不能处理好，可建议调度停用该稳控装置。

（3）稳控装置异常。

1）信息释义：稳控装置在运行过程中由于定值校验出错、TV 断线、TA 断线、频率异常、过载报警、光耦电源异常等原因造成装置不能正常工作而发出报警信号，由稳控装置异常报警继电器接点发出。

2）信息发生可能原因：装置失电、定值校验出错、装置内部故障或 TV 断线、TA 断线、频率异常、过载报警、光耦电源异常等原因。

3）造成后果：稳控装置不能正常工作。

4）信息处置原则：按异常流程联系检修尽快处理，检查稳控装置，如短时不能处理好，可建议调度停用该稳控装置。

3.3.15　智能终端监控信息

3.3.15.1　智能终端典型监控信息表

智能终端应采集装置的投退、异常及故障信息，装置故障信号应反映装置失电情况，并采用硬接点方式接入；还应采集 GOOSE 告警信息及检修压板状态。对于就地布置的，还应采集智能组件柜的温度、湿度信息。

智能终端典型监控信息应包括但不限于表 3-32。

表 3-32　　　　　　　　　智能终端典型监控信息表

序号	信息/部件类型		信息名称	告警分级	站端信息对应关系说明	备　注
1	运行数据	量测数据	××智能组件柜温度	—	—	就地布置时采集
2			××智能组件柜湿度	—	—	就地布置时采集
3		位置状态	××智能终端控制切至就地位置	变位	—	—
4	告警信息	总信号	××智能终端故障	异常	智能终端电源失电、智能终端装置闭锁	硬接点信号
5			××智能终端异常	异常	智能终端异常信号应反映智能终端运行异常、智能终端装置异常等异常情况	装置提供该总信号
6		智能终端	××智能终端 GOOSE 总告警	异常	智能终端 GOOSE 总告警信号应反映智能终端保护 GOOSE 收信中断、智能终端测控 GOOSE 收信中断等情况	装置提供该总信号
7			××智能终端对时异常	异常	—	—
8			××智能终端 GOOSE 数据异常	异常	—	—
9			××智能终端 GOOSE 链路中断	异常	—	装置提供该总信号
10			××智能终端 GOOSE 检修不一致	异常	—	注：根据实际采集
11			××智能终端检修压板投入	异常	—	—
12		组件柜	××智能组件柜温度异常	异常	—	—
13			××智能组件柜温湿度控制设备故障	异常	—	—

3.3.15.2 智能终端典型监控信息释义及处置

（1）智能终端故障。

1）信息释义：智能终端装置内部运行异常或由于装置断电导致智能终端装置无法正常工作。

2）信息发生可能原因：

a. 智能终端装置内部运行异常，自检出错；

b. 智能终端装置缺乏外部供电或供电环境电压不符造成设备无法正常工作。

3）造成后果：设备无法正常运行，无法正确处理相关 GOOSE 信息和跳闸命令，保护退出，上游设备（保护或者测控装置）无法接收相关采样信息。

4）信息处置原则：检查现场智能终端设备，检查信号报出是否正确，设备面板运行灯是否正常点亮。

检查智能终端设备电源供给，确定信号报出是否由于装置断电造成。如果装置电源供给正常，设备面板运行指示灯异常，应加强现场跟踪，根据现场事态发展确定进一步现场处置原则，及时确定是否为设备自身问题，且做好相关设备运行转检修的相关工作。

（2）智能终端异常。

1）信息释义：该信号通常为合成信号，由"智能终端装置告警"和"智能终端失电/闭锁"合成，信号缺陷等级为"严重"。智能终端装置始终对硬件回路和运行状态进行自检，当出现严重故障时，装置闭锁所有功能，并灭"运行"灯；否则只退出部分装置功能，发告警信号。现场的这两个信号通常接至本开关的另一套智能终端作为其普通硬接点开入，由另一套智能终端以 GOOSE 报文的方式上送至监控系统。

2）信息发生可能原因：

a. "异常告警"该信号产生的原因主要有三种情况，一是装置自身元件的异常，如光耦电源异常、光模块异常、文本配置错误等；二是装置所接的外部回路异常，所如 GPS 时钟源异常；三是断路器及跳合闸回路异常，如控制回路断线、断路器压力异常等、GOOSE 断链等。

b. "失电/闭锁告警"该信号反映装置发生严重错误，影响正常运行。造成该信号的原因包括：板卡配置错误、定值超范围、装置失电等。

3）造成后果：智能终端告警将有可能影响到与之相关的保护装置正常跳合闸命令执行，甚至造成保护不正确动作。

4）信息处置原则：检查装置，明确智能终端装置异常的原因以及可能影响的范围，若无法复归，汇报调度停用受影响的相关保护。联系检修处理。

（3）智能终端对时异常。

1）信息释义：合并单元或智能单元需要接收外部时间信号，如 IRIG-B、1588 等，以保证装置时间的准确性。当装置外接对时源失能而又没有同步上外界时间信号时，报出该信号。缺陷等级为一般。

2）信息发生可能原因：时钟装置发送的对时信号异常、或外部时间信号丢失、对时光纤连接异常、装置对时插件故障等。

3）造成后果：对合并单元长时间的对时丢失，可能造成自身晶振走偏，导致发送的采样值报文等间隔性变差或者出现丢帧的情况，造成保护装置的采样异常。对智能终端长时间对时丢失，将影响就地事件（SOE）的时标精确性。

4）信息处置原则：检查装置，若无法复归，联系检修处理。

（4）智能终端 GOOSE 总告警。

1）信息释义：智能终端利用 GOOSE 报文传输相关遥信类信息例如开入等，GOOSE 总告警包含 GOOSE 链路中断和 GOOSE 接收和发送不匹配等问题。

2）信息发生可能原因：

a. GOOSE 链路存在中断的问题；

b. GOOSE 接收和发送不匹配。

3）造成后果：造成智能终端 GOOSE 信号无法发出或者发出的 GOOSE 信号滞后于实际情况，设备无法接收或传送断路器、隔离开关位置或者是开关等的分合闸信息，存在一定的运行风险。

4）信息处置原则：检查智能终端 GOOSE 的物理链路，排除因物理链路中断引起的 GOOSE 链路中断。如若 GOOSE 物理链路无中断，在专业人员的配合下检查 GOOSE 报文内容的准确性，前提是做好相关防护工作。

3.3.16　合并单元监控信息

3.3.16.1　合并单元典型监控信息表

合并单元应采集装置的投退、异常、故障及检修压板状态信息，装置异常信号应包括时钟同步异常、SV、GOOSE 接收异常等异常信息，故障信号应反映装置失电情况，并采用硬接点方式接入，对于就地布置的，应采集智能组件柜的温度、湿度信息。

合并单元典型监控信息应包括但不限于表 3-33。

表 3-33　　　　　　　　　　　　合并单元典型监控信息表

序号	信息/部件类型		信息名称	告警分级	站端信息对应关系说明	备　　注
1	运行数据	量测数据	××智能组件柜温度	—	—	就地布置时采集
2			××智能组件柜湿度	—	—	就地布置时采集
3	告警信息	总信号	××合并单元故障	异常	合并单元装置闭锁；合并单元失电	硬接点信号
4			××合并单元异常	异常	合并单元异常应反映合并单元同步异常、合并单元采样异常、合并单元硬件自检出错、合并单元 GOOSE 接收异常（可选）、合并单元 SV 接收异常（可选）、合并单元未收到对时等异常情况	装置提供该总信号

序号	信息/部件类型		信息名称	告警分级	站端信息对应关系说明	备 注
5	告警信息	合并单元	××合并单元对时异常	异常	—	—
6			××合并单元SV总告警	异常	SV总告警应反映SV采样链路中断、SV采样数据异常等情况	装置提供该总信号
7			××合并单元SV采样链路中断	异常	—	—
8			××合并单元SV采样数据异常	异常	—	—
9			××合并单元GOOSE总告警	异常	GOOSE总告警应反映GOOSE链路中断、GOOSE数据异常等情况	装置提供该总信号
10			××合并单元GOOSE数据异常	异常	—	适用于接收GOOSE信息的合并单元
11			××合并单元GOOSE链路中断	异常	—	适用于接收GOOSE信息的合并单元
12			××合并单元SV检修不一致	异常	—	—
13			××合并单元GOOSE检修不一致	异常	—	适用于接收GOOSE信息的合并单元
14			××合并单元电压切换异常	异常	—	适用于需要电压切换的合并单元
15			××合并单元电压并列异常	异常	—	适用于需要电压切换的合并单元
16			××合并单元检修压板投入	异常	合并单元检修压板投入	—
17		组件柜	××智能组件柜温度异常	异常	—	—
18			××智能组件柜温湿度控制设备故障	异常	—	—

3.3.16.2 合并单元典型监控信息释义及处置

（1）合并单元故障。

1）信息释义：合并单元装置内部运行异常或由于装置断电导致合并单元装置无法正常工作。

2）信息发生可能原因：

a. 合并单元装置内部运行异常，设备损坏；

b. 合并单元装置缺乏外部供电或供电环境电压不符造成设备无法正常工作。

3）造成后果：设备无法正常运行，无法正确处理相关交流采样，上游设备（保护或者测控装置）无法接收相关采样信息，可能会导致相关异常跳闸。

4）信息处理原则：检查现场合并单元设备，检查信号报出是否正确，设备面板运行灯是否正常点亮。检查合并单元设备电源供给，确定信号报出是否由于装置断电造成。

如果装置电源供给正常，设备面板运行指示灯异常，应加强现场跟踪，根据现场事态发展确定进一步现场处置原则。及时确定是否为设备自身问题。

（2）合并单元异常。

1）信息释义：该信号通常为合成信号，由"合并单元装置告警"和"合并单元失电/闭锁"合成，信号缺陷等级为"严重"。现场对合并单元的这两个信号一般采用硬节点的方式送出。对于合并单元布置在保护小室的情况，这两个信号通过室内电缆直接接到测控装置；合并单元就地布置时，这两个信号通常接到智能终端作为其普通开入，由智能终端将该信号以 GOOSE 形式上送。

2）信息发生可能原因：

a. "运行异常告警"该信号产生的原因可以分为内部元件异常和外部信号异常两种情况。其中装置内部异常包括采集器异常、电源电压异常等；外部原因包括同步信号丢失、相关 GOOSE 控制块断链、采样数据丢帧等。

b. "闭锁告警"合并单元装置始终对硬件回路和运行状态进行自检，一般只有当装置出现严重硬件故障或者内部配置错误时，其功能会被闭锁，此时"运行"灯熄灭。

3）造成后果：合并单元异常最可能导致的是其发送 SV 数据错误，从而引起与之相关的保护闭锁甚至不正确动作。具体影响范围可结合"××保护采样异常"信号释义。对完全独立双重化配置的设备，一套合并单元异常不会影响另一套保护系统。

4）信息处置原则：检查装置，明确合并单元装置异常的原因以及可能影响的范围，若无法复归，汇报调度停用受影响的相关保护。联系检修处理。

（3）合并单元对时异常。

1）信息释义：合并单元或智能单元需要接收外部时间信号，如 IRIG-B、1588 等，以保证装置时间的准确性。当装置外接对时源失能而又没有同步上外界时间信号时，报出该信号。缺陷等级为一般。

2）信息发生可能原因：时钟装置发送的对时信号异常，或外部时间信号丢失、对时光纤连接异常、装置对时插件故障等。

3）造成后果：对合并单元长时间的对时丢失，可能造成自身晶振走偏，导致发送的采样值报文间隔性变差或者出现丢帧的情况，造成保护装置的采样异常。对智能终端长时间对时丢失，将影响就地事件（SOE）的时标精确性。

4）信息处置原则：检查装置，若无法复归，联系检修处理。

（4）合并单元 SV 总告警。

1）信息释义：合并单元设备接收 SV 信号存在异常。

2）信息发生可能原因：

a. 合并单元接收 SV 采样链路异常；

b. 合并单元 SV 采样数据异常。

3）造成后果：造成合并单元接收到的 SV 数据存在异常，从而导致该设备从接收 SV 中提取数据进而发送的 SV 存在异常，导致故障的进一步扩大。

4）信息处置原则：检查现场合并单元装置，排查合并单元装置 SV 总告警原因。

如果合并单元设备 SV 总告警由于设备 SV 接收采样链路中断导致，则检查合并单元 SV

接收的物理链路是否存在异常或松动，若物理链路无异常则检查监控后台光字牌有无其他设备告警，并在网分记录调取该 SV 信号的相关信息，检查接收的 SV 是否存在丢包的现象，判断是否为 SV 源端装置异常导致了合并单元 SV 告警。如果合并单元设备 SV 总告警由于设备 SV 采样数据异常，则检查 SV 源设备的运行工况，查看 SV 源设备是否存在异常从而导致了合并单元出现 SV 采样数据异常。

（5）合并单元 SV 采样链路中断。

1）信息释义：合并单元在接收其他合并单元的 SV 数据时采样链路发生异常，例如线路合并单元在接收母线合并单元的 SV 数据时发生采样链路异常。

2）信息发生可能原因：

a. 合并单元为接收到其他合并单元发送的订阅的特定 SV 报文；

b. 合并单元接收到的 SV 报文存在采样丢失的情况；

c. 合并单元接收到的 SV 报文存在采样时间间隔不均的情况。

3）造成后果：合并单元接收其他合并单元的 SV 采样链路异常时会导致该合并单元发送给保护或者测控装置的 SV 数据异常，导致风险的进一步扩大，甚至引起保护设备的误动或拒动。

4）信息处置原则：检查设备 SV 接收端口光纤接触是否松动，排除由于光纤松动或无接触造成的 SV 接收链路中断。如果 SV 物理链路接触无异常，则检查设备接收的 SV 报文在网分设备上是否存在丢包记录或者是时间间隔异常的现象（允许的时间间隔为 250μs±10μs）。如若从网分设备看不出明显异常现象则联系专业人员在做好相关防范措施的前提下进一步排查异常原因。

（6）合并单元 SV 采样数据异常。

1）信息释义：合并单元在接收其他合并单元的 SV 数据时采样数据发生异常，例如线路合并单元在接收母线合并单元的 SV 数据时发生采样数据异常。

2）信息发生可能原因：合并单元接收到的 SV 数据中存在数据品质异常的现象。

3）造成后果：该 SV 报文中的采样数据可能会导致数据无效，保护测控装置接收无效的采样数据，导致风险的进一步扩大。

4）信息处置原则：

现场联系专业人员，在做好相关防范措施的前提之下进行 SV 采样数据异常问题的排查。

（7）合并单元 GOOSE 总告警。

1）信息释义：合并单元利用 GOOSE 报文传输相关遥信类信息例如开入等，GOOSE 总告警包含 GOOSE 链路中断和 GOOSE 接收和发送不匹配等问题。

2）信息发生可能原因：

a. GOOSE 链路存在中断的问题；

b. GOOSE 接收和发送不匹配。

3）造成后果：造成合并单元 GOOSE 信号无法发出或者发出的 GOOSE 信号滞后于实际情况，存在一定的运行风险。

4）信息处置原则：检查合并单元 GOOSE 的物理链路，排除因物理链路中断引起的 GOOSE 链路中断。如若 GOOSE 物理链路无中断，在专业人员的配合下检查 GOOSE 报文内容的准确性，前提是做好相关防护工作。

（8）合并单元 GOOSE 链路中断。

1）信息释义：合并单元利用 GOOSE 报文传输相关遥信类信息例如开入等，例如××线路第一套合并单元在一定时间内未接收到××智能终端发送的GOOSE信号时将会发××第一套合并单元收××智能终端 GOOSE 链路中断告警信号。

2）信息发生可能原因：

a. GOOSE 物理链路存在中断的问题；

b. GOOSE 报文在传输过程中丢包。

3）造成后果：造成合并单元 GOOSE 信号无法发出或者发出的 GOOSE 信号滞后于实际情况，存在一定的运行风险。

4）信息处置原则：检查合并单元 GOOSE 的物理链路，排除因物理链路中断引起的 GOOSE 链路中断。如若 GOOSE 物理链路无中断，在专业人员的配合下检查 GOOSE 报文是否连续（时间间隔是否过长，一般情况下时间间隔为 5s），前提是做好相关防护工作。

3.3.17 测控装置监控信息

3.3.17.1 测控装置典型监控信息表

测控装置应采集装置异常、故障信息，装置故障信号应反映装置失电情况，并采用硬接点方式接入。对于智能变电站，还应采集 SV、GOOSE、MMS 告警信息以及检修压板状态。

测控装置典型监控信息应包括但不限于表 3-34。

表 3-34　　　　　　　　　　　测控装置典型监控信息表

序号	信息/部件类型		信息名称	告警分级	站端信息对应关系说明	备 注
1	运行数据	位置状态	××测控装置控制切至就地位置	变位	—	—
2	告警信息	总信号	××测控装置故障	异常	测控装置失电、功能故障	硬接点信号
3			××测控装置异常	异常	测控装置异常信号应反映测控装置运行异常等异常情况	装置提供该总信号
4		故障异常信息	××测控装置 GOOSE 总告警	异常	GOOSE 总告警应反映测控过程层 GOOSE 收信中断（所有接受过程层智能终端、合并单元的 GOOSE 通信口合成）、测控联闭锁 GOOSE 收信中断（根据该间隔测控装置联闭锁范围，对影响相应测控联闭锁功能的 GOOSE 接受通信端口进行合成）等情况	装置提供该总信号
5			××测控装置 SV 总告警	异常	SV 总告警信号应反映测控所有接收合并单元的 SV 链路终端、数据异常等情况	装置提供该总信号
6			××测控装置 A 网通信中断	异常	由站控层后台或远动设备判别生成，智能站描述为"A 网 MMS 通信中断"，对于 MMS 单网通信的情况，描述改为"测控装置 MMS 网通信中断"	—

序号	信息/部件类型		信息名称	告警分级	站端信息对应关系说明	备注
7	告警信息	故障异常信息	×× 测控装置 B 网通信中断	异常	—	可选，当站控层以太网为双网时采用此信号
8			××测控装置对时异常	异常	—	—
9			××测控装置检修压板投入	异常	—	—
10			××测控装置防误解除	异常	—	—

3.3.17.2 测控装置典型监控信息释义及处置

（1）测控装置控制切至就地位置。

1）信息释义：该间隔开关只能在测控装置面板进行分合闸操作。将该间隔测控装置上开关远方/就地切换开关辅助接点接入该信号回路，由该间隔测控装置直接发出。

2）信息发生可能原因：测控装置面板远方/就地切换开关切成就地。

3）造成后果：此时只能在站端测控装置上进行该间隔开关的操作，站端后台或监控主站无法对该间隔开关进行遥控操作。

4）信息处置原则：监控发现信号后应询问现场运维是否因为现场操作引起的，若无操作发此信号，应按异常处理流程处置，并注意通知运维班检查该开关测控装置异常情况，监控应加强该开关间隔信号的监视。调度根据现场检查情况进行处理。

（2）测控装置故障。

1）信息释义：测控装置通过 SV 报文将采集相关测量类信息（例如电压/电流等），例如××测控装置在一定时间内未接收到××合并单元发送的 SV 信号或接受 SV 信号存在数据异常时，将会发××测控 SV 总告警信号。

2）信息发生可能原因：

a. SV 物理链路存在中断的问题；

b. SV 报文在传输过程中丢包；

c. SV 报文存在数据异常的情况。

3）造成后果：造成保护装置接受 SV 信号异常或者无效，从而可能会导致测控装置采样不准等情况，影响整个系统实时负荷的监控，扩大了设备的运行风险。

4）信息处置原则：检查测控装置 SV 的物理链路，排除因物理链路中断引起的 SV 链路中断。如若 SV 物理链路无中断，在专业人员的配合下检查 SV 报文是否连续（时间间隔是否过长，一般情况下时间间隔为 250μs±10μs），前提是做好相关防护工作。在专业人员的配合下检查 SV 报文的内容有效性，做好相关防护措施。

（3）测控装置异常。

1）信息释义：测控装置因装置直流电源消失、内部板件故障或通信中断等异常状态时，装置报"装置异常"。测控装置异常信号是装置故障和与装置告警合并信号。

2）信息发生可能原因：

a. SV 物理链路存在中断的问题；

b. SV 报文在传输过程中丢包；

c. SV 报文存在数据异常的情况。

3）造成后果：造成保护装置接受 SV 信号异常或者无效，从而可能会导致测控装置采样不准等情况，影响整个系统实时负荷的监控，扩大了设备的运行风险。

4）信息处置原则：检查测控装置 SV 的物理链路，排除因物理链路中断引起的 SV 链路中断。如若 SV 物理链路无中断，在专业人员的配合下检查 SV 报文是否连续（时间间隔是否过长，一般情况下时间间隔为 $250\mu s \pm 10\mu s$），前提是做好相关防护工作。在专业人员的配合下检查 SV 报文的内容有效性，做好相关防护措施。

（4）测控装置 SV 总告警。

1）信息释义：测控装置通过 SV 报文将采集相关测量类信息（例如电压/电流等），例如××测控装置在一定时间内未接收到××合并单元发送的 SV 信号或接受 SV 信号存在数据异常时，将会发××测控 SV 总告警信号。

2）信息发生可能原因：

a. SV 物理链路存在中断的问题；

b. SV 报文在传输过程中丢包；

c. SV 报文存在数据异常的情况。

3）造成后果：造成保护装置接受 SV 信号异常或者无效，从而可能会导致测控装置采样不准等情况，影响整个系统实时负荷的监控，扩大了设备的运行风险。

4）信息处置原则：检查测控装置 SV 的物理链路，排除因物理链路中断引起的 SV 链路中断。如若 SV 物理链路无中断，在专业人员的配合下检查 SV 报文是否连续（时间间隔是否过长，一般情况下时间间隔为 $250\mu s \pm 10\mu s$），前提是做好相关防护工作。在专业人员的配合下检查 SV 报文的内容有效性，做好相关防护措施。

（5）测控装置 GOOSE 总告警。

1）信息释义：测控装置利用 GOOSE 报文传输相关遥信类信息例如开入等，GOOSE 总告警包含 GOOSE 链路中断和 GOOSE 接收和发送不匹配等问题。

2）信息发生可能原因：

a. GOOSE 链路存在中断的问题；

b. GOOSE 接收和发送不匹配。

3）造成后果：造成测控装置 GOOSE 信号无法发出或者发出的 GOOSE 信号滞后于实际情况，存在一定的运行风险。

4）信息处置原则：检查测控装置 GOOSE 的物理链路，排除因物理链路中断引起的 GOOSE 链路中断。如若 GOOSE 物理链路无中断，在专业人员的配合下检查 GOOSE 报文内容的准确性，前提是做好相关防护工作。

（6）测控装置通信中断。

1）信息释义：测控装置因内部板件或外部网络故障可能与通信网关机通信中断。该信号由其相邻间隔的测控装置发出，一般设置为相邻间隔的测控装置在一定时间内无法收到该间隔测控装置发送的有效报文，即发出该信号。

2）信息发生可能原因：测控装置内部板件故障或外部网络设备故障。

3）造成后果：如果测控装置 A、B 网均通信中断时，监控人员将无法监视相应间隔的遥测、遥信信息，同时无法对相应设备遥控操作。

4）信息处置原则：应按异常处理流程处置，并注意通知运维班检查开关测控装置异常情况。若仅单网中断，暂不影响监控，若 A、B 网通信均中断且现场无法立即恢复通信，可汇报调度并将该间隔监控职权移交现场。监控应加强相邻相关设备告警信号的监视。调度根据现场检查情况进行处理。

（7）测控装置对时异常。

1）信息释义：测控装置接收对时信号异常，设备无法进行对时。

2）信息发生可能原因：

a. 对时接口松动或异常；

b. 对时信号源端异常。

3）造成后果：造成测控装置与站内其他设备时间不同步，长期对时异常会导致测控装置的本地时间偏差，导致上送的变位遥信等的时间与站内系统存在偏差，存在一定的运行风险。

4）信息处置原则：

a. 检查现场测控装置，检查该信号是否是误报信号。

b. 如若信号非误报，则检查设备的对时接口接触是否正常。

c. 如若装置对时接口接触正常，则说明对时源可能存在异常情况，及时与专业人士联系作出相应处理，并做好相应的安全措施。

（8）测控装置检修压板投入。

1）信息释义：测控装置的检修压板状态属于投入状态。

2）信息发生可能原因：测控装置检修压板处于投入状态。

3）造成后果：该测控装置处于检修态，此时相关设备的遥信等状态可能无法上送后台及监控系统，对于部分测控装置而言，此时若接收到调度/后台系统的相关遥控/遥调指令时，测控装置将无法出口动作，遥控/遥调不能完成。

4）信息处置原则：

a. 检查现场测控装置检修压板，检查信号报出是否正确。

b. 如果检查压板确实处于投入状态，确认该装置是否确实需要检修，与监控联系确定设备的最终运行状态，及时向调度反馈现场情况，如有需求及时将测控装置的检修压板退出。

3.3.18　其他自动化设备监控信息

其他自动化设备应包括相量测量装置、时间同步装置、交换机、故障录波装置、远动设备等设备，采集信息应包括装置异常、故障等信息，装置故障信号应反映装置失电情况，并采用硬接点方式接入。

其他自动化设备典型监控信息应包括但不限于表 3-35。

表 3－35　　　　　　　　　　　其他自动化设备典型监控信息表

序号	信息/部件类型		信息名称	告警分级	站端信息对应关系说明	备　注
1	告警信息	远动设备	××远动装置故障	异常	远动装置失电、故障	包括通信网关机、远动通信工作站
2		相量测量装置	××相量测量装置故障	异常	相量测量装置失电	硬接点信号
3			××相量测量装置异常	异常	相量测量装置异常应能反映装置运行异常、对时异常等装置异常情况	装置提供该总信号
4		时间同步装置	××时间同步装置故障	异常	时间同步装置失电、故障	硬接点信号
5			××时间同步装置异常	异常	—	装置提供该总信号
6			××时间同步装置失步	异常	—	—
7			时间同步装置扩展时钟故障	异常	—	硬接点信号
8			时间同步装置扩展时钟异常	异常	—	—
9			时间同步装置扩展时钟失步	异常	—	—
10			时间同步系统对时异常	异常	由监控系统判别	可选
11		交换机	过程层交换机故障	异常	过程层交换机失电、故障	所有过程层交换机故障信号合并，硬接点信号
12			站控层交换机故障	异常	站控层交换机失电、故障	所有站控层交换机故障信号合并，硬接点信号
13		故障录波装置	×号故障录波装置异常	异常	—	装置提供该总信号
14			×号故障录波装置启动	告知	—	—
15		网络分析装置	网络分析装置故障	异常	—	—
16		其他IED设备	××装置故障	异常	—	硬接点信号
17			××装置异常	异常	—	装置提供该总信号
18			××装置通信中断	异常	智能站描述为"MMS通信中断"	—

3.4　辅助设备监控信息释义及处置

3.4.1　辅助设备典型监控信息表

辅助设备包括图像监视及安全警卫子系统、火灾报警子系统、环境监测子系统，宜采集相关设备故障和总告警信号。变压器等重要区域的消防告警信号应单独采集。

辅助设备典型监控信息应包括但不限于表 3 – 36。

表 3 – 36　　　　　　　　　　　辅助设备典型监控信息表

序号	信息/部件类型		信息名称	告警分级	站端信息对应关系说明	备　　注
1	动作信息、告警信息	安全警卫	安防装置故障	异常	—	硬接点信号
2			安防总告警	异常	高压脉冲防盗告警、边界防盗告警等	—
3		火灾报警	站内火灾报警装置异常	异常	包含多个装置的合并信号	硬接点信号
3			站内火灾报警装置动作	事故	火灾告警等	硬接点信号
4			××变压器消防火灾装置异常	异常	包含多个装置的合并信号	硬接点信号
5			××变压器消防火灾装置动作	事故	火灾告警等	硬接点信号
6		环境监测	××小室温度	—	—	二次设备室、开关室、独立通信室等重要设备间
7			环境监测装置故障	异常	包含多个装置的合并信号	硬接点信号
8			电缆水浸总告警	异常	电缆层、电缆沟	按需采集
9			消防水泵故障	异常	包含水泵控制器故障等	按需采集，硬接点信号

3.4.2　辅助设备典型监控信息释义及处置

（1）安防装置故障。

1）信息释义：站内周界报警主机装置告警内部节点闭合后发出。

2）信息发生可能原因：报警主机失电或周界报警防护网络断线或者一直处于短路的状态。

3）造成后果：无法正常的布防。

4）信息处置原则：

a. 检查安防装置是否异常；

b. 根据检查情况，由相关专业人员进行处理；

c. 加强站内安防巡视。

（2）安防总告警。

1）信息释义：周界报警主机监测到有入侵报警，通过内部告警接点发出。

2）信息发生可能原因：报警主机误动作、周界红外中断或者电网遇有障碍物（树枝、大型鸟类等）。

3）造成后果：树枝误碰或者有人翻入围墙。

4）信息处置原则：查看周界报警主机报警发生的区域，通过视频系统查看现场有无人员工作或有人非法进入变电站，是否有树枝误碰或者有人为翻入围墙的可能。

（3）站内火灾报警装置异常。

1）信息释义：火灾报警装置内部异常。

2）信息发生可能原因：

a. 火灾报警装置故障；

b. 火灾报警装置通信中断；

c. 火灾感应探头故障。

3）造成后果：影响火灾报警装置监视及正确动作。

4）信息处置原则：

a. 检查火灾报警装置是否异常；

b. 根据检查情况，由相关专业人员进行处理；

c. 加强站内消防巡视。

（4）站内火灾报警装置动作。

1）信息释义：火灾报警装置动作。

2）信息发生可能原因：站内发生火灾。

3）造成后果：影响站内人身、设备及电网安全运行。

4）信息处置原则：

a. 立即检查火灾范围，切断相关设备电源；

b. 按照现场规程要求，汇报相关人员；

c. 拨打火灾报警电话。

第4章

变电站设备监控信息接入及验收

按照变电站设备监控信息采集规范及信息表格式要求编制形成变电站设备监控信息表，以监控信息表作为变电站设备监控信息的载体和管控手段，通过明确监控信息表在编制、流转、执行、台账管理和变更等阶段的工作要求，保证监控信息接入的完整性、准确性和规范性。

4.1 变电站设备监控信息接入要求及范围

4.1.1 变电站设备监控信息接入要求

变电站设备监控信息接入应满足电网调度运行和变电站集中监控运行需求，符合信息完整性、准确性、一致性、及时性、可靠性要求。

遥信信息一般分为"硬接点信息"与"软信息" 两种接入方式，一、二次设备信息应优先采用"硬接点信息" 接入方式。

反映一次设备位置状态的信息，应接入常开接点。继电保护及安全自动装置的动作、故障、异常等信息宜采用硬接点方式接入。不同厂家、不同型号的一、二次设备或装置的各类信息，接入原则应保持一致，信息名称应保持统一规范，并按统一格式建立信息表。

变电站设备监控信息命名应准确反映设备工况。所有名称项均采用自然名称或规范简称，宜采用中文名称。同一厂站内的信息命名应不重复。依据调度命名的习惯，断路器的信息名称描述为"开关"，隔离开关的信息名称描述为"刀闸"。

4.1.2 变电站设备监控信息接入范围

（1）遥信信息接入范围。

遥信信息接入范围包括：变电站一次设备的断路器、隔离开关、接地刀闸、变压器、无功电压补偿设备的运行状态信息，二次系统的保护、自动化、通信设备，交直流站用电及其辅助设备的运行状态信息、动作信息、自检信息以及事件记录等。

变压器"风扇投入""冷却器投入"，直流"均充/浮充"，闭锁备自投，操作箱合闸出口等不反映设备异常状态的信息无需上送。

（2）遥测信息接入范围。

遥测信息的接入范围包括：反映电网运行状况的电气量和非电气量，具体有电流、电压、功率、频率、变压器分接头位置、温度等。

220kV 及以上变电站采集最高电压等级各段母线频率，110kV 及以下有电厂接入的变电站采集相应电压等级母线频率。

（3）遥控信息接入范围。

遥控信息接入范围包括：调控机构主站端远方操作范围内的拉合开关的单一操作，调节变压器有载分接开关，投切电容器、电抗器，其他允许的遥控操作的状态信息等。

变电站端监控遥控操作范围根据现场运行规程及设备实际情况确定。

遥调操作是对设备的多种或连续的运行状态进行远程控制，包括继电保护装置定值区切换操作。

4.2 变电站设备监控信息表编制原则

4.2.1 监控信息表编制总体要求

变电站设备监控信息表是指为满足调控机构集中监控需要接入智能电网调度控制系统的变电站采集信息汇总表，应按照变电站设备监控信息采集规范以及信息表格式要求进行编制。新建变电站宜按照整站规模编制监控信息表，考虑变电站远景规模并预留足够的备用点位，监控信息表中的序号应连续编号，以保证监控信息表的完整性及运维便利性。

监控信息表至少包含以下内容：

（1）厂站名称、设备名称、设备型号及编制日期；

（2）遥测、遥信、遥控、遥调信息表；

（3）上送调控机构的集中监控信息与站端监控系统信息、设备原始信息间对应关系；

（4）间隔名称、信号/部件类型、告警分级、光字牌设置等属性；

（5）全站事故总合成逻辑信息表。

监控信息表实施"定值式"管理，采用"一站一表"，凡监控范围内的变电站应有正式的监控信息表。调控机构宜采用技术手段加强监控信息表全过程管控，严肃监控信息表的编制、流转、执行、台账和变更管理。监控信息表版本按照工程进度分为设计稿、调试稿和正式稿。

4.2.2 监控信息表包含的主要内容

（1）变电站综述。

包括变电站名称、监控系统型号及厂商、"三遥"信息数量、电力专线相关参数、104规约参数、通信方案、调度数据专网地址等，变电站综述表如表 4-1 所示。

表 4-1   变电站综述

220kV 高场变电站监控信息表			
监控系统型号：	MCS8500	遥信信息：	3155 个
监控系统厂商：	许继	遥测信息：	310 个
远动工作站版型号及版本号：	WYD811（3.16）	遥控信息：	221 个

续表

电力专线相关参数			
101 通信规约版本:	天津电科院测试本版	RTU 站点号:	（01）dec
波特率:	1200Bps	频率:	1700?00Hz
Modem 调制信号极性:	正极性	遥测数据类型:	归一化值

104 规约参数			
104 通信规约版本:	天津电科院测试本版	RTU 站点号:	（147）dec
遥测数据类型:	短浮点数	D5000 主备调遥控:	单点命令

通信方案					
主站系统名称	市调 A 网	市调 B 网	市调 D5000 专线	华北接入网	华北网调专线
市调 D5000 主站:	√	√	√	√	√
备调 D5000 主站:	√	√	√	√	√
武清地调主站:	√	√	√	√	√
武清备调主站:	√	√	√	√	√

调度数据专网地址列表					
站点名称	市调 A 网		市调 B 网		华北接入网	
	A 网实时网关地址	业务地址/掩码	B 网实时网关地址	业务地址/掩码	实时网关地址	业务地址/掩码
市调 D5000 主站:	12.102.242.254	12.102.242.21～22/2	12.100.242.254	12.100.242.21～22/2	—	—
备调 D5000 主站:	12.102.243.254	12.102.243.1～2/24	12.100.243.254	12.100.243.1～2/24	—	—
华北 D5000 主站:	—	—	—	—	—	—

（2）遥信表。

包含序号、设备原始名称、标准信息描述、所属间隔、电压等级、遥信分类、告警分级、光字牌设置、闭锁自动电压无功控制（AVC）、事件顺序记录（SOE）设置、日期等，遥信表如表 4-2 所示。

表 4-2 遥 信 表

序号	设备原始名称	标准信息描述	所属间隔	电压等级	遥信分类	告警分级	光字牌设置	闭锁AVC	SOE设置	日期
1	集控/站端	集控/站端	公用	其他	1	5	0	0	0	
2	全站事故总	全站事故总	公用	其他	1	1	1	0	1	
3	3-72	3-72	3 号主变	220kV	0	4	0	0	1	
4	3-7	3-7	3 号主变	110kV	0	4	0	0	1	
5	高压侧中性点隔离开关机构就地控制	高压侧中性点隔离开关机构就地控制	3 号主变	220kV	1	2	0	0	0	

续表

序号	设备原始名称	标准信息描述	所属间隔	电压等级	遥信分类	告警分级	光字牌设置	闭锁AVC	SOE设置	日期
6	高压侧中性点隔离开关电机电源消失	高压侧中性点隔离开关电机电源消失	3号主变	220kV	1	2	1	0	0	
7	高压侧中性点隔离开关控制电源消失	高压侧中性点隔离开关控制电源消失	3号主变	220kV	1	2	1	0	0	
8	中压侧中性点隔离开关机构就地控制	中压侧中性点隔离开关机构就地控制	3号主变	110kV	1	2	0	0	0	
9	中压侧中性点隔离开关电机电源消失	中压侧中性点隔离开关电机电源消失	3号主变	110kV	1	2	1	0	0	
10	中压侧中性点隔离开关控制电源消失	中压侧中性点隔离开关控制电源消失	3号主变	110kV	1	2	1	0	0	
11	中压侧中性点隔离开关加热器故障	中压侧中性点隔离开关加热器故障	3号主变	110kV	1	2	1	0	0	
12	中压侧中性点隔离开关电机保护器告警	中压侧中性点隔离开关电机保护器告警	3号主变	110kV	1	2	1	0	0	

（3）遥测表。

包含序号、遥测名称、所属间隔、电压等级、TV 变比、TA 变比、工程最大值、工程最小值、规约最大值、规约最小值、主站系数、偏移量、日期等，遥测表如表 4-3 所示。

表 4-3　　　　　　　　　遥　测　表

序号	遥测名称	所属间隔	电压等级	PT变比		CT变比		工程最大值	工程最小值	规约最大值	规约最小值	主站系数	偏移量	日期
1	220kV 4甲母线 A相电压	220kV 4甲母线	220kV	220	0.1	—	—	264.00	0.00	32 767	0	0.0081		
2	220kV 4甲母线 B相电压	220kV 4甲母线	220kV	220	0.1	—	—	264.00	0.00	32 767	0	0.0081		
3	220kV 4甲母线 C相电压	220kV 4甲母线	220kV	220	0.1	—	—	264.00	0.00	32 767	0	0.0081		
4	220kV 4甲母线 AB线电压	220kV 4甲母线	220kV	220	0.1	—	—	264.00	0.00	32 767	0	0.0081		
5	220kV 4甲母线 BC线电压	220kV 4甲母线	220kV	220	0.1	—	—	264.00	0.00	32 767	0	0.0081		
6	220kV 4甲母线 CA线电压	220kV 4甲母线	220kV	220	0.1	—	—	264.00	0.00	32 767	0	0.0081		
7	220kV 4乙母线 A相电压	220kV 4乙母线	220kV	220	0.1	—	—	264.00	0.00	32 767	0	0.0081		
8	220kV 4乙母线 B相电压	220kV 4乙母线	220kV	220	0.1	—	—	264.00	0.00	32 767	0	0.0081		
9	220kV 4乙母线 C相电压	220kV 4乙母线	220kV	220	0.1	—	—	264.00	0.00	32 767	0	0.0081		

序号	遥测名称	所属间隔	电压等级	PT变比		CT变比		工程最大值	工程最小值	规约最大值	规约最小值	主站系数	偏移量	日期
10	220kV 4乙母线 AB线电压	220kV 4乙母线	220kV	220	0.1	—	—	264.00	0.00	32 767	0	0.0081		
11	220kV 4乙母线 BC线电压	220kV 4乙母线	220kV	220	0.1	—	—	264.00	0.00	32 767·	0	0.0081		
12	220kV 4乙母线 CA线电压	220kV 4乙母线	220kV	220	0.1	—	—	264.00	0.00	32 767	0	0.0081		
13	220kV 5甲母线 A相电压	220kV 5甲母线	220kV	220	0.1	—	—	264.00	0.00	32 767	0	0.0081		

（4）遥控表。

包含序号、遥控名称、所属间隔、电压等级、日期等，遥控表如表4-4所示。

表4-4 遥 控 表

序号	遥控名称	所属间隔	电压等级	日期
1	集控/站端	公用	其他	
2	2203	3#主变	220kV	
3	2203-2	3#主变	220kV	
4	2203-4	3#主变	220kV	
5	2203-5	3#主变	220kV	
6	103	3#主变	110kV	
7	103-2	3#主变	110kV	
8	103-4	3#主变	110kV	
9	103-5	3#主变	110kV	
10	303	3#主变	35kV	
11	3-7	3#主变	110kV	
12	3-72	3#主变	220kV	
13	3#主变分接头位置升/降	3#主变	220kV	
14	3#主变调档急停	3#主变	220kV	

4.2.3 遥信表编制原则

（1）遥信信息排列顺序。

1）整体排列顺序。

遥信信息应考虑整体规则顺序排列，以保证所有变电站设备监控信息表整体内容的统一规范，对于后续开展监控信息自动生成、监控信息自动校核以及监控运行分析等其他延伸性工作具有关键的基础性作用。

典型 220kV 变电站遥信表整体排序规则，如表 4 – 5 所示。

表 4 – 5　　　　　　　　　　　典型 220kV 变电站遥信排序

序号	遥信信息排序	序号	遥信信息排序
1	集控/站端	6	所用变
2	主变（本体、电气量保护、高压侧、中压侧、低压侧）	7	小电流接地选线
3	220kV 线路、220kV 母联、220kV 甲母线、220kV 乙母线	8	站用电、直流
4	110kV 线路、110kV 母联、110kV 母线	9	公用信号
5	35kV 线路、电容器、电抗器、35kV 母联、35kV 母线		

2）单间隔排列顺序。

间隔设备遥信信息排列顺序参照《变电站设备监控信息规范》（Q/GDW 11398），并按照一次设备、二次设备、二次回路信息顺序排列，相同设备部件的信息应集中排列，此顺序也是设计人员进行施工图设计的参照。

（2）遥信序号属性。

遥信序号属性表征监控信息在信息表中的排列顺序。遥信序号宜从"1"开始，增序排列，不能空点，以保证监控信息表整体的连续性，遥信表中序号"1"对应规约地址"0001H"。

（3）设备原始名称属性。

该属性为一次设备、二次设备及辅助设备实际发出的信息名称，应与施工图纸所标注信息名称一致，在未实现源端规范前，应保留设备原始名称与标准信息表述的对应关系。

（4）标准信息描述属性。

此列为规范的遥信信息名称描述，不同厂家、不同型号设备表征相同含义的信息均应按照《变电站设备监控信息规范》（Q/GDW 11398）进行规范，作为站端监控系统和智能电网调度控制系统做库的依据，保证监控运行人员监视信息的统一规范。

（5）所属间隔属性。

所属间隔属性表征设备包含监控信息在监控画面中对应的间隔归属，便于检修期间对设备的隔离和监控人员的分区域监视等。例如将消弧线圈/小电阻保护等信息划归至相应主变间隔，将公用测控以及安消防等辅助设备信息划归至公用间隔。

（6）电压等级属性。

此属性为设备所属相应电压等级，是生成智能电网调度控制系统标准信息描述的一部分，电压等级包括 750kV、500kV、220kV、110kV、35kV 等。其中主变非电量、电气量保护信息电压等级应为相应主变最高电压等级，站用电信息电压等级填写 0.4kV。

（7）告警分级属性。

监控告警信息是监控信息在智能电网调度控制系统、变电站监控系统对设备监控信息处理后告警窗出现的告警条文，是监控运行的主要关注对象，也直接反映了设备运行情况的重要信息。按对电网和设备影响的轻重缓急程度分为事故、异常、越限、变位和告知五级，监控信息告警分级如表 4-6 所示。

表 4-6 监控信息告警分级

监控信息类型	监控信息定义	分级
事故信息	反映各类事故的监控信息，包括： 1. 全站事故总信息； 2. 间隔事故总信息； 3. 各类保护、安全自动装置动作信息等	1
异常信息	反映电网设备非正常运行状态的监控信息，包括： 1. 一次设备异常告警信息； 2. 二次设备、回路异常告警信息； 3. 自动化、通信设备异常告警信息； 4. 其他设备异常告警信息	2
越限信息	遥测量越过限值的告警信息	3
变位信息	各类开关、装置软压板等状态改变信息	4
告知信息	一般的提醒信息，包括油泵启动、主变压器分接开关挡位变化、故障录波器启动等信息	5

1）事故信息是由于电网故障、设备故障等原因引起断路器跳闸、保护及安全自动装置动作出口跳合闸的信息以及影响全站安全运行的其他信息，是需实时监控、立即处理的重要信息，主要对应设备动作信号。

2）异常信息是反映电网和设备非正常运行情况的报警信息和影响设备遥控操作的信息，直接威胁电网安全与设备运行，是需要实时监控、及时处理的重要信息。主要对应设备告警信息和状态监测告警。

3）越限信息是反映重要遥测量超出告警上下限区间的信息。重要遥测量主要有设备有功、无功、电流、电压、变压器油温及断面潮流等，是需实时监控、及时处理的重要信息。

4）变位信息指反映一、二次设备运行位置状态改变的信息。主要包括断路器、隔离开关分合闸位置，保护软压板投、退等位置信息。该类信息直接反映电网运行方式的改变，是需要实时监控的重要信息。

5）告知信息是反映电网设备运行情况、状态监测的一般信息。主要包括设备操作时发出的伴生信息以及故障录波器、收发信机启动等信息。该类信息需定期查询。

事故信息和变位信息应同时上送 SOE（Sequence Of Event，事件顺序记录）信号。

（8）光字牌设置属性。

为避免某类监控信息在正常运行中因设置成光字牌而常亮，所以设置了此属性对光字牌设置情况加以区分。"集控/站端"、开关刀闸位置信号、开关就地控制以及告知类信息等不设置光字牌，其余监控信息均应设置光字牌。需要在监控画面中设置光字牌的填写为"1"，其余项填写为"0"（监控信息表中，"1"表示肯定，"0"表示否定，以下均按此原则标定）。

（9）闭锁 AVC 属性。

该属性为判定设备告警信息发出后是否闭锁 AVC（自动电压无功控制）系统提供依据。需要闭锁 AVC 系统的信息填写为"1"，其余项写为"0"。监控信息闭锁 AVC 系统的设置原则如表 4-7 所示。

表 4-7　　　　　　　　　　　　　闭锁 AVC 系统设置原则

设备类型	保护信号	AVC 闭锁	备　　注
主变	主变间隔所有事故类信息	1	
	主变本体异常信号	1	不包括冷却器告警信息
	主变过负荷闭锁有载调压	1	
	测控装置异常（通信中断）	1	视具体哪个测控制调压
	主变有载调压调挡异常	1	
	主变有载调压电源消失	1	电机电源消失、控制电源消失
	主变有载调压机构就地控制	1	
	主变消弧线圈接地告警	1	
电容器	电容器间隔所有事故类信息	1	
	电容器开关异常（压力降低告警、闭锁、弹簧未储能、控制回路断线等）	1	
	测控装置异常（通信中断）	1	
	就地操作（机构或测控就地）	1	

（10）SOE 设置属性。

当电力设备发生遥信变位时，自动记录变位时间、变位原因、开关跳闸时相应的遥测量，上送 SOE 记录，以便于事后分析。全站事故类信息、开关变位信息设置 SOE，即"1"类及"4"类信息设置 SOE，填写为"1"，其余字段填写为"0"。

（11）日期属性。

日期属性代表了该设备监控信息接入的时间，为设备投运以后信息的运行维护提供依据。此列填写该条信息的生成或修改日期，格式为"20180101"。

4.2.4 遥测表编制原则

（1）遥测信息排列顺序。

1）遥测信息应考虑整体规则顺序排列，以保证所有变电站设备监控信息表整体内容的统一规范，对于后续开展监控信息自动生成、监控信息自动校核以及监控运行分析等其他延伸性工作具有关键的基础性作用。

典型 220kV 变电站整体排序规则，如表 4-8 所示。

表 4-8　　　　　　　　　　　典型 220kV 变电站遥测信息排序

序号	遥测信息排序	序号	遥测信息排序
1	主变	8	35kV 线路
2	220kV 线路	9	电容器
3	220kV 母联（2245 甲、2245 乙、2244、2255）	10	35kV 母联
4	220kV 母线	11	35kV 母线
5	110kV 线路	12	所用变
6	110kV 母联（145 甲、145 乙、144、155）	13	站用电
7	110kV 母线	14	直流

2）间隔遥测信息排列顺序参照《变电站设备监控信息规范》（Q/GDW 11398）执行，相同设备部件的信息应集中排列，此顺序也是设计人员进行施工图设计的参照。

（2）遥测序号属性。

遥测序号属性表征各类遥测信息在信息表中的排列顺序。遥测序号宜从"1"开始，增序排列，不能空点，以保证监控信息表整体的连续性，序号"1"对应规约地址"4001H"。

（3）遥测名称属性。

此列为规范的遥测信息名称描述，采集范围及名称均应符合《变电站设备监控信息规范》（Q/GDW 11398）要求，作为站端监控系统和智能电网调度控制系统做库的依据，保证监控运行人员所监视设备运行状态信息的统一规范。

（4）电压等级属性。

此属性为设备所属相应电压等级，是生成智能电网调度控制系统标准信息描述的一部分，电压等级包括 750、500、220、110、35kV 等。其中主变挡位应填写相应调压侧电压等级，站用电信息电压等级填写 0.4kV。

（5）所属间隔属性。

该属性填写遥测信息对应的设备间隔，填写原则参照遥信信息，便于监控人员分间隔进行监视。示例：5011、5012、5013、北吴线、500kVⅠ母线、500kVⅡ母线、1#主变、2211、2245 甲、2245 乙、2244、2255、220kV 4 甲母线、220kV 4 乙母线、3061、3051、3441、308

所用变、站用电、直流等。

（6）TV 变比属性。

填写相应设备的 TV 变比，无需 TV 变比参与计算的填写"/"。站用电 TV 变比填写"400/400"。

（7）TA 变比属性。

填写相应设备的 TA 变比，如：1250/1、3000/5，无需 TA 变比参与计算的填写"/"。

（8）工程最大值属性。

该属性按一般原则是：$U=1.2U_e$；$I=1.2I_e$；P、$Q=1.2×1.732×U_e×I_e/1000$，计算数值保留小数点后 2 位。

（9）工程最小值属性。

该属性按一般原则填写为"0"。

（10）规约最大值属性。

101 规约按一般原则填写为"32767"。

（11）规约最小值属性。

该属性按一般原则填写为"0"。

（12）主站系数属性。

该属性是为主站收到站端数据后的折算系数。计算公式为：（工程最大值−工程最小值）/（规约最大值−规约最小值），计算数值保留小数点后 4 位。

（13）日期属性。

日期属性代表了该设备监控信息接入的时间，为设备投运以后信息的运行维护提供依据。此列填写该条信息的生成或修改日期，格式为"20180101"。

需要注意的是，若站端遥测信息采用短浮点上送，站端上送的是实测值，则主站不需要系数的折算，主站系数均为 1，此时工程最大值、工程最小值、规约最大值、规约最小值、主站系数等属性均可省略。

4.2.5　遥控表编制原则

（1）遥控信息排列顺序。

1）整体排列顺序。

遥控信息应考虑整体规则顺序排列，以保证所有变电站设备监控信息表整体内容的统一规范，对于后续开展监控信息自动生成、监控信息自动校核以及监控运行分析等其他延伸性工作具有关键的基础性作用。

2）间隔遥控信息排列顺序参照《变电站设备监控信息规范》（Q/GDW 11398）执行，相同设备部件的信息应集中排列，此顺序也是设计人员进行施工图设计的参照。

典型 220kV 变电站遥控信息排序如表 4−9 所示。

表 4−9　　　　　　　　　典型 220kV 变电站遥控信息排序

序号	遥控信息排序	序号	遥控信息排序
1	主变	2	220kV 线路

序号	遥控信息排序	序号	遥控信息排序
3	220kV 母联（2245 甲、2245 乙、2244、2255）	7	110kV 母线
4	220kV 母线	8	35kV 线路
5	110kV 线路	9	电容器
6	110kV 母联（145 甲、145 乙、144、155）	10	35kV 母联

（2）遥控序号属性。

遥控序号属性表征各类遥控信息在信息表中的排列顺序。遥控序号宜从"1"开始，增序排列，不能空点，以保证监控信息表整体的连续性，序号"1" 对应规约地址"6001H"。

（3）遥控名称属性。

此列为规范的遥控信息名称描述，采集范围及名称均应符合《变电站设备监控信息规范》（Q/GDW 11398）要求，作为站端监控系统和智能电网调度控制系统制作数据库的依据，保证监控运行人员对所辖设备控制的安全性。

（4）电压等级属性。

此属性为设备所属相应电压等级，是生成智能电网调度控制系统标准信息描述的一部分，电压等级包括 750、500、220、110、35kV 等。其中"主变分接头位置升/降"及"主变调挡急停"电压等级填写主变最高电压等级。

（5）所属间隔属性。

该属性表明设备所对应的间隔信息，填写规则参照遥测、遥信部分。

（6）日期属性。

日期属性代表了该设备监控信息接入的时间，为设备投运以后信息的运行维护提供依据。此列填写该条信息的生成或修改日期，格式为"20180101"。

4.3　变电站设备监控信息联调与验收

监控信息联调是指通过变电站设备、远动通道、调控主站进行联合调试，验证系统功能的完整性，二次回路、信息传输的正确性，以及传输规约一致性并且进一步验证监控信息表编制的正确性、完整性、规范性。信息联调范围包括遥测、遥信、遥调、遥控的联调以及远动通道切换试验等。

4.3.1　遥信信息联调与验收

（1）遥信信息联调传动的技术原则。

以变电站监控后台为标准，实现 D5000 与变电站监控后台机的一对一传动检验。运行中的开关、刀闸的状态遥信可采用核对方式，确保运行方式一致；其余遥信应采用"由合到分"或"由分到合"的变化遥信传动检验。根据不同厂商不同型号的监控系统特点，可采用测控装置模拟、专用软件模拟、短接测控屏遥信端子等方法传动，通过串口通信等报文方式采集的遥信，可通过规约转换装置人工置数的方法进行模拟传动。

（2）遥信传动的安全措施。

1）遥信传动前，调控主站应做好运行设备遥信数据的隔离工作，防止传动过程中干扰电网运行。

2）使用端子排短接法传动遥信状态前，应对测控装置的二次回路采取防误碰措施。对于二次回路的隔离措施，应有书面记录，工作结束后，按照记录恢复成原有状态。

3）传动过程中，重启远动装置应提前告知主站。对于远动装置冗余配置的，应避免发生多台装置同时重启而引起的通道中断等情况。

4）对于采用专用软件模拟法进行遥信传动的，应做好安全防护工作。

（3）遥信信息验收的基本要求。

遥信信息验收应该遵循以下基本要求：

1）每个遥信传动应包含"动作"和"复归"，或者"合"和"分"的完整过程。

2）传动过程中，应避免对正常监控运行造成干扰。

3）遥信防抖设置由变电站现场进行验收，调控主站应随机抽取部分信号对遥信防抖功能进行测试。

4）变电站采用多条数据传输通道的，应对每条数据传输通道进行遥信传动验收或采取通道间的数据比对确认的措施。

5）遥信验收时，验收人员应同步检查告警窗（直采、告警直传及 SOE）、接线图画面、光字牌画面，各相关画面的遥信信息应同时发生相应变化。同时还应检查音响效果是否正确。

6）事故总合成信号应对全站所有间隔进行触发试验，保证任一间隔保护动作信号或开关位置不对应信号发出后，均能可靠触发事故总信号并传至调控主站，并且在保持一定时间后能够自动复归。其他合成信号应逐一验证所有合成条件均能可靠触发总信号并传至调控主站。

7）遥信传动过程中，应有完整的传动记录。内容包括：站端传动人员姓名、主站传动人员姓名、遥信序号、遥信名称、验收时间以及传动过程中遇到的问题。待全部信号传动完毕后，整理并妥善保存传动记录。

8）站内 SOE 分辨率应不大于 2ms，站间 SOE 分辨率应不大于 10ms。

9）变电站遥信数据传送至调控主站时间应满足 DL/T 5003—2005 相关要求。

（4）遥信信息验收方法。

遥信信息验收方法如表 4-10 所示。

表 4-10　　　　　　　　　遥 信 信 息 验 收 方 法

序号	验收方法	方 法 介 绍
1	整组传动	通过对现场设备进行实际操作的方式产生遥信信号，实现遥信信号全回路验证
2	测控装置模拟法	对于具有模拟发出遥信状态功能的测控装置，在站内遥信状态验收合格的基础上，模拟发出遥信数据，再采用调控主站和变电站监控系统进行数据核对的方法进行传动验收

序号	验收方法	方 法 介 绍
3	专用软件模拟法	部分厂家的专用调试软件,具有遥信模拟的功能,可以在站内遥信状态验收合格的基础上,使用该专用调试软件输出遥信状态,再采用调控主站和变电站监控系统进行数据核对的方法进行传动验收
4	人工置位法	对于通过规约转换装置等非测控装置采集的遥信,在站内遥信状态验收合格的基础上,可采用在规约转换等装置上人工置数的方法进行模拟传动
5	端子排短接法	通过在测控装置或智能终端信号回路上拆接线或短接等方式模拟产生遥信信号,再采用调控主站和变电站监控系统进行数据核对的方法进行传动验收

(5)遥信信息验收方法选择。

1)根据现场设备的实际状态,综合考虑数据可靠性、安全风险和工作效率,选择合适的方式方法,对各个遥信状态进行传动。

2)对于停电的一次设备,宜采用整组传动的方法进行传动验收。

3)对于运行的一次设备,在站内遥信状态验收合格的基础上,若测控装置本身具备遥信模拟功能的,可采用测控装置模拟法;测控装置本身不具备遥信模拟功能的,可选用专用软件模拟法或端子排短接法进行遥信传动。

4)对于运行中的一次设备,且通过串口或网络通信等报文方式采集的遥信(一体化电源、消弧线圈等),可选用人工置位法进行模拟传动。

4.3.2　遥测信息联调与验收

(1)遥测信息联调传动技术原则。

以变电站监控后台为标准,实现 D5000 与变电站监控后台机的一对一传动检验。运行中的间隔且遥测数据实时变化的,可采用核对方式检验;停运或遥测数据长期不变化的应采用测控装置模拟、专用软件模拟、虚负荷测试等方法传动,通过串口通信等报文方式采集的遥测,可通过规约转换装置人工置数的方法进行模拟传动。

(2)遥测传动安全措施。

1)遥测传动前,调控主站应做好运行设备遥测数据的隔离工作(实负荷核对法除外),防止遥测传动过程中干扰电网运行。

2)使用虚负荷测试法传动遥测数据前,应将测控屏的外部二次回路进行完全隔离,防止试验二次电流、电压通过电流互感器、电压互感器给一次设备反充电。对于二次回路的隔离措施,应有书面记录,工作结束后,按照记录恢复成原有状态。

3)遥测传动时,应防止电流互感器开路、电压互感器短路。

4)传动过程中,重启远动装置应提前告知主站。对于远动装置冗余配置的,应避免发生多台装置同时重启而引起的通道中断等情况。

5)对于采用专用软件模拟法进行遥测传动的,应做好安全防护工作。

(3)遥测信息验收的基本要求。

1)调控主站遥测验收前,应完成变电站测控装置的遥测精度验收。

2)功率方向应以流出母线方向为正,流入母线方向为负;电容器、电抗器无功方向以发出无功为正，吸收无功为负。

3）应根据电网及设备实际情况合理选择遥测数据电流变比。

4）遥测数据的零漂和变化阈值应在合理的范围内（一般不应超过 0.2%）。

5）验收双方应互报显示的数据，确认误差是否在精度允许的范围内，并做好记录。记录内容应包括：站端传动人员姓名、主站传动人员姓名、遥测序号、遥测名称、验收时间以及验收过程中遇到的问题。待全部遥测数据验收完毕后，整理并妥善保存验收记录。

6）不同画面的同一遥测数据，应同时变化且变化一致。

7）调控主站的有功、无功、电压、电流等遥测数据总准确度不应低于 1.0 级，即实际运行数据至调控主站的总误差以引用误差表示的值不应大于+1.0%，且不应小于－1.0%。

8）变电站遥测数据传送至调控主站时间应满足《电力系统调度自动化设计技术规程》相关要求。

（4）遥测信息验收方法。

遥测信息验收方法如表 4－11 所示。

表 4－11　　　　　　　　　　　　遥测信息验收方法

验收方法	方 法 介 绍
实负荷核对法	是指调控主站和基准数据（已传动过的调控主站、变电站监控系统或测控装置）进行数据核对的验收方法。使用该方法时，同一量测点宜核对两组以上数据
虚负荷测试法	是指通过外加信号源的方式模拟产生电流、电压、温度等遥测信息。使用该方法时，同一量测点宜至少核对两组数据
测控装置模拟法	对于具有模拟发出遥测数据功能的测控装置，在测控装置遥测数据验收合格的基础上，模拟发出遥测数据，再采用调控主站和变电站监控系统进行数据核对的方法进行传动验收
专用软件模拟法	部分厂家的专用调试软件，具有遥测模拟的功能，可以在站内遥测数据验收合格的基础上，使用该专用调试软件替换测控装置输出遥测数据，再采用调控主站和变电站监控系统进行数据核对的方法进行传动验收
人工置数法	对于通过规约转换装置等非测控装置采集的遥测数据，在站内遥测数据验收合格的基础上，可采用在规约转换等装置上人工置数的方法进行模拟传动

（5）遥测信息验收方法选择。

1）根据现场设备的实际状态，综合考虑数据可靠性、安全风险和工作效率，选择合适的方式方法，对各个遥测量进行传动。

2）对于运行中的一次设备，且其遥测数据实时变化的，应采用实负荷核对法进行传动验收。

3）对于运行中的一次设备，且其遥测数据不变化的，若测控装置本身具备遥测模拟功能，可选用测控装置模拟法；若测控装置不具备遥测模拟功能的，可选用专用软件模拟法进行传动验收。

4）对于运行中的一次设备，且通过串口或网络通信等报文方式采集的遥测数据（一体化电源、消弧线圈等），可选用人工置数法。

5）对于运行中的一次设备，其测控装置不具备遥测模拟功能，且不具备专用遥测模拟软件的，在做好二次外部回路隔离措施的基础上，可使用虚负荷测试法进行传动验收。

6）对于停电的一次设备，宜采用虚负荷测试法进行传动验收。

4.3.3 遥控信息联调与验收

（1）遥控信息联调传动技术原则。

以变电站监控后台为标准，实现 D5000 与变电站监控系统的一对一遥控传动检验，检验完成后，满足实际运行遥控操作要求。检修或冷备用状态设备进行实际遥控传动；热备用或运行状态设备原则上进行模拟遥控传动，确不具备模拟传动条件的，应停电传动。

（2）遥控传动安全措施。

1）遥控传动时，现场一次设备区应设置专人，对设备状态进行确认并提醒临近工作人员注意。现场和调控主站应保持通信正常，传动期间做好呼应。

2）调控主站在进行遥控传动前应做好防止误控的安全措施（如将受控站列入调试区等）。

3）对运行变电站进行遥控传动时，站端应做好防误控措施，如退出全站遥控出口压板，测控屏远方/就地切换开关打到就地位置等。

4）若采用遥控回路测量法，在工作前应做好安全措施（退出遥控出口压板、断开二次回路等），并做好详细记录。传动结束后，按照安全措施票逐项进行恢复，防止误、漏接线。拆、接线时应做好绝缘隔离措施，防止短路、接地或人身触电。

（3）遥控信息验收的基本要求。

1）遥控（调）验收包括开关设备遥控、重合闸、备自投装置远方投退软压板以及保护装置远方切换定值区的验收。

2）遥控测试前，站内应做好必要的安全措施，待现场负责人许可后，方能进行传动测试，防止误控带电设备，进行双人双机监护操作。

3）变电站采用多条数据传输通道的，应对每条数据传输通道分别进行遥控测试。

4）停电条件下，每个开关遥控传动应包含"一合一分"的完整过程；遥控软压板传动应包含"一投一退"的完整过程；切换保护装置定值区传动每套保护装置应至少完成一次定值区切换操作。

5）开关具备同期功能的，应进行同期遥控试验。试验时应对同期条件满足、不满足两种情况分别进行测试。

6）遥控操作应遵循"遥控选择—遥控返校—遥控执行"的流程。

7）调控主站在确认遥控的目标、性质和遥控结果一致后，进行书面记录，内容包括：站端传动人员姓名、主站传动人员姓名、遥控序号、遥控名称、验收时间以及验收过程中遇到的问题。待全部遥控传动完毕后，整理并妥善保存传动记录。

8）变电站遥控（调）命令传送时间应满足 DL/T 5003—2005 相关要求。

（4）遥控信息验收方法。

遥控信息验收方法如表 4-12 所示。

表 4－12　　　　　　　　　　遥 控 信 息 验 收 方 法

验收方法	方 法 介 绍
实际遥控法	由调控主站直接对变电站开关进行实际遥控的方法实现遥控功能的全回路验证；或者在继电保护和安全自动装置退出的条件下，由调控主站直接对继电保护和安全自动装置进行远方操作实现全回路验证
装置确认法	对于可以显示或查阅遥控预置报文的测控装置，调控主站进行遥控选择，通过监视测控装置显示窗相应报告或查阅记录来确认遥控对象的正确性
装置替换法	将待传动的测控装置从监控系统网络中退出，同时采用相同类型装置接入监控系统网络，由调控主站对替换测控装置进行遥控并确认遥控对象的正确性。替换装置所有软硬件配置应完全与待传动测控装置一致
报文解析比对法（与其他调控主站）	以遥控验收合格的调控主站为标准，由待传动调控主站对测控装置进行遥控选择，通过报文解析软件对两个主站遥控选择报文（DL/T 634.5104—34.5、DL/T 634.5101—34.510 等）进行解析比对并确认遥控对象正确性
报文解析比对法（与变电站监控系统）	以遥控验收合格的变电站监控系统为标准，分别用变电站监控系统及调控主站对待测控装置进行遥控选择，通过专用报文解析软件（DL/T 667、MMS 等）对两次遥控预置命令进行解析比对并确认遥控传动正确性
遥控回路测量法	断开测控装置控制回路后，由调控主站进行遥控执行，变电站侧试验人员测量遥控出口回路并确认遥控对象的正确性

（5）遥控信息验收方法选择。

1）根据现场一次设备的运行情况，综合考虑数据可靠性、安全风险和工作效率，选择合适的方式方法，对各个遥控对象进行传动。必要时应结合停电进行传动。

2）对于停电的及具备停电条件的一次设备，应采用实际遥控法进行遥控实传；对于安全自动装置及双重化配置的继电保护装置，在继电保护和安全自动装置退出的条件下，可采用实际遥控法进行继电保护及安全自动装置的遥控实传；对于单套配置的保护装置，应在一次设备停电的条件下进行遥控实传。

3）对于不具备停电条件的一次设备，在站内遥控功能验收合格的基础上，若测控装置具备显示或查阅遥控预置报文的功能，优先选用装置确认法；若不具备，根据实际情况选择装置替换法、报文解析比对法或遥控回路测量法。

4.3.4　调控主站联调与验收

（1）监控信息接入调控主站联调验收要求。

变电站一次设备新（改、扩）建、检修和设备命名变更等情况下，新增或更改接入调控主站监控信息的，在完成监控信息接入后应进行联调验收。

变电站综自系统改造、调控主站系统更换、新上调控主站备用系统等情况下，影响接入调控主站监控信息的，在完成相关改造工作后应进行监控信息联调验收。

变电站端设备或二次回路变更影响接入调控主站监控信息的，应在完成站内监控系统调试并验证正确后进行与调控主站的联调验收；调控主站系统更换或新上备用系统的，在完成出厂验收（FAT）并在运行现场完成安装调试后进行监控信息联调验收工作。

联调验收时，对于具备停运条件的设备，应对遥测、遥信、遥控（调）信息逐一进行全回路验证。对于不具备停运条件的设备，应对遥测、遥信、遥控（调）信息进行信号回路验证，在条件许可时，应对遥控信息进行全回路验证。

变电站端如配置多套数据处理及通信单元，应在调控主站端逐一比对各个单元上送的遥测、遥信信息是否一致，分别对各个单元逐一验证遥控（调）信息。

调控主站应在联调验收正确后，方可投运和开放相关功能，未进行联调验收或联调验收不正确的，应对相关功能的使用作必要限制。

（2）调控主站监控画面及相关功能验收。

监控画面验收包括接线图画面验收、光字牌画面验收等，其中接线图画面验收包括主接线图验收、间隔图验收以及站用电交直流图验收等，验收内容包括接线图画面是否与现场实际接线方式一致且包含了所有现场设，设备名称编号是否使用了正确的调度命名，是否包含了所有遥测量，光字牌画面是否准确包含了该站全部事故类与异常类信息等，以及各画面间是否能够正常切换等。

数据链接关系验收包括接线图画面链接关系验收、光字牌画面链接关系验收等，验收内容为检查相关遥测数据、遥信数据、光字牌、设备图元是否与数据库正确关联。当多个画面与数据库中同一量值关联时，应逐一验证各个画面与数据库链接关系的正确性。

监控限值验收检查变电站各单元限值设置是否正确。

语音告警及事故推画面功能验收检查语音告警是否设置准确，以及调控主站收到变电站事故总信号，同时收到该站开关分闸信号，能否准确推出事故画面。

4.3.5　监控信息自动验收技术

变电站监控信息自动验收是针对传统监控信息验收方法存在的效率较低等弊端，通过装置模拟等技术，实现监控信息的全自动、程序化自动验收。

（1）监控信息自动验收的主要策略。

将监控信息自动验收的整个工作流程划分为两个主要阶段：变电站链路开通前和开通后。链路开通前，变电站内建立前置机模拟调试单元工作模式，实现监控系统后台和远动信息的无死角、并行直观调验，并且实现预置规范监控信息点表和调试验收工作痕迹自动记录、统计的功能。链路开通后，建立主站侧单元工作模式，实现自动模拟测控装置驱动远动机向主站发送监控信息和主站侧启用自动验收。

（2）监控信息自动验收的工作流程。

监控信息自动验收工作流程如图4-1所示。

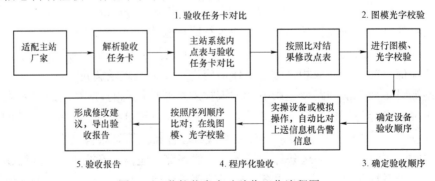

图4-1　监控信息自动验收工作流程图

进行监控信息自动验收，首先选择与设备厂家的适配模式，生成验收任务卡，依据验收任务卡，完成主站系统监控信息表与验收任务卡的自动比对，并按照比对结果修改监控信息表。通过拓扑确定图模关系对应问题，通过图中设备与信号的关系确定图模与信号关联准确性，完成图模、光字校验。确定设备验收顺序后，通过实操设备或模拟操作等形式，自动比对上送告警信息，并进行在线的图模、光字校验，最后形成修改建议，导出验收报告，完成监控信息的自动验收。

（3）监控信息自动验收技术支撑系统的主要功能。

1）具备多通信对象、多路通道同时验收的支持能力：支持多调度自动化系统类型设定（主调、备调、国调、地调等类型），适应不同调度监控系统图模通信并行仿真。

2）具备适配主流厂商远动通信服务器能力：适配主流远动系统的点表、通信规约等。

3）具备报文定位诊断异常能力：具备通信报文解析、定位、片段截图功能，实现对异常情况的准确诊断。

4）具备报文及通道实时监测能力：实时监测多报文及通信通道运行情况。

5）具备过程查询与进度控制管控能力：对不同时间段内验收任务、已完成任务、未完成任务等查询和搜索。

6）具备自动验收报告生成能力：验收过程统计，重要事项轨迹记录并形成规范验收报告。

7）具备对监控信息点表管理能力：实现信息点表的导入、修改、导出等。

4.4　变电站设备监控信息表管理

4.4.1　监控信息表编制管理

监控信息表应按照《变电站设备监控信息规范》（Q/GDW 11398）以及信息表格式要求进行编制。新（改、扩）建工程在设计招标和设计委托时，建设管理单位及变电站运维检修单位应明确要求设计单位编制监控信息表设计稿，监控信息表应作为工程图纸设计的一部分。对于改、扩建项目，变动部分应明确标识。监控信息表编制管理如表 4−13 所示。

表 4−13　　　　　　　　　变电站设备监控信息表编写及初审工作内容

序号	职责部门	工作内容
1	设计单位	根据所在调控机构技术规范和有关规程、技术标准、设备技术资料并按照调控部门提供的标准格式编制监控信息表设计稿，监控信息表设计稿应随设计图纸一并提交建设管理单位及变电站运维检修单位
2	建设管理单位 变电站运维检修单位	组织变电站施工图审查，将监控信息表设计稿应纳入审查范围，调控机构、变电站运维检修单位对监控信息正确性、完整性和规范性进行审查
3	设计单位	根据变电站现场调试情况，及时对监控信息表设计稿进行变更
4	安装调试单位	向变电站运维检修单位提交完整的包含监控信息表的竣工资料
5	变电站运维检修单位	对接入变电站监控系统的监控信息完整性、正确性进行全面验证，完成监控信息现场验收后编制监控信息表调试稿并向调控机构提交接入（变更）申请

4.4.2　监控信息表流转管理

监控信息表的流转主要包括：监控信息表的接入（变更）申请、信息表录入、信息表的审核和校核、监控信息表的下发和执行等，监控信息表各个流转环节均应按照标准操作流程执行。

监控信息表调试稿在发布之前，应由调控机构设备监控专业首先对监控信息表调试稿进行审核和校核，然后组织调控机构的继电保护专业、调控运行专业、自动化专业等相关专业进行会签，汇总审核意见并修改完善后，经监控信息表调试稿编制人、审核人和校核人分别签字后，监控信息表调试稿才正式有效。调控机构依据接入（变更）计划安排，按时发布监控信息表调试稿，作为调控端及站端监控系统数据库制作和工程联调的依据。若存在特殊运行方式和其他不满足变电站设备监控信息技术规范要求的监控信息表，应由相关部门或单位主管安全生产领导签字，进行备案。

4.4.3　监控信息表执行管理

在监控信息表执行过程中，应以监控信息表调试稿作为依据，进行工程联调。工程联调应由变电站运维检修单位和调控机构共同负责，其中变电站运维检修单位负责依据监控信息表调试稿组织开展工程联调站端相关工作，调控机构负责工程联调调控端相关工作。

工程联调结束后，应形成工程联调报告，工程联调报告主要包含联调工作完成情况、遗留的缺陷情况、监控信息传动的正确性以及与规范相比较是否存在差异性等内容。工程联调报告应由变电站运维检修单位和调控机构相关负责人分别署名签字，方可生效。

依据工程联调情况，调控机构组织对监控信息表调试稿进行进一步修改和完善，最终形成监控信息表的正式稿，并按照"变电站电压等级－变电站名称－编写年份－编号"的格式对监控信息表的正式稿进行统一编号发布。最后，设计单位应将监控信息表正式稿在竣工图纸中出版，实现监控信息表执行的全过程闭环管控。

4.4.4　监控信息表变更管理

监控信息表变更管理主要是针对已投产变电站中需要进行变电站监控信息变更的工作情况。无论该变电站是否纳入集中监控，一旦发生监控信息表发生变更，均由变电站运维检修单位向调控机构提交接入（变更）申请。例如当变电站一、二次设备及辅助设备检修、改造等工作涉及监控信息变更时，变电站运维检修单位则应及时向调控机构提交接入（变更）申请并附变更后的监控信息表。调控机构收到接入（变更）申请单后，参照监控信息表执行环节管理流程，由调控机构设备监控专业组织审核、校核，并经相关专业会签后形成监控信息表调试稿发布。如果调试稿在后续执行工作中出现变动，则调控机构设备监控专业根据执行情况，组织修改监控信息表，核对无误后形成监控信息表正式稿进行发布。发布时应注意按照相同的编号原则对监控信息表编号进行更新，并标注出更新原因、更新信息、更新日期及被替换的编号。信息表执行完毕后，应有自动化信息维护专责与现场运维人员的核对记录。

如果进行变电站一、二次设备及辅助设备检修、改造不涉及监控信息变更，但仍需主站与站端联调的，则变电站运维检修单位应提交联调申请并标注联调范围、联调时间等内容。

4.4.5　监控信息表台账管理

监控信息表是已投产变电站的重要技术资料，监控信息表台账管理主要是调控机构应做好监控信息表流转、留存的管理工作，以确保监控信息表数据正确，版本清晰，内容完整翔实。

调控机构和运维检修单位应及时将正式编号发布的监控信息表进行留存，可借助技术手段实现监控信息表线上管理。此外，调控机构应定期组织开展智能电网调度控制系统和变电站监控系统的监控信息表版本核对工作。

已作废的监控信息表版本应保留三年。

第 5 章

变电站集中监控许可

变电站集中监控许可是指调控机构根据变电站设备运维检修单位的申请,经检查评估并履行业务移交手续后,准予其纳入调控机构集中监控的行为。

5.1 变电站具备集中监控的技术要求

5.1.1 变电站具备集中监控的总体要求

变电站监控系统应采用综合自动化或智能一体化监控系统,各项技术指标满足《220kV～500kV 变电所计算机监控系统设计技术规范》或《智能变电站一体化监控系统功能规范》《智能变电站一体化监控系统建设技术规范》。

变电站一次设备应遵循"安全、高效、环保"原则,对技术成熟、结构简单、自动化程度高、少维护或免维护的高可靠性产品优先采用。

变电站继电保护及安全自动装置要求采用质量可靠、性能稳定的微机型产品,并具备信息远传功能。在进行继电保护及安全自动装置远方操作时应满足"双确认"要求。

变电站交、直流电源的运行情况和主要参数应能实现远方监视与控制,并应根据实际地理和交通条件考虑适当提高配置。

变电站应配置输变电设备状态在线监测、安消防、工业视频等系统,并应能实现远方监视与控制。

变电站监控信息采集应符合相应电压等级变电站典型监控信息表要求,完成与调控主站的联调验收,满足远方监视、控制的运行要求。

调控主站应完成画面及功能验收,画面及数据链接应正确。

提交的基础资料应涵盖设备基础资料、设备运行资料、技术管理资料等,能够满足集中监控运行要求。

5.1.2 一次设备信息采集要求

变电站一次设备信息采集应满足表 5-1 的技术要求。

表 5-1　　　　　　　　　　　　　一次设备信息采集技术要求

一次设备信息采集

序号	技 术 要 求
1	变电站所有一次设备应安全可靠，一次设备的位置状态、告警信息应能传至调控中心
2	新建及改造变电站应实现开关双位置接点采集；对于分相操动机构开关，应实现遥信和遥测信息的分相采集
3	需要在调控中心进行远方操作的开关类设备应具备遥控和就地控制功能，有同期合闸需求的开关应具备调控中心远方同期合闸操作功能
4	主变压器采用有载调压开关的应具备远方挡位调节功能

5.1.3　继电保护和安全自动装置技术要求

变电站继电保护和安全自动装置应满足表 5-2 的技术要求。

表 5-2　　　　　　　　　　　　继电保护和安全自动装置技术要求

继电保护和安全自动装置

序号	技 术 要 求
1	变电站继电保护和安全自动装置配置应满足《继电保护和安全自动装置技术规程》的相关技术要求
2	继电保护装置动作、告警、状态变位等保护实时信息经变电站Ⅰ区通信网关机或Ⅰ区监控主机传送至调控主站，通信规约采用《电力系统实时数据通信应用层协议》或《远动设备及系统　第 5-104 部分：传输规约采用标准传输协议集的 IEC 60870》
3	继电保护装置在线监测信息、中间节点信息、保护装置记录文件等保护专业使用信息经变电站Ⅰ区监控主机以文件方式传送至调控主站，传输方式应遵循《电力系统通用实时通信服务协议》和《电力系统动态消息编码规范》的要求
4	继电保护装置故障录波器信息经变电站Ⅱ区通信网关机以文件方式传送至调控主站，传输方式应遵循《电力系统通用实时通信服务协议》和《电力系统动态消息编码规范》的相关技术要求
5	继电保护装置除按要求实现主动及定时上送信息以外，还应支持调控主站数据召唤，包括在Ⅰ区召唤保护装置定值区、定值、软压板、装置模型、模拟量、开关量、保护装置记录文件以及实现总召、历史信息查询等功能；在Ⅱ区召唤故障录波信息
6	继电保护装置应实现远方切换定值区等远方操作功能
7	安全自动装置的动作信息、告警信息及方式状态应能够实时传至调控中心
8	35kV 及以下重合闸及备自投装置应以软压板方式实现远方投退功能。重合闸及备自投装置软压板投退状态、充电完成状态指示应传至调控中心
9	继电保护及安全自动装置远方操作的安全防护应严格遵照国家发展和改革委员会第 14 号令及电监安全〔2006〕34 号文的要求，相关功能投入使用前应通过实际传动试验验证。继电保护及安全自动装置远方操作传动验证方法应符合本书 5.5.2 节内容规定
10	纵联保护应具备通道监视功能，其通道告警信息应能传至调控中心。闭锁式高频保护具备通道手动、自动测试功能，并向调控中心发送告警信息
11	继电保护和安全自动装置应具备检修信息闭锁或检修信息标示功能，装置检修时可避免检修信息对调控中心正常监视的干扰

5.1.4 变电站自动化系统技术要求

变电站自动化系统应满足表 5-3 的技术要求。

表 5-3 变电站自动化系统技术要求

变电站自动化系统	
序号	技 术 要 求
1	变电站自动化系统与调控中心的通信应采用主备或冗余方式，条件具备的采用双主模式
2	变电站自动化系统应满足二次安全防护的相关要求，根据需要配置隔离设备、加密装置、防火墙等
3	远方和就地操作均应具备完善的防误闭锁功能
4	变电站应配置全站统一时间同步装置，为保护、测控单元等设备提供精确的时间同步信号，告警信息应具备远传功能
5	330kV 以上变电站应实现告警直传、远程浏览功能
6	变电站应配置电量采集系统，应能满足远方抄表要求，具有信息远传功能
7	变电站应具备自动电压无功控制（AVC）功能

5.1.5 通信系统技术要求

变电站通信系统应满足表 5-4 技术要求。

表 5-4 通 信 系 统 技 术 要 求

通 信 系 统	
序号	技 术 要 求
1	变电站通信系统容量和技术参数配置应能满足变电站监控信息、PMU、继电保护、安消防、电量采集、在线监测、工业视频等系统对通信系统的需求
2	通信通道告警信息应能传至调控中心
3	变电站应配备与调控中心的直通电话
4	变电站至调控中心的数据传输通道应满足调度数据专网双网通信要求

5.1.6 交直流系统技术要求

变电站交直流系统应满足表 5-5 的技术要求。

表 5-5 交直流系统技术要求

交直流系统	
序号	技 术 要 求
1	变电站交直流电源设备应可靠，交直流电源系统的告警信息及母线电压等遥测、遥信量应能传至调控中心
2	站用电交流系统应具备备用电源自动投入功能，双电源应分列运行、互为备用
3	站内重要负荷（如变压器冷却器、直流系统等）应采用分别接在两段母线上的双回路供电方式，且能够实现自动切换

续表

序号	技术要求
4	直流系统宜采集直流馈出线屏出线开关跳闸信息，并能传至调控中心
5	蓄电池容量应至少满足全站设备 2h 以上，事故照明 1h 以上的用电要求。运维站到变电站路程超过 2h 的，应增加容量以适应故障抢险时间需要
6	330kV 以上电压等级变电站、重要的 220kV 变电站直流电源设备配置应满足 3 台充电机、2 组蓄电池的配置要求

5.1.7　在线监测系统技术要求

变电站在线监测系统应满足表 5－6 的技术要求。

表 5－6　　　　　　　　　　在线监测系统技术要求

在线监测系统	
序号	技术要求
1	变电站应选用成熟的在线监测装置实现对一次设备的状态监测。对于技术成熟、运行稳定的在线监测装置，应能将其采集的在线监测数据及装置运行状况信息传至相应调控中心。具备阈值设置功能的在线监测装置，应能同时上传被监测设备的异常告警信息
2	新建智能变电站在线监测信息应按照《智能变电站一体化监控系统建设技术规范》要求接入变电站一体化监控系统，通过变电站Ⅱ区数据通信网关机接入调控主站，通信规约采用《电力系统实时数据通信应用层协议》或《远动设备及系统第 5－104 部分：传输规约采用标准传输规约集的 IEC 60870－5－101 网络访问》，数据上送方式应支持变化传送和周期召唤两种机制，调控主站同时应实现对在线监测信息采集通道运行状况的监视
3	输电设备、在运变电站及新建非智能变电站变电设备在线监测装置信息，可通过 PMS/输变电设备状态监测系统主站接入调控主站
4	输变电设备在线监测装置投运前应经过联调验证

5.1.8　工业视频技术要求

变电站工业视频应满足表 5－7 的技术要求。

表 5－7　　　　　　　　　　工 业 视 频 技 术 要 求

工 业 视 频	
序号	技术要求
1	变电站应配置工业视频系统，变电站工业视频系统应按照《电网视频监控系统及接口》要求接入统一视频监视平台，并能传至相应调控中心
2	变电站工业视频系统监视范围应满足集中监控安防及设备运行监视要求，应能俯瞰变电站全景
3	变电站工业视频系统应具备远程控制和录像存档查阅功能，宜具备灯光联动、自动巡视以及与被监视设备的操作及故障告警信息的联动功能

5.1.9 安消防系统技术要求

变电站安消防系统应满足表 5-8 的技术要求。

表 5-8　　　　　　　　　　　　安消防系统技术要求

安消防系统	
序号	技 术 要 求
1	变电站应具有安防系统，可采用高压脉冲电子围栏、周界入侵报警系统、实体防护装置等措施。安防系统的总告警信息应能通过变电站计算机监控系统传至调控中心
2	应在变电站装设火灾报警装置，消防系统的总告警信息应能通过变电站计算机监控系统传至调控中心。装置故障信息、重点设备火灾告警信息宜传至调控中心

5.1.10 防误闭锁技术要求

变电站采取的防误闭锁措施应具备表 5-9 的技术要求。

表 5-9　　　　　　　　　　　防误闭锁措施技术要求

防误闭锁措施	
序号	技 术 要 求
1	无人值守变电站远方和就地操作均应具备完善的防误闭锁措施，新建无人值守变电站优先采用单元电气闭锁回路加微机"五防"方案；变电站改造加装防误装置时，应优先采用微机防误装置
2	成套的高压开关设备应具备机械联锁和电气闭锁功能
3	无人值守变电站的操作控制可按远方操作、站控层、间隔层、设备级的分层操作原则考虑，各层均应具备防误闭锁功能。无人值守变电站可配置程序化控制功能，采用程序化控制并不取消原有的常规单命令控制

5.1.11 时间同步系统技术要求

变电站时间同步系统应满足表 5-10 技术要求。

表 5-10　　　　　　　　　　时间同步系统技术要求

时间同步系统	
序号	技 术 要 求
1	无人值守变电站应配置全站统一时间同步系统，具备北斗和 GPS 双对时方式，以北斗对时为主，可通过 B 码、NTP、SNTP 等多种对时方式为保护、测控单元等设备提供精确的时间同步信号
2	无人值守变电站内的时间同步系统应满足各类设备的对时需要。各类型的输出保留一定的备用接口数。时间同步系统的直流丢失等硬接点告警信号应接入站内监控系统。宜考虑对时间同步的监测手段，新建变电站应满足电力系统时间同步监测管理要求，实现站内设备时钟管理和集中监控的时间监视

5.1.12　电量采集系统技术要求

变电站电量采集系统应满足表 5-11 的技术要求。

表 5-11　　　　　　　　　　　　　　电量采集系统技术要求

电量采集系统	
序号	技　术　要　求
1	无人值守变电站应配置电量采集系统，具有信息远传功能。电量采集系统应能满足远方抄表要求，电量采集装置的故障和障碍应有告警

5.1.13　空调等辅助系统技术要求

变电站空调等辅助系统应满足表 5-12 的技术要求。

表 5-12　　　　　　　　　　　　　空调等辅助系统技术要求

空调等辅助系统	
序号	技　术　要　求
1	继电保护小室、计算机房、开关室、蓄电池室等生产场所宜配置温、湿度远方检测功能
2	天气寒冷和有潮气地区室外端子箱、机构箱应配备驱潮和加热装置，并具备手动、自动启动功能

5.2　变电站实施集中监控的资料要求

5.2.1　监控信息接入申请单

应按《调控机构变电站集中监控许可管理规定》[国网（调/4）808-2016]等规定要求，经由"调度集中监控接入（变更）、验收、许可管理流程"提交信息接入申请单。监控信息接入申请单应填写规范，内容翔实，无缺项漏项。

5.2.2　变电站设备监控信息表正式稿

变电站设备监控信息表正式稿是实施集中监控的重要基础资料，应是调控机构和变电站设备运维检修单位依据监控信息表调试稿实际执行情况，组织修改并正式编号发布的监控信息表。典型监控信息表如表 5-13 所示。

表 5-13　　　　　　　　　　　　　　典型监控信息表（部分）

序号	设备原始名称	标准信息描述	所属间隔	电压等级	遥信分类	告警分级	光字牌设置	闭锁AVC	SOE设置	日期
1	集控/站端	集控/站端	公用	其他	1	5	0	0	0	

续表

序号	设备原始名称	标准信息描述	所属间隔	电压等级	遥信分类	告警分级	光字牌设置	闭锁AVC	SOE设置	日期
2	全站事故总	全站事故总	公用	其他	1	1	1	0	1	
3	3-72	3-72	3号主变	220kV	0	4	0	0	1	
4	3-7	3-7	3号主变	110kV	0	4	0	0	1	
5	高压侧中性点隔离开关机构就地控制	高压侧中性点隔离开关机构就地控制	3号主变	220kV	1	2	0	0	0	
6	高压侧中性点隔离开关电机电源消失	高压侧中性点隔离开关电机电源消失	3号主变	220kV	1	2	1	0	0	
7	高压侧中性点隔离开关控制电源消失	高压侧中性点隔离开关控制电源消失	3号主变	220kV	1	2	1	0	0	
8	中压侧中性点隔离开关机构就地控制	中压侧中性点隔离开关机构就地控制	3号主变	110kV	1	2	0	0	0	
9	中压侧中性点隔离开关电机电源消失	中压侧中性点隔离开关电机电源消失	3号主变	110kV	1	2	1	0	0	
10	中压侧中性点隔离开关控制电源消失	中压侧中性点隔离开关控制电源消失	3号主变	110kV	1	2	1	0	0	
11	中压侧中性点隔离开关加热器故障	中压侧中性点隔离开关加热器故障	3号主变	110kV	1	2	1	0	0	
12	中压侧中性点隔离开关电机保护器告警	中压侧中性点隔离开关电机保护器告警	3号主变	110kV	1	2	1	0	0	

5.2.3　变电站一次主接线图

应提交相应变电站的一次接线图，如图 5-1 所示。一次接线图应设备齐全、图形清晰。

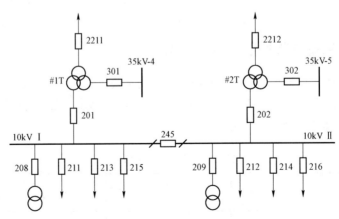

图 5-1　变电站一次主接线图

5.2.4　站内交、直流系统图

应提交相应变电站的交流系统分图、直流系统分图，如图 5−2 所示。站内交、直流系统图应设备齐全、图形清晰。

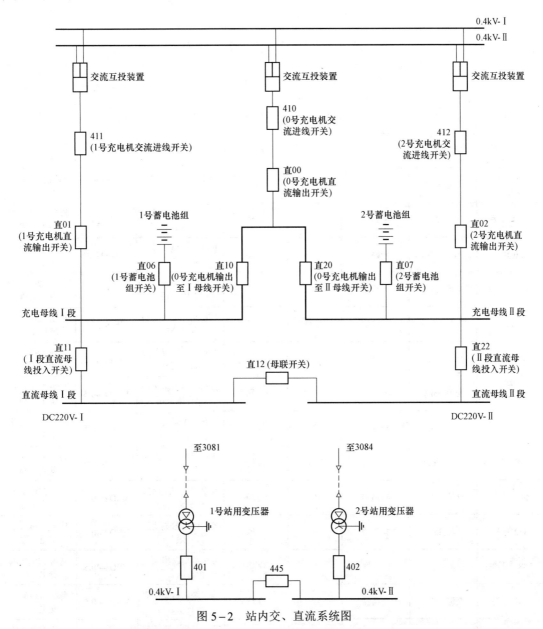

图 5−2　站内交、直流系统图

5.2.5　设备调度命名文件

应提交相应变电站的设备调度命名正式文件。

5.2.6 设备台账

应提交相应一、二次设备台账，如表 5–14 所示，内容包括设备名称、生产厂家、型号等。设备台账应齐全、完备。

表 5–14　　　　　　　　　变电站设备台账（部分）

*设备名称	*电压等级	设备类型名称	运行编号	*变电站名称	*生产厂家	*型号	工程名称
#4T	交流 220kV	主变压器	4 号	高场	山东泰开变压器有限公司	SFSZ11-240000/220	高场 220kV 输变电工程
#3T	交流 220kV	主变压器	3 号	高场	山东泰开变压器有限公司	SFSZ11-240000/220	高场 220kV 输变电工程
308 乙站用变压器	交流 35kV	站用变压器	308 乙	高场	北京立业电力变压器有限公司	SCB10-630/37	高场 220kV 输变电工程
329 站用变压器	交流 35kV	站用变压器	329	高场	北京立业电力变压器有限公司	SCB10-630/37	高场 220kV 输变电工程
2211 开关	交流 220kV	断路器	2211	高场	北京北开电气股份有限公司	ZF19-252	高场 220kV 输变电工程
120 开关	交流 110kV	断路器	120	高场	北京北开电气股份有限公司	ZFW31-126	高场 220kV 输变电工程
3071 乙开关	交流 35kV	断路器	3071 乙	高场	施耐德开关（苏州）有限公司	FP4025D	高场 220kV 输变电工程
2204 开关	交流 220kV	断路器	2204	高场	北京北开电气股份有限公司	ZF19-252	高场 220kV 输变电工程
326 开关	交流 35kV	断路器	326	高场	苏东源电器集团股份有限公司	VED4-40.5	高场 220kV 输变电工程
345 乙开关	交流 35kV	断路器	345 乙	高场	苏东源电器集团股份有限公司	VED4-40.5	高场 220kV 输变电工程
331 开关	交流 35kV	断路器	331	高场	苏东源电器集团股份有限公司	VED4-40.5	高场 220kV 输变电工程
2255 开关	交流 220kV	断路器	2255	高场	北京北开电气股份有限公司	ZF19-252	高场 220kV 输变电工程
304 开关	交流 35kV	断路器	304	高场	苏东源电器集团股份有限公司	VED4-40.5	高场 220kV 输变电工程
332 开关	交流 35kV	断路器	332	高场	苏东源电器集团股份有限公司	VED4-40.5	高场 220kV 输变电工程
308 乙开关	交流 35kV	断路器	308 乙	高场	苏东源电器集团股份有限公司	VED4-40.5	高场 220kV 输变电工程
333 开关	交流 35kV	断路器	333	高场	苏东源电器集团股份有限公司	VED4-40.5	高场 220kV 输变电工程
334 开关	交流 35kV	断路器	334	高场	苏东源电器集团股份有限公司	VED4-40.5	高场 220kV 输变电工程
2214 开关	交流 220kV	断路器	2214	高场	北京北开电气股份有限公司	ZF19-252	高场 220kV 输变电工程
3061 乙开关	交流 35kV	断路器	3061 乙	高场	施耐德开关（苏州）有限公司	FP4025D	高场 220kV 输变电工程

续表

*设备名称	*电压等级	设备类型名称	运行编号	*变电站名称	*生产厂家	*型号	工程名称
3062 乙开关	交流 35kV	断路器	3062 乙	高场	施耐德开关（苏州）有限公司	FP4025D	高场 220kV 输变电工程
2245 甲开关	交流 220kV	断路器	2245 甲	高场	北京北开电气股份有限公司	ZF19-252	高场 220kV 输变电工程
119 开关	交流 110kV	断路器	119	高场	北京北开电气股份有限公司	ZFW31-126	高场 220kV 输变电工程
124 开关	交流 110kV	断路器	124	高场	北京北开电气股份有限公司	ZFW31-126	高场 220kV 输变电工程
323 开关	交流 35kV	断路器	323	高场	苏东源电器集团股份有限公司	VED4-40.5	高场 220kV 输变电工程
2245 乙开关	交流 220kV	断路器	2245 乙	高场	北京北开电气股份有限公司	ZF19-252	高场 220kV 输变电工程
303 开关	交流 35kV	断路器	303	高场	苏东源电器集团股份有限公司	VED4-40.5	高场 220kV 输变电工程

5.2.7　最小载流元件表

应提交变电设备最小载流元件表，如表 5-15 所示，包括各电气单元的最小载流元件及其额定电流等。最小载流元件表应格式规范、数据准确。

表 5-15　　　　　　　　　最小载流元件表（部分）

变电设备								输电线路（电缆）		
断路器额定电流（A）	隔离开关额定电流（A）	电流互感器额定电流（A）			引线额定电流（A）			型号	1-5、10-12 月载流	6-9 月载流
		保护变比	计量变比	测量变比	引线型号	1-5、10-12 月载流	6-9 月载流			
3150	3150	2500/1	2500/1	2500/1	2×LGJ-630/45	2260	1831	2*JL1/LHA1-465/210-42/19	2260	1831
3150	3150	2500/1	2500/1	2500/1	2×LGJ-630/45	2260	1831	2*JL1/LHA1-465/210-42/19	2260	1831
2500	2500	1600/1	800/1	800/1				ZC-YJLW03-Z-64/110kV（800）	814	763
2500	2500	1600/1	800/1	800/1				ZC-YJLW03-Z-64/110kV（800）	814	763
2500	2500	1600/1	800/1	800/1	2×LGJ-400/50	1600	1296	ZC-YJLW03-Z-64/110kV（800）	814	763
2500	2500	1600/1	800/1	800/1				ZC-YJLW03-Z-64/110kV（800）	814	763
2500	2500	1600/1	800/1	800/1				ZC-YJLW03-Z-64/110kV（800）	814	763

5.2.8　现场运行规程

应提交现场运行规程，具体内容如表 5–16 所示，明确该变电站基本情况、运行方式、运行操作注意事项等。现场运行规程应格式规范、内容准确。

表 5–16　　　　　　　　　　　现场运行规程内容（部分）

序号	内容要求	序号	内容要求
1	变电站概况	3	设备运行、巡视及注意事项
2	调度范围的划分和运行方式	4	设备的异常运行及事故处理

5.2.9　保护配置表

应提交相应变电站保护配置表，明确各单元保护装置配置情况。保护配置表应格式规范、内容准确。

5.2.10　设备运行方式表

应提交相应变电站设备正常运行方式表，包括重合闸方式、保护投跳方式、一次设备运行方式、交直流系统运行方式等。设备运行方式表应格式规范、内容准确。

5.2.11　缺陷及遗留问题记录

应提交相应变电站缺陷及遗留问题清单和相应的说明材料。缺陷及遗留问题记录应格式规范、内容准确。

5.3　变电站纳入集中监控许可管理

5.3.1　变电站集中监控许可申请

变电站纳入调控机构集中监控前，变电站运维检修单位应对变电站是否满足集中监控条件进行现场检查自查，并形成自查报告，自查合格后向调控机构提交变电站集中监控许可申请，并附带相关资料。

变电站实施集中监控许可的申请资料主要包括：

（1）设备台账、设备运行限额（包括最小载流元件）；

（2）现场运行规程（应包括：变电站一次主接线图、站内交流系统图、站内直流系统图、GIS 设备气隔图、现场事故预案等）；

（3）保护配置表；

（4）自查报告。

5.3.2　编制监控业务移交方案

调控机构在收到变电站运维检修单位书面申请后，编制完成变电站监控业务移交工作方案，其内容应包括：

（1）成立监控业务移交工作组；

（2）明确变电站设备集中监控试运行期限；

（3）制定变电站现场检查项目内容和工作计划；

（4）制定调控机构集中监控工作计划；

（5）明确监控业务移交的安全措施；

（6）其他需要明确的事项。

监控移交工作组由调控机构各专业处室组成，一般应由调控机构分管领导任组长，设备监控管理处负责协调工作。变电站集中监控业务移交工作方案如表 5 - 17 所示。

表 5 - 17　　　　　变电站（××设备）集中监控业务移交工作方案

××变电站（××设备）集中监控业务移交工作方案
为加强××变电站（××主变）集中监控许可管理，确保监控业务移交工作安全、有序进行，特编制该方案。 一、成立监控业务移交工作组 组长：××× 副组长：××× 成员：××× 二、试运行时间 三、技术检查 （一）工作计划 1. 检查时间 2. 参加人员 （二）检查内容 1. 主站端检查项目 2. 站端检查项目 四、集中监控工作计划 五、安全措施 六、其他注意事项

5.3.3　变电站集中监控试运行

调控机构对变电站运维检修单位提交的变电站集中监控许可申请及相关资料进行审核，满足实施集中监控技术要求且运行稳定后，变电站进入集中监控试运行期。

试运行期间，调控机构各相关处室应按照工作方案做好以下移交准备工作：

（1）修订、完善相应运行规程和台账记录；

（2）开展监控运行人员相关培训；

（3）制定电流、电压和温度等告警限值；

此外，调控机构还应组织相关专业对变电站是否具备集中监控技术条件进行现场检查，对检查发现的问题应及时通知变电站运维检修单位进行整改，并做好检查记录。

5.3.4 集中监控情况评估

调控机构根据上送资料、现场检查、业务移交准备工作等情况进行分析评估，并形成集中监控评估报告，作为许可变电站集中监控的依据。评估报告应包括以下内容：

（1） 变电站基本情况；

（2） 变电站运行情况；

（3） 变电站现场检查情况；

（4） 遗留问题及缺陷；

（5） 调控机构监控业务移交准备工作情况；

（6） 需在报告中体现的其他情况；

（7） 评估意见（明确是否具备集中监控条件）。

存在下列影响正常监控的情况应不予通过评估：

（1） 设备存在危急或严重缺陷；

（2） 监控信息存在误报、漏报、频发现象；

（3） 现场检查的问题尚未整改完成，不满足集中监控技术条件；

（4） 其他严重影响正常监控的情况。

变电站集中监控评估未通过，变电站运维检修单位应按要求组织整改，整改完成后及时向调控机构提交再评估申请，调控机构组织再评估，变电站（××设备）集中监控试运行评估报告如表 5-18 所示。

变电站集中监控评估通过后，调控机构应及时批复变电站集中监控许可申请，许可申请批复应明确监控职责移交的范围和时间。

表 5-18　　　　　　变电站（××设备）集中监控试运行评估报告

××变电站（××设备）集中监控试运行评估报告
一、基本概况
变电站名称：××kV××变电站
变电站（新设备）：××××××
变电站所属操作运维班：××××××
变电站（新设备）正式投运时间：×年×月×日
变电站（新设备）集中监控的试运行时间：×年×月×日至×年×月×日
二、试运行情况
（1）××变电站（××设备）试运行情况
××变电站（××设备）试运行期间，通道运行稳定，遥测数据和现场一致，遥信信号没有发生误动、频繁动作情况，遥控、遥调满足相关要求……
（2）主站端技术检查情况（见附件 4）
（3）站端技术检查情况（见附件 5）
（4）现场缺陷整改情况
三、评估结论
××变电站（××设备）经试运行评估合格，同意于×年×月×日纳入××调控中心集中监控。
四、评估不能通过的原因（逐条列出）
五、评估人员签字
××年××月××日

5.3.5　变电站集中监控职责交接

变电站运维检修单位和调控机构按照批复的纳入集中监控的时间和范围,进行监控职责移交,调控机构当值监控员与现场值班运维人员通过录音电话按时办理集中监控职责交接手续，当值监控员依据变电站内设备调度管理关系，向相关调度人员汇报。

第6章

变电站设备集中监控运行管理

6.1　变电站设备集中监视管理

变电站设备集中监视是调控机构对所辖各集控站或无人值守变电站相关设备及其运行情况进行远方遥测、遥控、遥信、遥调、遥视等功能的监测。调控机构主要负责监控范围内变电站设备监控告警信息、输变电设备状态在线监测告警信息的集中监视，主要监视内容包括：

（1）通过监控系统监视变电站运行工况；

（2）监视变电站设备事故、异常、越限及变位信息；

（3）监视输变电设备状态在线监测系统告警信号；

（4）监视变电站消防、安防系统告警总信号；

（5）通过工业视频系统开展变电站场景辅助巡视。

6.1.1　变电站设备集中监视分类

设备集中监视按照不同类型分为全面监视、正常监视和特殊监视。

全面监视是指监控员对所有监控变电站进行全面的巡视检查，330kV 及以上变电站每值至少两次，330kV 以下变电站每值至少一次。

全面监视内容包括：

（1）检查监控系统遥信、遥测数据是否刷新；

（2）检查变电站一、二次设备，站用电等设备运行工况；

（3）核对监控系统检修置牌情况；

（4）核对监控系统信息封锁情况；

（5）检查输变电设备状态在线监测系统和监控辅助系统（视频监控等）运行情况；

（6）检查变电站监控系统远程浏览功能情况；

（7）检查监控系统 GPS 时钟运行情况；

（8）核对未复归、未确认监控信号及其他异常信号。

正常监视是指监控员值班期间对变电站设备事故、异常、越限、变位信息及输变电设备状态在线监测告警信息进行不间断监视。正常监视要求监控员在值班期间不得遗漏告警信息，并对告警信息及时确认，发现并确认的告警信息应按照相关要求，及时进行处置并做好记录。

特殊监视是指在某些特殊情况下，监控员对变电站设备采取的加强监视措施，如增加监视频度、定期查阅相关数据、对相关设备或变电站进行固定画面监视等，并做好事故预想及各项应急准备工作。

需开展特殊巡视的情况包括：

（1）设备有严重或危急缺陷，需加强监视时；

（2）新设备试运行期间；

（3）设备重载或接近稳定限额运行时；

（4）遇特殊恶劣天气时；

（5）重点时期及有重要保电任务时；

（6）电网处于特殊运行方式时；

（7）其他有特殊监视要求时。

6.1.2　变电站监控职责移交和收回

在正常监视过程中，当出现特殊情况，调控机构无法对设备实施集中监视时，应将相应的监控职责临时移交至运维单位。

监控职责临时移交时，监控员应以录音电话方式与运维单位明确移交范围、时间、移交前运行方式等内容，并做好相关记录。监控职责移交完成后，监控员应将移交情况向相关调度进行汇报。

监控职责临时移交站端的情况包括：

（1）变电站站端自动化设备异常，监控数据无法正确上送调控机构；

（2）调控机构监控系统异常，无法正常监视变电站运行情况；

（3）变电站与调控机构通信通道异常，监控数据无法上送调控机构；

（4）变电站设备检修或者异常，频发告警信息影响正常监控功能；

（5）变电站内主变、断路器等重要设备发生严重故障，危及电网安全稳定运行；

（6）因电网安全需要，调控机构明确变电站应恢复有人值守的其他情况。

在监控员确认监控功能恢复正常后，应及时通过录音电话与运维单位重新核对变电站运行方式、监控告警信息和监控职责移交期间故障处理等情况，收回监控职责，并做好相关记录。收回监控职责后，监控员应将移交情况向相关调度进行汇报。

6.2　变电站设备集中监控告警信息处置及缺陷管理

设备告警信息可以直接反映设备运行状况，监控员根据信息分类及处置原则，做出预判采取应对措施，汇报相关调度并通知运维人员。按照对电网影响的程度，告警信息对应不同的缺陷等级。监控员根据告警信息确认缺陷等级并发起处理流程，督促专业人员按照消缺时限及时消缺，定期统计分析缺陷处理情况，实现闭环管理。

6.2.1　变电站设备集中监控告警信息处置

监控告警信息处置以"分类处置、闭环管理"为原则，分为信息收集、实时处置、分析处理三个阶段。

第一阶段信息收集环节，监控员通过监控系统发现监控告警信息后，迅速确认，同时根据实际情况收集相关信息，必要时通知变电运维单位协助收集。

收集的信息内容包括：

（1）告警发生时间及相关实时数据；

（2）保护及安全自动装置动作信息；

（3）开关变位信息；

（4）关键断面潮流、频率、母线电压的变化等信息；

（5）监控画面推图信息；

（6）现场影音资料（必要时）；

（7）现场天气情况（必要时）。

第二阶段实时处置是信息处置的核心环节，针对不同类型的告警信息，有着不同的处理原则和流程。

事故信息实时处置：

（1）监控员收集到事故信息后，按照汇报制度及时向相关调度汇报，并通知运维人员检查；

（2）运维人员在接到监控员通知后，应及时组织现场检查，并进行分析、判断，及时向相关调控机构汇报检查结果；

（3）事故信息处置过程中，监控员应按照调度指令进行事故处理，并监视相关变电站运行工况，跟踪了解事故处理情况；

（4）事故信息处置结束后，运维人员应检查现场设备运行状态，并与监控员核对设备运行状态与监控系统是否一致，相关信号是否复归。监控员应对事故发生、处理和联系情况进行记录，并展开专项分析，形成分析报告。

异常信息实时处置：

（1）监控员收集到异常信息后，应进行初步判断，通知运维人员检查处理，必要时汇报相关调度；

（2）运维人员在接到通知后应及时组织现场检查，并向监控员汇报现场检查结果及异常处理措施。如异常处理涉及电网运行方式改变，运维人员应直接向相关调度汇报，同时告知监控员；

（3）异常信息处置结束后，现场运维人员检查现场设备运行正常，并与监控员确认异常信息已复归，监控员做好异常信息处置的相关记录。

越限信息实时处置：

（1）监控员收集到输变电设备越限信息后，应汇报相关调度，并根据情况通知运维人员检查处理；

（2）监控员收集到变电站母线电压越限信息后，应根据有关规定，按照相关调度颁布的电压曲线及控制范围，投切电容器、电抗器和调节变压器有载分接开关，如无法将电压调整至控制范围内时，应及时汇报相关调度。

变位信息实时处置：

监控员收集到变位信息后，应确认设备变位情况是否正常。如变位信息异常，应根据情况参照事故信息或异常信息进行处置。

告知信息实时处置：

（1）调控机构定期统计告知类监控告警信息，并向运维人员反馈；

（2）运维人员完成告知类监控告警信息的分析和处置。

第三阶段分析处理是设备监控专业针对监控员无法完成闭环处置的监控告警信息进行分析统计，协调运检部门进行处理，并跟踪处理情况。

除此之外，设备监控专业对监控告警信息处置情况每月进行统计。对监控告警信息处置过程中出现的问题，及时会同调度控制专业、自动化专业、继电保护专业和运维单位总结分析，落实改进措施。

6.2.2　变电站设备集中监控告警信息缺陷分类

监控告警信息缺陷分类有别于输变电设备的缺陷分类，是针对告警信息的缺陷初步分类，不代表设备最终的缺陷状况。监控告警信息按照紧急程度以缺陷分类的形式分为危急缺陷、严重缺陷、一般缺陷。

危急缺陷是指监控告警信息反映出会威胁安全运行并需立即处理的缺陷，否则随时可能造成设备损坏、人身伤亡、大面积停电、火灾等事故。

严重缺陷是指监控告警信息反映出对人身或设备有重要威胁，暂时尚能坚持运行但需尽快处理的缺陷。

一般缺陷是指危急、严重缺陷以外的缺陷，指性质一般、程度较轻，对安全运行影响不大的缺陷。

一次设备类信息缺陷分类如表 6-1 所示。

表 6-1　　　　　　　　　　　一次设备类信息缺陷分类

设备	缺陷部位	缺陷描述	缺陷等级
主变压器	本体	本体轻瓦斯告警	严重
		本体压力释放告警	危急
		本体压力突变告警	危急
		本体油温高告警	严重
		本体油温过高告警	危急
		本体油位异常	严重
		本体绕组温度高告警	严重
		本体绕组温度过高告警	危急
		SF_6 气体压力异常	严重
		SF_6 气体温度过高	危急
		中性点直接接地刀闸操作电源消失	严重

设备	缺陷部位	缺陷描述	缺陷等级
主变压器	电缆箱	电缆箱轻瓦斯告警	严重
		电缆箱气室 SF₆ 气体压力低报警	严重
		电缆箱气室 SF₆ 气体压力低动作	危急
	冷却器	冷却器电源消失	严重
		冷却器风扇故障	严重
		冷却器强迫油循环故障	危急
		冷却器全停告警	危急
		冷却器控制器故障	严重
	有载调压	有载轻瓦斯告警	严重
		有载压力释放告警	危急
		有载油位异常	严重
		有载调压控制屏交直流电源故障	严重
		有载开关气室 SF₆ 气体压力低报警	严重
		有载开关气室 SF₆ 气体压力低动作	危急
	调压补偿变	调压补偿变压力释放告警	危急
		调压补偿变油温高告警	严重
		调压补偿变油温过高告警	危急
		调压补偿变轻瓦斯告警	严重
		调压补偿变油位异常告警	严重
	灭火装置	主变灭火装置异常	一般
断路器	本体	SF₆ 气压低告警	严重
		SF₆ 气压低闭锁	危急
	液压机构	油压低分合闸总闭锁	危急
		油压低合闸闭锁	危急
		油压低重合闸闭锁	危急
		油压低告警	严重
		N₂ 泄漏告警	严重
		N₂ 泄漏闭锁	危急
		油泵打压超时	严重

续表

设备	缺陷部位	缺陷描述	缺陷等级
断路器	气动机构	空气压力低分合闸总闭锁	危急
		空气压力低合闸闭锁	危急
		空气压力低重合闸闭锁	危急
		空气压力降低告警	严重
		气泵打压超时	严重
		气泵空气压力高告警	严重
	机构异常信号	加热器故障	一般
	控制回路状态	控制回路断线	危急
		控制电源消失	危急
高抗	本体	高抗本体轻瓦斯告警	严重
		高抗油位异常告警	严重
		高抗压力释放告警	危急
		高抗油温高告警	严重
		高抗油温过高告警	危急
		高抗绕组温度高告警	严重
		高抗中性点轻瓦斯告警	严重
		高抗中性点压力释放告警	危急
		高抗中性点油位异常告警	严重
		高抗中性点油温高告警	严重
		高抗中性点油温过高告警	危急
	冷却器状态	高抗冷却器电源消失	严重
		高抗冷却器风扇故障	严重
		高抗冷却器全停告警	危急
		高抗冷却器控制器故障	严重
电压互感器	本体	互感器 SF_6 气压低告警	危急
	二次开关	保护电压空开跳开	危急
		计量电压空开跳开	严重
电流互感器	本体	互感器 SF_6 气压低告警	危急
GIS（HGIS）设备	气室	断路器气室 SF_6 气压低告警	严重
		断路器气室 SF_6 气压低闭锁	危急
		间隔其他气室 SF_6 气压低告警	严重

设备	缺陷部位	缺陷描述	缺陷等级
GIS（HGIS）设备	本体汇控柜	汇控柜加热器异常	一般
		汇控柜交流电源消失	危急
		汇控柜直流电源消失	危急
	电压互感器汇控柜	汇控柜直流电源消失	严重
		汇控柜交流电源消失	一般
消弧线圈	本体	消弧线圈轻瓦斯告警	严重
		消弧线圈装置拒动	严重
	调节装置	消弧线圈装置异常	危急
		消弧线圈装置通信中断	严重
站用变	本体	油浸式站用变本体温度高告警	危急
		干式站用变本体温度高告警	危急
		站用变本体温控器故障	一般

非一次设备类信息缺陷分类如表 6-2 所示。

表 6-2 非一次设备类信息缺陷分类

设备	缺陷部位	缺陷描述	缺陷等级	备注
保护装置	主变电气量保护装置	主变保护 TV 断线	危急	
		主变保护 TA 断线	危急	
		保护装置异常	危急	
		保护装置故障	危急	
		保护装置通信中断	严重	
	主变非电气量保护装置	本体非电气量保护装置异常	危急	
		本体非电气量保护装置故障	危急	
		主变本体非电量保护装置通信中断	严重	
	调压补偿变保护装置	保护装置 TA 断线	危急	
		保护装置异常	危急	
		保护装置故障	危急	
		保护装置通信中断	严重	
	断路器保护装置	线路保护重合闸闭锁	危急	
		保护装置异常	危急	
		保护装置故障	危急	
		保护装置通信中断	严重	

续表

设备	缺陷部位	缺陷描述	缺陷等级	备注
保护装置	线路保护装置	线路保护远跳发信	危急	
		线路保护远跳收信	危急	
		线路保护 TA 断线	危急	
		线路保护 TV 断线	危急	
		线路保护通道异常	危急	
		线路保护切换继电器失电	危急	
		线路保护切换继电器同时接通	危急	
		线路保护装置异常	危急	
		线路保护装置故障	危急	
		线路保护装置通信中断	严重	
	高抗电气量保护装置	高抗 TA 回路异常告警	危急	
		高抗 TV 回路异常告警	危急	
		高抗保护装置异常	危急	
		高抗保护装置故障	危急	
		高抗保护装置通信中断	严重	
	高抗非电量保护装置	高抗本体非电量保护装置异常	危急	
		高抗本体非电量保护装置故障	危急	
		高抗本体非电量保护装置通信中断	严重	
	母差保护装置	母差 TA 断线告警	危急	
		母差开入异常告警	危急	
		母差刀闸位置切换异常	危急	
		保护装置异常	危急	
		保护装置故障	危急	
		保护装置通信中断	严重	
	母联、分段保护装置	保护装置异常	危急	
		保护装置故障	危急	
		保护装置通信中断	严重	
	充电保护装置	充电保护装置异常	危急	
		充电保护装置故障	危急	
		充电保护装置通信中断	严重	
	低压电抗器保护装置	保护装置异常	危急	
		保护装置故障	危急	
		保护装置通信中断	严重	

设备	缺陷部位	缺陷描述	缺陷等级	备注
保护装置	低压电容器保护装置	保护装置异常	危急	
		保护装置故障	危急	
		保护装置通信中断	严重	
测保装置	测保装置	测保装置 TA 断线	危急	
		测保装置 TV 断线	危急	
		测保装置故障	危急	
		测保装置异常	危急	
		测保装置通信中断	危急	
自动装置	安自装置	稳控装置异常	危急	
		稳控装置故障	危急	
		解列装置异常	危急	
		解列装置故障	危急	
		稳态过电压控制装置异常	危急	
		稳态过电压控制装置故障	危急	
		过负荷联切装置异常	危急	
		过负荷联切装置故障	危急	
		低频低压减负荷装置异常	危急	
		低频低压减负荷装置故障	危急	
		备自投装置异常	危急	
		备自投装置故障	危急	
		备自投装置通信中断	严重	
串补	控制保护系统	系统装置与串补平台通信异常	危急	
		系统保护功能闭锁	危急	
		系统 TA 断线告警	危急	
		系统装置异常	危急	
		系统装置故障	危急	
		系统装置通信中断	严重	
		系统激光送能装置故障	严重	
		系统激光送能装置通信异常	严重	
		系统测量箱 TA 取能告警	严重	
		系统告警	严重	
		系统激光送能装置异常	一般	

续表

设备	缺陷部位	缺陷描述	缺陷等级	备注
消弧线圈	控制装置	接地变消弧线圈调谐异常	严重	
		接地变消弧线圈控制器异常	严重	
站用电源系统	交流系统	站用电备自投装置异常	严重	
		站用电备自投装置故障	危急	
	站用电	站用电电源异常	危急	
	直流系统	直流系统接地	危急	
		直流电源系统交流输入故障	危急	
		UPS（逆变）交流输入异常	严重	
		UPS（逆变）直流输入异常	严重	
		UPS（逆变）装置故障	危急	
		直流系统异常	严重	
		直流电源控制装置通信中断	严重	
		直流母线电压异常	危急	
公用设备	测控装置	测控装置通信中断	危急	
		测控装置异常	危急	
	监控系统	监控系统故障	危急	
		监控系统异常	严重	
		远动装置异常	危急	
		故障录波器装置、保护信息管理系统异常	严重	
		对时装置异常	一般	
		PMU 系统异常	一般	
	VQC（电压无功控制装置）	VQC 装置故障	危急	
		VQC 装置异常	严重	
	AVC 控制装置	远方不能投退 AVC	危急	
		调压、电容器故障，AVC 不能正确闭锁	危急	
		AVC 控制装置通信中断	危急	
		AVC 控制策略不正确、造成电压越限	危急	
		AVC 上送信息不正确、但不影响 AVC 正确动作	严重	
		信息上送不正确或误上信息	严重	
		AVC 误发闭锁信息，但不影响 AVC 正确动作	严重	
	消防系统	消防装置故障告警	严重	
	安防系统	安防系统告警	严重	

设备	缺陷部位	缺陷描述	缺陷等级	备注
公用设备	工业视频	整站工业视频无影像	严重	
		部分工业视频无影像	一般	
		摄像头无法远程控制	一般	
		工业视频影像不清晰	一般	
调度控制支持系统	监控模块	图形与现场设备运行状态不一致	危急	
		部分人机工作站失去监控功能	严重	
		全部人机工作站失去监控功能	危急	
		告警信息频繁、重复上送影响集中监控	严重/危急	视严重程度
		告警信息上送有遗漏	严重	
		遥测数据与实际数据不符影响集中监控	严重	
		远方操作不能正常分合闸	危急	
		远方操作不能正常调节变压器分接开关	危急	
	数据通道	变电站全部通道工况退出（异常）	危急	
		变电站部分通道工况退出（异常）	严重	
	调度防误系统	功能异常，无法正常使用	危急	

6.2.3 变电站设备集中监控缺陷管理

缺陷管理按照流程分为缺陷发起、缺陷处理和消缺验收三个阶段。

调控机构各专业均参与缺陷管理流程，并承担相应的职责。设备监控管理专业负责规范缺陷管理工作，定期对缺陷情况进行统计、分析，并协调运检部门和运维单位对缺陷进行处置。调度控制专业负责对监控系统告警信息进行分析判断，及时发现缺陷，通知设备运维单位，跟踪缺陷处置情况，并做好相关记录，必要时通知设备监控管理处。自动化专业负责对调度端监控系统的相关缺陷进行处置，并提供相关专业技术支持。系统运行专业、继电保护专业负责在缺陷处置过程中提供相关专业技术支持。

第一阶段缺陷发起：

（1）值班监控员发现监控系统告警信息后，应按《调控机构信息处置管理规定（试行）》进行处置，对告警信息进行初步判断，认定为缺陷的启动缺陷管理程序，报告监控值班负责人，经确认后通知相应设备运维单位处理，并填写缺陷管理记录；

（2）若缺陷可能会导致电网设备退出运行或电网运行方式改变时，值班监控员应立即汇报相关值班调度员。

第二阶段缺陷处理：

（1）值班监控员收到设备运维单位核准的缺陷定性后，应及时更新缺陷管理记录；

（2）值班监控员对设备运维单位提出的消缺工作需求，应予以配合；

（3）值班监控员应及时在调控机构缺陷管理记录中记录缺陷发展以及处理情况。

第三阶段消缺验收：

（1）值班监控员接到运维单位缺陷消除的报告后，应与运维单位核对监控告警信息，确认缺陷信息复归且相关异常情况恢复正常；

（2）值班监控员应及时在缺陷管理记录中填写验收情况并完成归档。

6.3　变电站设备远方操作

目前，在满足设备技术条件和管理要求的前提下，调控机构可以实现远方拉合开关的单一操作、调节变压器有载分接开关、投切容抗器以及其他允许的遥控操作。

监控员在实施远方操作时，应保持一定的基本原则：

（1）安全第一、技术可靠。

始终坚持电网安全为底线，严格遵守安全规程，强化安全意识，严控安全风险，不断完善远方操作技术条件，加强防误管理，杜绝远方误操作，确保电网安全稳定运行。

（2）职责明确、管理规范。

建立健全的远方操作管理制度，明确各专业职责分工，规范操作业务流程。

监控员在进行远方操作过程中应严格遵守操作规定：

（1）监控员进行监控远方操作应服从相关值班调度员统一指挥。

（2）监控员在接受调度操作指令时应严格执行复诵、录音和记录等制度。

（3）监控员执行的调度操作任务，应由调度员将操作指令发至监控员。监控员对调度操作指令有疑问时，应询问调度员，核对无误后方可操作。

（4）监控远方操作前应考虑操作过程中的危险点及预控措施。

（5）进行监控远方操作时，监控员应核对相关变电站一次系统图，严格执行模拟预演、唱票、复诵、监护、录音等要求，确保操作正确。

（6）监控远方操作中，若发现电网或现场设备发生事故及异常，影响操作安全时，监控员应立即终止操作并报告调度员，必要时通知运维单位。

（7）监控远方操作中，若监控系统发生异常或遥控失灵，监控员应停止操作并汇报调度员，同时通知相关专业人员处理。

（8）监控远方操作中，监控员若对操作结果有疑问，应查明情况，必要时应通知运维人员核对设备状态。

（9）监控远方操作完成后，监控员应及时汇报调度员，告知运维人员，对已执行的操作票应履行相关手续，并归档保存，做好相关记录。

6.3.1　开关远方遥控操作

开展开关远方遥控操作，由监控员完成开关遥控，充分发挥无人值守集中监控的管理优势，提升操作效率的同时保证了电网安全稳定运行。

6.3.1.1　远方遥控操作范围

开关远方遥控操作，必须完成遥控技术验收，满足遥控技术条件，同时设备无影响遥控操作的缺陷或异常信息。对于具备监控远方操作条件的开关，由监控员完成的远方操作包括：

（1）一次设备计划停送电操作；

（2）故障停运线路远方试送操作；

（3）无功设备投切及变压器有载调压开关操作；

（4）负荷倒供、解合环等方式调整操作；

（5）小电流接地系统查找接地时的线路试停操作；

（6）其他按调度紧急处置措施要求的开关操作。

如果出现下列情况，不允许监控员对开关进行远方操作：

（1）开关未通过遥控验收；

（2）开关正在进行检修；

（3）集中监控功能（系统）异常影响开关遥控操作；

（4）一、二次设备出现影响开关遥控操作的异常告警信息（见表 6-3、表 6-4）；

（5）未经批准的开关远方遥控传动试验；

（6）不具备远方同期合闸操作条件的同期合闸；

（7）运维单位明确开关不具备远方操作条件。

表 6-3   **影响开关远方遥控操作的一次设备典型告警信息**

信息所属	一次设备异常典型告警信息
SF$_6$开关	××开关 SF$_6$ 气压低闭锁
	××开关 SF$_6$ 气压低告警
液压机构	××开关油压低分合闸总闭锁
	××开关油压低合闸闭锁
	××开关油压低重合闸闭锁
	××开关油压低告警
	××开关 N$_2$ 泄漏闭锁
	××开关 N$_2$ 泄漏告警
气动机构	××开关气压低分合闸总闭锁
	××开关气压低合闸闭锁
	××开关气压低重合闸闭锁
	××开关气压低告警
弹簧机构	××开关弹簧未储能
机构通用信号	××开关本体三相不一致出口
	××开关储能电机故障
控制回路	××开关第一（二）组控制回路断线
	××开关第一（二）组控制电源消失
	××开关汇控柜交流电源消失
	××开关汇控柜直流电源消失
	××开关电机打压超时
电流互感器	××电流互感器 SF$_6$ 压力低告警

表 6-4　　　　　　　　　　　影响开关远方遥控操作的二次设备典型告警信息

编号	二次设备异常典型告警信息	编号	二次设备异常典型告警信息
1	××保护装置故障	10	××厂站通道全部中断
2	××保护装置异常	11	××智能终端装置故障（智能变电站）
3	××保护装置通信中断	12	××开关智能终端装置闭锁（智能变电站）
4	××保护TV断线	13	××开关智能终端装置告警（智能变电站）
5	××保护TA断线	14	××开关智能终端装置直流消失（智能变电站）
6	××保护装置通道异常	15	××合并单元故障（智能变电站）
7	××测控装置异常	16	××GOOSE中断（智能变电站）
8	××测控装置就地控制	17	××SV中断（智能变电站）
9	××测控装置通信中断		

6.3.1.2　远方遥控操作流程

计划操作时，遵循"安全第一、遥控优先"原则，实行分阶段操作方式。仅需进行开关拉合的远方遥控操作，全部由值班监控员负责完成。涉及刀闸及保护装置现场操作的计划检修，首先监控员进行线路开关及相关母联（分段）开关远方遥控操作，然后运维人员完成其余操作。恢复送电时首先运维人员完成除线路开关及相关母联（分段）开关外所有站内操作，然后监控员完成线路开关及相关母联（分段）开关远方遥控操作。

计划操作业务流程如下：

（1）运维单位对于因现场等原因影响远方遥控操作，应在检修工作申请票中加以说明。

（2）影响开关远方遥控操作的检修工作，运维单位应在检修工作申请票中明确提出开关远方遥控传动要求。

（3）现场检修工作完工后，运维人员应与调控机构进行"四遥"信息联调验收，合格后方可向监控员报完工。

（4）监控员根据检修工作申请票编制倒闸操作票时，应将调度命令分解，明确远方遥控操作开关具体项目，并按规定将预令提前发布至运维人员。

（5）涉及刀闸及保护装置现场操作的计划检修，运维人员按预定时间到达现场后，监控员按照操作项目执行开关远方遥控操作。

（6）远方遥控操作结束，现场运维人员对遥控操作后开关一、二次设备运行状态进行复核，按照调度命令进行现场其余操作。

异常及事故处理操作时，遵循"安全第一、快速准确"原则，实行协同配合操作方式。监控员负责全部开关远方遥控操作，运维人员负责站内其余操作。监控员可利用远方遥控完成变电站方式调整、倒负荷、查找接地故障试停线路、通过母线或中性点直接接地主变串带负荷、失电等涉及的开关拉合操作。发生异常及事故的变电站事故处理后的方式恢复操作全部由运维人员完成。

异常及事故处理操作业务流程如下：

（1）变电站发生异常及事故时，监控员快速判断故障类型和影响，立即通知运维人员赶赴相关现场。

（2）运维人员到达现场前，监控员可利用远方遥控操作开关手段进行调度应急先期处置。

（3）运维人员到达发生异常及事故的变电站后，应立即通知监控员，检查确认相关一、二次设备运行状态，完成站内其余操作。

（4）对危及人身、设备安全的异常及事故，运维人员可不待监控员命令自行按现场规程处理。

正常运行时，变电站运行或备用状态的开关应具备远方遥控操作条件，其测控装置"远方/就地"切换开关（遥控压板）在"远方"位置。运维人员在日常巡视中应加强开关巡视力度，巡视中发现开关存在不能通过监控告警信息反映出来的影响开关遥控操作的本体缺陷或分合次数、遮断次数不符合规定要求时，及时向监控员汇报。同时运维人员巡视进、出站应向监控员汇报，运维人员巡视期间，监控员远方遥控操作站内开关前应通知运维人员。

监控员在遥控操作前，应做好相关准备，保证操作的安全性和正确性：

（1）检查开关是否具备可控条件、监控及五防系统是否正常；

（2）核对运行方式是否与调度命令要求相符；

（3）考虑操作过程中的危险点及预控措施；

（4）清楚操作意图，如对调度命令有疑问时，应立即向下令人汇报。

监控员在遥控操作过程中，应严格遵守规定：

（1）严格执行模拟预演、唱票、复诵、监护、录音等要求；

（2）远方遥控操作时，电网发生异常或故障，应暂停操作，异常或故障处理完毕或不影响远方遥控操作后，再继续进行远方遥控操作；

（3）远方遥控操作时，监控系统发生异常或遥控失灵时，应暂停操作，联系相关专业人员处理；需要现场操作的，监控员应终止遥控操作，并将调度命令下达至现场运维人员，由现场运维人员负责相关操作。

在监控员完成开关远方遥控操作后，应做好后续工作：

（1）根据监控系统检查开关的状态指示及遥测、遥信等信号的变化，是否满足"双确认"条件，即至少应有两个非同样原理或非同源的指示发生对应变化，方可确认开关操作到位（见表6-5）。

（2）对于不满足"双确认"条件的开关，监控员应通知运维人员现场检查开关远方遥控操作后位置。

（3）监控员应将开关远方遥控操作情况告知运维人员，运维人员应结合日常巡视对开关一、二次设备运行状态进行检查，若发现问题，及时汇报监控员。

（4）若远方遥控操作后出现异常告警时，监控员应通知运维人员到现场检查设备，核对开关运行状况。

表 6-5	"双确认"判据	
判据类型	判　据　要　求	
遥信确认	按照"三相常开辅助接点串联"原则上传	
	开关遥信发生分合变化	
	三相非联动开关应无"三相不一致保护动作""非全相保护动作"等相关告警信息	
遥测确认	在监控系统有明显变化，接近零或远离零	
	对于 220kV 及以上三相非联动开关应观察三相电流变化	
	110kV 及以下三相联动开关应至少观察其中一相电流变化	

6.3.2　隔离开关远方遥控操作

目前，隔离开关远方遥控操作正处在逐步推广阶段，仍在不断完善当中。由监控员实施隔离开关远方遥控，在开关远方遥控的基础上，更能充分发挥无人值守集中监控的管理优势，大大节省了时间成本和人力成本，在提升操作效率的同时保证了电网安全稳定运行。

6.3.2.1　远方遥控操作范围

隔离开关远方遥控操作，必须满足相应的技术条件，同时设备无影响遥控操作的缺陷或异常信息。完成验收后，对于具备监控远方操作条件的隔离开关，可由调控机构完成的远方操作包括：

（1）拉合线路断路器两侧隔离开关；

（2）拉合不涉及继电保护及安全自动装置的母联（分段）断路器两侧隔离开关；

（3）拉合主变压器受总断路器两侧隔离开关；

（4）拉合主变压器中性点隔离开关。

不得进行隔离开关远方遥控操作的情况包括：

（1）隔离开关未通过遥控验收；

（2）一、二次设备出现异常告警信息影响隔离开关远方遥控操作时；

（3）隔离开关存在本体缺陷时；

（4）隔离开关操作已超过规定次数；

（5）集中监控功能（系统）异常影响隔离开关遥控操作；

（6）未经批准的隔离开关远方遥控传动；

（7）运维单位明确不具备远方操作条件的设备。

6.3.2.2　远方遥控操作流程

计划操作时，遵循"安全第一、遥控优先"原则，实行分阶段操作方式。涉及隔离开关（不含接地刀闸）拉合的远方遥控操作，在隔离开关（不含接地刀闸）具备远方操作条件的情况下，隔离开关（不含接地刀闸）拉合由值班监控员负责完成，相关接地刀闸、地线等其余操作由现场运维人员操作；在隔离开关（不含接地刀闸）不具备远方操作条件的情况下，隔离开关（不含接地刀闸）拉合由现场运维人员负责完成操作。

计划操作业务流程如下：

（1）运维单位对于因现场等原因影响远方遥控操作，应在检修工作申请票中加以说明。

（2）监控员根据检修工作申请票编制倒闸操作票时，应将调度命令分解，明确远方遥控操作具体项目，并按规定将预令提前发布至运维人员。

（3）涉及隔离开关操作的计划检修，运维人员按预定时间到达现场后，监控员按照操作项目执行隔离开关远方遥控操作。

（4）远方遥控操作结束，现场运维人员对遥控操作后集中监控变电站隔离开关一、二次设备运行状态进行复核，按照调度命令进行现场其余操作。

异常及事故处理操作时，遵循"安全第一、快速准确"原则，实行协同配合操作方式。紧急情况下监控员需远方操作隔离开关时，应请示当值调度值长批准后方可执行。发生异常及事故的集中监控变电站事故处理后的方式恢复操作全部由运维人员完成。

异常及事故处理操作业务流程如下：

（1）集中监控变电站发生异常及事故时，监控员快速判断故障类型和影响，立即通知运维人员赶赴现场。

（2）运维人员到达现场前，监控员可利用远方遥控操作手段进行调度应急先期处置。

（3）运维人员到达发生异常及事故的集中监控变电站后，应立即通知监控员，检查并确认相关一、二次设备运行状态，根据调度指令完成事故处理的其余操作。

（4）对危及人身、设备安全的异常及事故，运维人员可不待监控员命令自行按现场规程处理。

运维人员到站期间，监控员远方遥控操作站内隔离开关前应通知运维人员与待操作设备保持足够安全距离。运维人员在日常巡视中应加强刀闸巡视力度，巡视中发现隔离开关存在不能通过监控告警信息反映出来的影响遥控操作的本体缺陷时，及时向监控员汇报。

监控员在隔离开关遥控操作前，应做好相关准备，保证操作的安全性和正确性：

（1）检查隔离开关是否具备可控条件、智能电网调度控制系统是否正常；

（2）核对运行方式是否与调度命令要求相符；

（3）考虑操作过程中的危险点及预控措施；

（4）如对调度命令有疑问时，应立即向下令人汇报；

（5）对于需要现场配合的操作，远方操作应在运维人员到达现场完成相应配合工作后进行；

（6）具备变电站视频监视系统的调控机构，应充分利用工业视频监视系统辅助进行远方操作前、后的设备情况检查。

监控员在实施刀闸遥控操作过程中，应严格遵守规定：

（1）严格执行模拟预演、唱票、复诵、监护、录音等要求；

（2）严格按照操作票顺序依次执行操作；

（3）智能电网调度控制系统远方操作命令发出后，应及时通知现场确认设备位置；

（4）远方遥控操作时，电网发生异常或故障，应暂停操作，待异常或故障处理完毕或不影响远方遥控操作后，再继续进行远方遥控操作；

（5）远方遥控操作时，智能电网调度控制系统发生异常或遥控失灵时，应暂停操作，联系相关专业人员处理；需要现场操作的，监控员应终止遥控操作，并将调度命令下达至现场运维人员，由现场运维人员负责相关操作。

在监控员完成刀闸远方遥控操作后，应做好后续工作：

（1）操作结束后须完成操作结果确认。

（2）监控员应根据智能电网调度控制系统检查遥信信号的变化并通知运维人员现场检查。

（3）操作结果以变电站运维人员现场检查为准，变电站运维人员未上报检查结果前，监控员不允许继续执行后续操作。

（4）远方遥控操作后出现异常告警时，监控员应通知运维人员现场核对隔离开关运行状况。

6.3.3　故障停运线路远方试送

故障停运线路在满足远方试送条件时，由监控员完成远方试送，缩短了线路故障停运时间，提高了事故处理的效率，更大程度地保证了电网的安全稳定运行。

6.3.3.1　信息收集及汇报

线路故障停运后，监控员应立即收集汇总监控告警、在线监测、工业视频等相关信息，对线路故障情况进行初步分析判断并汇报调度员。调度员应立即收集综合智能告警、广域同步测量系统（WAMS）、故障录波等相关信息，对线路故障情况进行分析判断，以确定是否对线路进行远方试送。

线路故障停运后，调控机构通知输变电设备运维单位，输变电设备运维单位应及时组织人员赴现场检查。

监控员应在确认满足以下条件后，及时向调度员汇报站内设备具备线路远方试送操作条件：

（1）线路主保护正确动作、信息清晰完整，且无母线差动、开关失灵等保护动作；

（2）对于带高抗、串补运行的线路，高抗、串补保护未动作，且没有未复归的反映高抗、串补故障的告警信息；

（3）具备工业视频条件的，通过工业视频未发现故障线路间隔设备有明显漏油、冒烟、放电等现象；

（4）没有未复归的影响故障线路间隔一、二次设备正常运行的异常告警信息；

（5）集中监控功能（系统）不存在影响故障线路间隔远方操作的缺陷或异常信息。

6.3.3.2　远方试送流程

调度员应根据智能电网调度控制系统信息及监控员汇报情况进行综合分析判断，符合试送条件的应立即下令对线路实施远方试送操作。

当遇到下列情况时，调度员不允许对线路进行远方试送：

（1）监控员汇报站内设备不具备远方试送操作条件；

（2）输变电设备运维人员已汇报由于严重自然灾害、外力破坏等导致出现断线、倒塔、异物搭接等明显故障点，线路不具备恢复送电条件；

（3）故障可能发生在电缆段范围内；

（4）故障可能发生在站内；

（5）线路有带电作业且未经相关工作人员确认具备送电条件；

（6）相关规程规定明确要求不得试送的情况。

调度员向监控员下达故障停运线路远方试送指令，监控员在实施操作前后应告知变电运维人员，操作时必须采取防误措施，应在监控系统中核对相关一次设备状态，严格按调度规程执行下令、监护等相关要求，确保操作正确，并在操作结束后汇报调度员。

变电设备运维人员到达现场后，应立即联系值班监控员，随后检查确认相关一、二次设备状态，并将检查结果及时汇报值班监控员。

6.3.3.3 远方试送评价指标

按照要求规范开展故障停运线路远方试送工作的同时，应按照调管范围对线路远方试送工作进行统计评价，统计指标包括：

（1）故障停运线路远方试送率。

故障停运线路远方试送率=统计时间段内故障停运线路远方试送条次/统计时间段内具备试送条件的故障停运线路条次×100%。

（2）故障停运线路远方试送成功率。

故障停运线路远方试送成功率=统计时间段内远方试送成功条次/统计时间段内远方试送条次×100%（注：试送成功的判据为线路完成充电操作）。

（3）故障停运线路远方试送平均用时。

故障停运线路远方试送平均用时=$\sum$［统计时间段内所有远方试送线路的试送用时］/统计时间段内远方试送条次（注：试送用时以线路故障停运时刻开始，至试送指令下达时刻为止，其中试送指令下达时刻以远方试送过程中第一个开关远方操作的变位时刻进行统计，无论试送是否成功均纳入统计）。

（4）故障停运线路远方恢复平均用时。

故障停运线路远方恢复平均用时=$\sum$［统计时间段内所有远方试送成功线路的恢复用时］/统计时间段内远方试送成功条次（注：恢复用时以线路故障停运时刻开始，至线路恢复运行时刻为止，其中线路恢复运行时刻以远方试送过程中最后一个开关远方操作完成时刻进行统计，试送不成功的不纳入统计；若远方试送操作过程因异常中止，后续恢复时间不纳入统计）。

6.3.4 负荷批量控制

负荷批量控制，即在智能电网调度控制系统中预先设定与限电负荷相关的多个断路器，在事故、异常等情况下批量执行拉路限电，达到快速控制负荷限额目标的功能。调度负荷批量控制技术被视为应对电网突发事故、保障电网安全的最后一道防线。该技术可根据调度要求选取不同厂站、不同电压等级供电线路，通过一键执行，在短时间内快速切除几百条甚至上千条负荷开关。全程操作在几分钟内即可完成，具有拉路速度快、影响范围小的优点。

6.3.4.1　负荷批量工作流程

（1）负荷批量控制序位表的编制和维护。调控机构负荷批量控制管理专责人应于每年年初根据《事故限电序位表》《超供电能力限电序位表》及其他管理规定，编制包含明确操作轮次和操作容量的《负荷批量控制序位表》。序位表中应包含事故以及超出供电能力两种情况下的操作序位。编制完毕后的《负荷批量控制序位表》应提交营销部、办公室等部门确认，并报送相关政府机构备案。自动化专业应根据正式版《负荷批量控制序位表》及时将控制序位导入控制系统中，负荷批量控制专责人、调控机构运行专业应对导入系统的控制序位表进行审核，确保控制序位表的准确性。

（2）负荷批量控制执行。在电网发生重大事故以及超出供电能力等威胁电网安全、稳定运行的紧急情况下，需进行负荷批量控制。负荷批量控制应按照上级调控机构调度命令执行。接到上级调控机构下达的负荷批量控制命令后，当值调控运行人员应立即打开相应的负荷批量控制序位表，核对系统各项参数，排除不可控线路（包含保电线路、检修线路、通信工况异常等情况），按照负荷批量控制容量的要求，形成批量控制方案。确认无误后，进行负荷批量控制执行。

负荷批量控制执行完毕后，当值调控运行人员应立即核对实际批量控制容量是否满足要求，若未满足要求，应根据容量差额及时进行第二轮负荷批量控制操作，确保足额完成负荷批量控制要求。

按要求完成负荷批量控制操作后，当值调控人员应及时记录控制容量、时间等情况，并向上级调控机构进行汇报。

在负荷批量控制执行过程中，应严格执行监护制度，确保操作正确性，对执行过程中出现异常控制失败的断路器，应该控制结束后及时分析原因，可根据具体情况启动缺陷处理等工作流程。

（3）恢复送电阶段。在接到上级调控机构恢复送电的调度命令后，调控机构当值调控运行人员应及时、有序安排恢复送电工作。恢复送电阶段，宜考虑负荷冲击对电网安全、稳定运行的影响，采取设置相应的操作时间间隔等手段确保安全。并可按照用户用电实际情况区分恢复送电优先级。

（4）负荷批量控制模拟演练。对负荷批量控制工作进行模拟演练，应作为负荷批量控制工作中的重要环节，切实保障开展。模拟演练的周期可以灵活安排，但应至少保证每年度电网进入迎峰度夏大负荷前开展一次以负荷批量控制为主题的多专业综合演练，确保各部门配合顺畅，调控运行人员对工作流程、操作步骤掌握情况良好。可借助 DTS 等模拟仿真系统开展，借助仿真系统模拟批量控制工作过程，对批量控制效果进行评估等。演练前应做好演练预案，演练后应做好记录并形成总结报告存档。

6.3.4.2　负荷批量控制技术支撑手段

可利用智能电网调度控制系统搭载负荷批量控制功能模块，实现对负荷批量控制工作的技术支撑，实现负荷批量控制工作的自动化、智能化，完成对负荷的高效、准确控制。负荷批量控制的技术支撑系统宜具备以下功能：

（1）智能选线功能：智能选线功能的核心是能够实现根据输入控制目标容量完成对控制线路的自动选择，自动生成控制方案。并且能够根据不同的控制策略选择生成多种控制方案，如根据负荷由小到大、负荷由大到小、负荷优先级等控制策略。自动生成的控制策略还应支持控制序列人工修正功能，即在自动选择序列基础上可人工过滤勾选形成最终控制序列。

在智能选线生成控制序列前，技术支撑系统应能够自动排除序位表中不符合要求的断路器，包括断路器状态已为分位、断路器负荷为零、断路器控制参数定义不完整以及挂牌闭锁等情况，防止在执行过程中出现执行失败影响序列操作的情况。

此外，对于批量控制序列中执行失败的断路器，应能够自动选择作为继续控制的序列，不影响整个批量控制序列的执行。

（2）多态控制功能：负荷批量控制技术支撑系统可以具备测试演练态和控制执行态两种模式，测试演练态模式中，负荷批量控制功能可以正常演练整个控制流程和操作，但只允许发送遥控预置命令，不允许发送遥控执行出口指令，用以满足测试和演练等工作的需要；控制执行态模式中，负荷批量控制功能可以正常发送遥控预置、执行指令。

为了确保系统操作安全，不同态应独立登录，界面应有明显颜色区分和文字信息提示。在同一台工作站上应采取技术手段避免同时运行测试演练态和控制执行态功能。

（3）并发执行功能：在进行负荷批量控制工作中，为了保证操作控制的快速，应采取对不同厂站的断路器操作并发执行，对同一厂站的断路器操作顺序执行的执行策略，单台断路器实现直接遥控功能，即操作时每个断路器由后台自动完成预置命令、预置返校确认、执行命令连续下发，不需要人工进行顺序操作。

（4）其他功能。还可以根据实际工作需要，灵活设置其他功能，形成对负荷批量控制工作的全面支撑。如在用户控制权限管理中进行分组校验，只允许具备该权限的用户进行控制、编辑、监护等；增加操作统计功能，对各轮次及总的控制结果数据实时统计功能；将控制结果数据储存为操作日志；对批量切除负荷供电恢复信息查询功能；控制结果存储为文件向上级调控机构自动转发等。

6.3.5　无功电压控制

电压是电能质量的重要指标之一，电力系统的无功平衡是保证电压质量的基本条件，做好电压和无功电力管理工作，是整个电力系统包括发、供、用电及电网调度部门的共同责任。

6.3.5.1　无功电压基本知识

（1）电力系统电压允许的范围。监测电力系统电压值和考核电压质量的节点，称为电压监测点。电力系统中重要的电压支撑点称为电压中枢点。电压中枢点一定是电压监测点，但是电压监测点不一定是电压中枢点。

电网电压中枢点的允许电压偏移范围一般是以网络中最大负荷时电压损失最大的一点（即：电压最低的一点）和在最小负荷时电压损失最小的一点（即：电压最高的一点）作为依据，使它们的电压允许偏差在规定值的±5%范围以内，这样由其供电的所有用户的电压质量都能得到满足。

按照《电力系统电压质量和无功电力管理规定》及无功电压技术标准，正常情况下电压允许范围：

1）用户受电端供电电压允许偏差值：

a. 35kV 及以上用户供电电压正、负偏差绝对值之和不超过额定电压的 10%。

b. 10kV 及以下三相供电电压允许偏差为额定电压的±7%。

c. 220V 单相供电电压允许偏差为额定电压的+7%、−10%。

2）发电厂和变电站的母线电压允许偏差值：

a. 500（330）kV 及以上母线正常运行方式时，最高运行电压不得超过系统额定电压的+10%；最低运行电压不应影响电力系统同步稳定、电压稳定、厂用电的正常使用及下一级电压的调节。

b. 发电厂 220kV 母线和 500（330）kV 及以上变电站的中压侧母线正常运行方式时，电压允许偏差为系统额定电压的 0%～+10%；事故运行方式时为系统额定电压的−5%～+10%。

c. 220kV 变电站的 220kV 母线正常运行方式时，电压允许偏差为系统额定电压的−3%～+7%，日电压波动率不大于 5%。事故运行电压允许偏差为系统额定电压的−5%～+10%。

d. 发电厂和 220kV 变电站的 110～35kV 母线正常运行方式时，电压允许偏差为系统额定电压的−3%～+7%；事故运行方式时为系统额定电压的−10%～+10%。

e. 带地区供电负荷的变电站和发电厂（直属）的 10（6、20）kV 母线正常运行方式下的电压允许偏差为系统额定电压的 0%～+7%。

3）特殊运行方式下的电压允许偏差值由调度部门确定。

影响电力系统电压的主要因素包括：

a. 由于生产、生活、气象等因素引起的负荷变化时没有及时调整电压。

b. 电网发电能力不足，缺无功功率，造成电压偏低。

c. 系统运行方式改变引起的功率分布和网络阻抗的变化。

d. 电网和用户无功补偿容量不足或无功补偿容量配置不合理。

e. 供电距离超过合理的供电半径。

f. 受冲击性负荷或不平衡负荷的影响。

g. 电压管理上不够重视。

h. 系统发生故障。

（2）无功补偿的基本概念。电力系统中，不但有功功率要平衡，无功功率也要平衡。在一定的有功功率下，功率因数越小，所需的无功功率越大。为满足用电的要求，供电线路和变压器的容量就需要增加。这样，不仅要增加供电投资、降低设备利用率，也将增加线路损耗。为了提高电网的经济运行效率，根据电网中的无功类型，人为的补偿容性无功或感性无功来抵消线路的无功功率。

无功补偿的原理是把具有容性负荷的装置与感性负荷的设备并联接在同一电路中，当容性负荷释放能量时，感性负荷吸收能量；而当感性负荷释放能量时，容性负荷却在吸收能量；

能量在两种负荷之间交换。这样感性负荷所吸收的无功功率，可以从容性负荷输出的无功功率中得到补偿。

无功补偿的主要作用就是提高功率因数以减少设备容量和功率损耗，稳定电压和提高供电质量；在长距离输电中提高输电稳定性和输电能力以及平衡三相负载的有功和无功功率。安装并联电容器进行无功补偿，可限制无功功率在电网中的传输，相应减少了线路的电压损耗，提高了配电网的电压质量。

1）补偿无功功率，改善电压质量。

把线路中电流分为有功电流 I_a 和无功电流 I_r，则线路中的电压损失，如下所示：

$$\Delta U = 3 \times (I_a R + I_r X_1) = 3 \times \frac{PR + QX_1}{U}$$

式中　P——有功功率，kW；

　　　Q——无功功率，kvar；

　　　U——额定电压，kV；

　　　R——线路总电阻，Ω；

　　　X_1——线路感抗，Ω。

因此，提高功率因数后可减少线路上传输的无功功率 Q，若保持有功功率不变，而 R、X_1 均为定值，无功功率 Q 越小，电压损失越小，从而改善了电压质量。

2）提高功率因数，增加变压器的利用率，减少投资。

功率因数由 $\cos\phi_1$ 提高到 $\cos\phi_2$，变压器利用率如下所示：

$$\Delta S\% = \frac{S_1 - S_2}{S_1} \times 100\% = \left(1 - \frac{\cos\phi_1}{\cos\phi_2}\right) \times 100\%$$

式中　　S——视在功率，kVA；

　　$\cos\phi$——功率因数；

　　ΔS——视在功率变化率。

由此可见，补偿后变压器的利用率比补偿前提高 $\Delta S\%$，可以带更多的负荷，减少了输变电设备的投资。

3）减少用户电费支出。

a. 可避免因功率因数低于规定值而受罚。

b. 可减少用户内部因传输和分配无功功率造成的有功功率损耗，电费可相应降低。

4）增加电网的传输能力。

有功功率与视在功率的关系式如下所示：

$$P = S\cos\phi$$

式中　P——有功功率，kW；

　　　S——视在功率，kVA；

　　$\cos\phi$——功率因数。

可见，在传输一定有功功率的条件下，功率因数越高，需要电网传输的功率越小。

6.3.5.2　无功补偿原则及调压措施

（1）无功补偿原则。电力系统配置的无功补偿装置应能保证在系统有功负荷高峰和负荷低谷运行方式下，分（电压）层和分（供电）区的无功平衡。分（电压）层无功平衡的重点是 220kV 及以上电压等级层面的无功平衡，分（供电）区就地平衡的重点是 110kV 及以下配电系统的无功平衡。无功补偿配置应根据电网情况，实施分散就地补偿与变电站集中补偿相结合，电网补偿与用户补偿相结合，高压补偿与低压补偿相结合，满足降损和调压的需要。

电网分层分区、就地平衡的无功补偿原则，决定了在电压调整上，也应按照分层平衡和地区供电网络无功电力平衡原则。通过设置电压监测点和电压中枢点，来监视全网电压水平并确定合理控制策略。

无功平衡的要点包括：

1）各级电压电网间无功电力交换的指标是两个界面上各点的供电功率因数，功率因数需要分别根据电网结构（如送受端），系统高峰负荷期间和低谷期间负荷来确定，保证无功电力平衡；

2）安排和保持基本按分区原则配置紧急无功备用容量，以保持事故（如因事故突然断开一回重负荷线路、一台变压器或一台无功补偿设备，以及发电机失磁等）后的电压水平在允许范围内。

按照《国家电网公司电力系统无功补偿配置技术原则》要求，电力系统无功补偿配置的基本原则：

1）无功补偿配置应根据电网情况，实施分散就地补偿与变电站集中补偿相结合，电网补偿与用户补偿相结合，高压补偿与低压补偿相结合，满足电网安全、经济运行的需要。

2）各级电网应避免通过输电线路远距离输送无功电力，尽量保证供电范围合理。

3）受端系统应有足够的无功备用容量。35～220kV 变电站，在主变最大负荷时，其高压侧功率因数应不低于 0.95，在低谷负荷时功率因数应不高于 0.95。

4）对于大量采用 10～220kV 电缆线路的城市电网，在新建 110kV 及以上电压等级的变电站时，应根据电缆进、出线情况在相关变电站分散配置适当容量的感性无功补偿装置。

5）电力用户应根据其负荷性质采用适当的无功补偿方式和容量，在任何情况下，不应向电网反送无功电力，不从电网吸收大量无功电力。

6）无功补偿装置宜采用自动控制方式。

7）从理论上讲，合理的无功补偿配置，在电力系统中应呈现正三角形分布。也就是从 500（330）kV 层面、220kV 层面、35～110kV 层面、10kV（或其他电压等级）层面，电压等级越低，补偿容量应该越大，即越靠近负荷端，补偿容量应该越大。

（2）调压方式。电压调整的方式分为逆调压、恒调压、顺调压三种：

1）逆调压：当中枢点供电至各负荷点的线路较长，且各点负荷的变动较大，变化规律也大致相同时，在大负荷时采用提高中枢点电压以抵偿线路上因最大负荷时增大的电压损耗；而在小负荷时，则将中枢点电压降低，以防止因负荷减小而使负荷点的电压过高。这种中枢点的调压方式称为逆调压方式。一般采用逆调压方式时，高峰负荷时可将中枢点电压升高至线路额定电压的 1.05 倍，低谷负荷时将其下降为线路额定电压。此种方式大都能满足用户需要，而且有利于降低配电网线损，因此在有条件的电网都应采用此方式。

2）恒调压：当负荷变动较小，线路上的电压损耗也较小，则只把中枢点的电压保持在较线路额定电压高 1.02～1.05 倍，即不必随负荷变化来调整中枢点的电压，仍可保证负荷点的电压质量。

3）顺调压：在最大负荷时允许中枢点电压略低一些（但不得低于线路额定电压的 1.025 倍）；最小负荷时允许中枢点电压略高一些（但不得高于额定电压的 1.075 倍）。一般当负荷变动较小，线路电压损耗小，或用户处于允许电压偏移较大的农业电网时，才可采用顺调压方式。另外，当无功调整手段不足不得已情况下时，也可采用这种方式，但一般应避免采用。

（3）调压措施。电网电压不能全网集中调整，只能分区调整，电压的调整主要措施如下：

1）调节励磁电流以改变发电机端电压。发电机母线做电压中枢点时，可以利用发电机的自动励磁调节装置调节发电机励磁电流改变其端电压以达到调压的目的。当发电机母线没有负荷时，在运行中允许±5%的偏移；发电机母线有负荷时，一般采用逆调压就可满足母线直馈负荷的电压要求。另外，对于多电源的大型电网，改变发电机电压会引起电源间无功功率的重新分配，故在利用发电机调压时，必须与系统无功功率合理分配等问题做全面优化考虑。

2）适当选择变压器变比。变压器分接头调压不能增减系统的无功，它只能改变无功分布。变压器调压方式分为有载调压和无载调压两种，有载调压是变压器在运行时可以进行分接开关的调节，从而改变变压器的变比，实现调压的目的。无载调压是在变压器停电或检修的情况下进行分接开关的调节，从而改变变压器的变比，实现调压的目的。

降压变压器，对 220kV 及以下电网而言，一般是起到将主网负荷向地区网输送的作用，此时，相对低压侧电网，高压侧可看作无穷大系统，即电压不变。当调高变压器分接开关时，变压器变比增大，结果使等值电抗变大，低压侧输出电压下降。相反，当调低变压器分接开关时，同理，将使低压电网负荷的无功消耗增加，使高压网经变压器流入低压网的无功增加。

升压变压器，由于其低压侧往往接单台发电机，单机对高压侧电网而言，高压侧仍可看作无穷大系统。当调高变压器分接开关时，在高压侧电压不变的前提下，低压侧电压降低，无功输出增加，结果使输入电网的无功增加；相反，当调低变压器分接开关时，将使低压侧电压升高，迫使发电机输出的无功下降。

3）改变线路的参数。串联电容补偿的调压原理是将电容器串联在线路上以降低线路电抗值，即用改变线路参数达到调压的目的。它对调压起主要作用的是纵向压降，纵向压降越大，调压效果越好。当线路不输送无功功率时，串联补偿基本上不起调压作用。在超高压输电线路上加装串联补偿电容，主要是为了改变线路参数，提高输电容量及系统稳定性。

4）增加无功电源。由于电动机、变压器等均是电感性负荷，在这些电气设备中除有功电流外，还有无功电流（即电感电流），而电容电流在相位上和电感电流相差 180°。在负荷侧或供电设备上安装并联电容器，通过增加无功电源来提高负荷的功率因数，这样感性电气设备的无功功率由电容器提供，从而减少输电线路上的无功损耗，达到调压的目的。

6.3.5.3 无功电压自动控制系统（AVC）

（1）AVC 工作原理。无功电压自动控制系统通过数据采集与监控系统（SCADA）采集全网系统运行电压、无功功率、有功功率等实时数据，并采集各工作站相关参数，以全网网损最小和设备动作次数最少为优化目标，以各节点电压合格为约束条件，进行无功优化计算，形成有载调压变压器分接开关调节指令、无功补偿设备投切指令及相关控制信息，直接发至 SCADA 系统执行，实现全网无功电压优化运行自动控制。AVC 系统工作原理如图 6−1 所示。

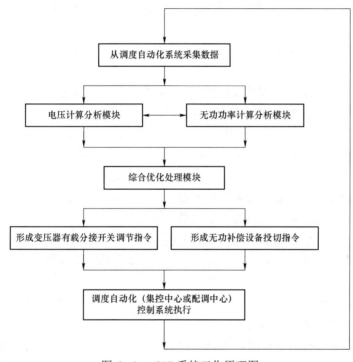

图 6−1　AVC 系统工作原理图

（2）AVC 功能介绍。

1）全网无功优化补偿功能。当地区电网内各级变电站电压处在合格范围内，控制本级电网内无功功率流向合理，达到无功功率分层就地平衡，提高受电功率因数。

2）全网电压优化调节功能。当无功功率流向合理，变电站母线电压越上限或越下限运行时，分析同电源、同电压等级变电站和上级变电站电压情况，决定调节对象。电压合格范围内，实施逆调压，以实现减少电容器并联运行台数以降低低谷期间母线电压，同时实现有载调压变压器分接开关调节次数优化分配。

3）无功电压综合优化功能。当变电站母线电压越上限或越下限时，寻求最佳的主变分接开关调整和电容器投切策略，调节指令下达前实现预算各电压等级母线电压，防止无功补偿设备投切振荡。最优策略应在母线电压越上限时尽可能保证电容器投入量最多；在母线电压越下限时支持投入 10kV 电抗器，增加无功负荷，达到降低电压的目的，实现双主变经济运行。

4）无功电压优化运行管理的安全策略。必须严格保证无功优化系统与调度 SCADA 系统厂站、点号的一致性。手动操作时，应先对无功优化系统进行闭锁。实施用户级别控制，使不同的用户具有不同的权限。用户对系统的修改，系统将自动保存用户名称、修改时间、修改内容等。无功优化系统所作的操作记录，必须妥善保管，以备安全分析。

6.3.5.4　无功电压调整管理

接入无功电压自动控制系统（AVC 系统）的受控站，每季度初应按照调度下发的无功电压调整曲线设置 AVC 系统母线电压限值。同时集控权切换不应影响 AVC 系统自动控制站端无功电压设备。

当 AVC 系统闭锁受控站无功电压设备时，值班监控员应通知运维人员对现场设备进行检查：

（1）因现场设备告警造成 AVC 系统闭锁的，运维人员现场检查设备无异常后，汇报值班监控员，由值班监控员解除 AVC 系统闭锁信号。

（2）因设备拒动造成 AVC 系统闭锁的，运维人员现场检查设备无异常后，汇报值班监控员，值班监控员对该设备操作一次，无异常后，解除 AVC 系统闭锁信号。

当 AVC 系统异常失去对受控站无功电压设备控制功能时：

（1）值班监控员应将受影响的受控站退出 AVC 系统控制。

（2）汇报相关调度，并通知相关专业人员进行处理。

（3）退出 AVC 系统控制期间，监控员根据相关调度颁布的电压曲线及控制范围，通过投切电容器、电抗器和调节变压器有载分接开关，完成无功电压调整，保证电网的无功电压平衡。

（4）经过调整，电压仍超过正常范围且调整手段用完已无法调整，值班监控员应立即报告值班调度员，由值班调度员负责调整。

当无功电压设备有检修工作时，值班监控员与运维人员应密切配合，保证现场安全：

（1）运维人员进行无功电压设备操作前，应向值班监控员申请将该设备退出 AVC 系统控制。值班监控员接到申请后，将该设备退出 AVC 系统控制。

（2）操作结束后，值班监控员应在监控系统主站一次接线图中检修设备上挂"检修"标示牌，并检查 AVC 系统中该设备已"挂牌"。

（3）检修工作开始前，运维人员应采取相关措施将检修设备的遥控操作回路断开，禁止在未断开遥控操作回路的情况下开始工作。

（4）检修工作结束后，运维人员应拆除各项安全措施，并汇报值班监控员。值班监控员根据汇报情况拆除监控系统主站一次接线图中相关设备的"检修"标示牌，检查 AVC 系统中该设备"挂牌"已拆除，并核对设备运行方式及信号与现场一致（包括有载调压变压器分接头）。

（5）运维人员在无功电压设备恢复备用后，向值班监控员申请将该设备投入 AVC 系统控制。值班监控员接到申请后，将该设备投入 AVC 系统控制。

而对于未接入 AVC 系统的受控站，值班监控员应按照调压原则，根据调度下发的无功电压调整曲线，通过手动控制无功电压设备（电容器、电抗器和有载调压变压器分接头等）调整受控站母线电压。特殊情况下，由调度员直接发令操作的电容器、电抗器，监控员应按调度指令执行。

由值班调度员直接下令操作的电容器、电抗器，在投切操作完成 2h 后，若值班调度员未做特别说明，则可以根据电压曲线要求进行投切；在投切操作完成 2h 内，若需操作，应征得值班调度员同意后方可操作。

第7章

变电站集中监控运行分析

变电站集中监控运行分析主要通过对智能调度控制系统（EMS）、调度管理系统（OMS）及其他系统中设备运行、台账、检修、缺陷等数据进行多维度分析，并形成监控运行分析报告，指导专业人员分析所辖电网设备集中监控运行以及管理中存在的问题，制定解决措施，防止监控信息的误发、漏发，对缺陷隐患及时预警，不断提高集中监控效率。目前，变电站监控运行分析主要从常规监控运行分析和基于大数据技术的监控运行分析两方面开展。

7.1 设备监控运行分析数据

设备监控运行分析的数据主要来源于智能调度控制系统（EMS）、调度管理系统（OMS）、监控信息管理系统、检修票系统等，如表7-1所示。

表7-1 　　　　　　　　　　　　　设备监控运行分析数据

名　称	内　　容
遥信数据	事故、异常、变位、越限、告知五类告警信息，监控系统设备挂牌、告警抑制信息。包括发生时间、厂站名称、间隔名称、描述、电压等级、告警标志位、告警抑制标志位等具体内容
遥测数据	设备有功、无功、电压、电流、油温、挡位、绕组温度等
监控操作数据	监控系统调控员遥控操作、遥信操作（确认或置数）、遥测操作（置数）以及挂牌操作等数据
设备检修信息	包括检修申请单位、电压等级、调度管辖、工作内容、停电设备、申请工作开始时间、申请工作结束时间、批准工作开始时间、批准工作结束时间等
设备故障信息	包括调度范围、故障类型、电压等级、故障发生类型、故障原因类型、故障元件、厂站、设备名称、故障描述、故障开始时间、故障结束时间等
设备台账信息	包括厂站、间隔单元、主变压器、站用变、母线、断路器、隔离开关、电抗器、电容器、电流互感器、电压互感器、保护设备等
设备缺陷信息	包括缺陷编号、变电站、设备名称、电压等级、缺陷性质、设备类型、缺陷处理状态、发现时间、消缺时间、记录时间等
变电站及运维站信息	包括变电站及运维站名称、地址、联系电话、负责变电站路程和估算到达时间等
操作票信息	操作票类型（临时票/计划票）、操作内容、地点、操作步骤、操作项目、开始时间、结束时间、操作人等
监控信息变更信息	包括监控信息接入变更的类型、原因、开始时间、主要内容等

7.2　变电站集中监控常规运行分析

变电站集中监控常规运行分析是通过在各业务系统进行数据查询或通过交互接口将数据导出，利用办公软件的数据合并、筛选排序、数据透视等功能对数据进行统计分析，并编写监控运行分析报告，主要包括定期分析和专项分析。

7.2.1　定期统计分析

定期统计分析是按一定统计周期对变电站集中监控运行情况进行全方面、多维度的分析，涵盖了集中监控运行总体情况、运行管理业务评价指标以及异常情况分析等。定期统计分析分为月度分析和年度统计分析，主要包括：

7.2.1.1　集中监控运行总体情况

统计应纳入集中监控的变电站数量，变电站集中监控覆盖率、监控变电站 AVC 控制覆盖、故障响应及时率等，如表 7-2 所示。并对变电站未实现集中监控、变电站未实现 AVC 系统控制、故障响应时间大于备案时间的故障事件等分别进行原因分析说明。

表 7-2　集中监控运行总体情况统计分析

序号	名　称	定　义	分析说明
1	监控变电站数量	应纳入集中监控的变电站数量	包含开关站、串补站
2	变电站集中监控覆盖率	已纳入集中监控的变电站数量与应纳入集中监控变电站数量的比值	
3	监控变电站 AVC 控制覆盖率	已接入主站 AVC 系统变电站数量与应接入 AVC 系统变电站数量的比值	不含开关站
4	故障响应及时率	故障响应时间小于备案时间的故障条次与故障跳闸总条次的比值	

其中变电站集中监控覆盖率集中表征了区域内变电站设备是否满足集中监控技术条件、监控信息的规范程度和统计时刻的区域电网运行状态。集中监控覆盖率高，说明区域电网运行稳定；监控变电站 AVC 控制覆盖率表征区域电网电压自动调节的能力；故障响应及时率表征区域内运维人员到达事故现场时间的快慢，一方面反映了区域内运维站布局是否合理；另一方面促进运维人员快速达到事故现场，缩短停电时间。

7.2.1.2　集中监控信息接入情况

统计集中监控信息接入总量、周期内的监控信息变化量、监控信息接入变更情况、变电站监控信息接入合格率等，见表 7-3。

表 7-3   集中监控信息接入情况统计分析

序号	名　　称	定　　义	说明
1	监控信息总量	接入智能电网调度控制系统的监控信息总量	
2	监控信息变化量	统计周期内监控信息新增、删除的总量	
3	监控信息接入变更条次	分类统计周期内监控信息接入申请情况	
4	变电站监控信息接入合格率	[1−Σ错误报送监控信息接入（变更）次数/Σ实际报送监控信息接入（变更）总次数]×100%	

其中监控信息总量一般正比于集中监控变电站数量，一方面反映了区域电网规模，另一方面反映了调控运行人员在工作中的监视规模；监控信息变化量和监控信息接入变更条次反映了统计时段内变电站扩建或改造情况，是统计变电站监控信息接入合格率的基础，也是评估监控信息管理工作的重要数据。

7.2.1.3　监控信息统计分析

通过检查在某统计周期是否有相应设备检修置牌或对信号的告警抑制、封锁、人工置数等，过滤无效的告警信息。对统计周期内有效告警信息，分别统计站日均告警信息量、人均告警信息量、监控告警信息正确率、监控告警信息优化率、告警信息频发率、监控信息抑制率等，见表 7-4。

表 7-4   监　控　信　息　统　计　分　析

序号	名称	定　　义	说　　明
1	站日均告警信息量	统计周期内告警信息总量与变电站数量×天数的比值	告警信息总量指事故、异常、越限、变位四类信息
2	人均监控告警信息量	每值告警信息总量与每值监控运行人员数量的比值	
3	变电站监控信息告警优化率	日均监控信息告警数量达标的变电站座数与集中监控变电站总座数的比值	日均监控告警数量小于等于 28 条次为达标
4	监控信息抑制率	监控信息存在缺陷在运行中被临时抑制、封锁的信息点数与监控信息总量的比值	以统计周期内抑制、封锁的信息点次统计
5	监控信息告警正确率	1−误发、漏发的监控信息告警数量与告警信息总量的比值	误发是指发出信息与事件不对应，漏发是指应发但未发
6	告警信息频发率	频发非正常告警信息数量与告警信息总量的比值	频发非正常告警信息指单个信息动作次数超过 10 次/天或 30 次/月，仅统计异常信息

其中站日均告警信息量反映的是某个变电站的运行状态，日均告警信息量高说明该站可能发生潜在的缺陷；人均监控告警信息量反映监控人员工作量，若人均监控告警信息量高，超出监控人员能力范围，则可能出现漏监情况，应及时采取相应措施；变电站监控信号优化率综合反映的区域内变电站监控信息管理情况和电网运行状态。

通过对告警信息按时间、变电站排序统计，对告警信息较多的时刻、变电站进行原因及处置情况分析，并按告警信息分类分别进行分析，具体如下：

（1）对各变电站出现的事故类信号进行分析，是否出现误发，漏发等现象；

（2）对各变电站出现的重要异常类信号进行分析，是否出现误发，漏发等现象，对异常类信号所反映出的设备运行缺陷进行说明；

（3）对各变电站出现的越限类信号进行分析，对频繁出现的越限类信号是否需要改变越限值等问题进行处理建议；

（4）对各变电站出现的变位类信号进行分析，是否出现误发现象。

7.2.1.4　开关远方操作情况

按操作原因统计开关远方操作的次数、统计开关远方操作的覆盖率、成功率、人均远方操作次数等，见表 7-5。

表 7-5　　　　　　　　　　　开关远方操作情况统计分析

序号	名称	定　义	说　明
1	开关操作次数	按开关操作原因分别统计开关操作次数	开关操作原因包括：① 一次设备计划停送电开关远方操作；② 故障停运线路远方试送开关远方操作；③ 小电流接地系统查找接地时的线路试停操作；④ 无功电压手动调整操作；⑤ 负荷倒供、解合环等方式调整操作、紧急处置操作
2	开关远方操作占比率	实际执行远方操作的开关数量与具备远方操作能力的开关数量的比值	实际执行远方操作的开关是指按照《国家电网公司开关常态化远方操作工作指导意见》界定操作范围，实际执行远方操作的开关
3	开关远方操作覆盖率	开关监控远方操作次数与开关操作总次数（调控+现场）的比值	不含调压操作
4	开关远方操作成功率	开关远方操作成功次数与开关远方操作总次数的比值	不含调压操作
5	人均监控远方操作次数	监控远方操作次数与监控运行人员到位数量的比值	

开展开关远方操作能够有效减少运维人员到站次数，降低电网运行成本，充分发挥变电站实施集中监控无人值守的管理优势，提高电网运行管理效率。其中开关远方操作占比率和覆盖率反映的是区域电网远方操作的应用程度和开关远方操作能力建设情况。

7.2.1.5　集中监控缺陷情况

按设备类型分别统计新增缺陷、已处理缺陷、遗留缺陷、超期缺陷等，并计算缺陷处理率、缺陷处理及时率，见表 7-6。

表 7-6　　　　　　　　　　　集中监控缺陷情况统计分析

序号	名称	定　义	说　明
1	新增缺陷数量	统计周期内发生的缺陷	主要针对由监控信号所反映出的设备异常缺陷进行分析
2	超期缺陷数量	未在规定时间内处理的缺陷数量	（1）危急缺陷处理不超过24h；（2）严重缺陷处理不超过 7 天；（3）需停电处理的一般缺陷不超过 1 个检修周期，可不停电处理的一般缺陷原则上不超过 3 个月

序号	名称	定 义	说 明
3	监控缺陷处理率	已处理的监控缺陷数量与监控缺陷总数量的比值	
4	监控缺陷处理及时率	按照监控缺陷定级的处置时限，及时处理的监控缺陷数量与监控缺陷总数量的比值	

变电站缺陷数量直观地反映区域变电站设备运行情况，通过对发生缺陷设备的分类统计分析，发掘发生规律，有利于提升工作开展的针对性。超期缺陷数量、缺陷处理率、处理及时率能够反映出运维检修部门对于缺陷的处理效率，以及评估变电站是否满足集中监控运行条件。

7.2.2　专项分析

专项分析主要针对 220kV 及以上主变故障跳闸、110kV 及以上母线故障跳闸、发生越级故障跳闸、发生保护误动、拒动和频发信号等情况开展专项分析，并编写事故分析报告。报告应包括事故前运行方式、电网接线方式或厂站主接线图等，并根据相关记录，如调度运行日志、监控运行日志等，对事故概要进行描述，明确事故发生时间、事故范围、开关动作情况、相关保护动作情况等内容，对事故中发送的信号进行统计，并对信号的正确性进行分析，是否漏发、误发，并根据发现的问题，提出整改建议。

例：××电网于 2015 年 1～6 月出现安消防告警信息频发上送现象，通过告警数量的平均值和方差进行专项分析。安消防信号数量按日统计和按月统计分别如图 7-1 和图 7-2 所示。

专项分析报告：2015 年 1～6 月，集中监控变电站合计上送安消防告警信息 1106 条次，其中安防信息 827 条次，消防信息 279 条次。安防告警数量明显多于消防告警数量。

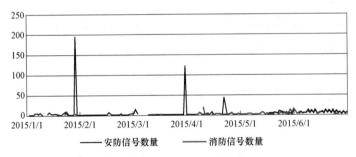

图 7-1　安消防信号数量按日统计

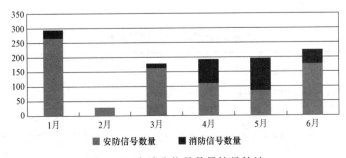

图 7-2　安消防信号数量按月统计

周期内共有 55 座变电站上送过安消防动作信号,其中有 22 座变电站安消防告警总数超过 10 条次。各变电站详细数据如表 7-7 所示。

表 7-7　　　　　　　　　　　各变电站安消防告警统计

变电站名称	安防告警	消防告警	合计	出现告警天数	日平均值	方差
鄱阳路站	199	0	199	8	25.5	3915.5
陈塘庄	178	0	178	40	4.45	11.047 5
芥园道	127	2	129	6	21.5	1940.97
曹庄子	70	2	72	71	1	0.013 8
红旗路	12	38	50	9	5.56	26.02
光明桥	43	2	45	4	11.25	315.18
卫国道	0	37	37	18	2.05	1.497
迎丰	25	1	26	21	1.238	0.562 3
瑞江南	2	23	25	7	3.57	30.244
万汇路	0	23	23	7	3.285 7	11.06
石各庄	2	21	23	16	1.437 5	0.496
吉林路	5	17	22	16	1.375	1.484
洞庭路	12	5	17	6	2.83	13.47
东丽	13	3	16	10	1.6	1.06
海门	12	4	16	11	1.45	0.42
杨柳青	15	0	15	10	1.5	1.45
孟港后	0	12	12	6	2	3.33
吴庄	11	0	11	8	1.37	0.234
泰保站	10	1	11	6	1.83	1.47
黄岩路	1	10	11	8	1.375	0.234
上古林	10	0	10	8	1.25	0.437 5
仁和营	4	6	10	6	1.67	0.22

引入方差对数据进行深层次分析。方差是用来表征数据波动情况的度量参数,方差越大,说明数据波动性越大,事件发生相对集中。由此可见,鄱阳路站、芥园道站和光明桥站虽然总告警信息数量较多,但方差较大,说明告警发生较为集中,引起告警的原因有可能是确实发生安消防告警事件,或者发生缺陷已经消除,可暂缓排查。

陈塘庄、曹庄子、红旗路、卫国道站日平均安消防告警信息数量较少,方差较小,数据波动小,告警事件发生频率稳定,说明这些站的安消防信息可能存在经常性的误发现象,应重点排查。

7.3   基于大数据技术的监控运行分析实践

当前，我国电网进入了建设统一坚强智能电网的新的发展阶段，"大运行"体系建设的深入推进，电网规模不断扩大使得变电站向智能化无人值守方向不断发展，接入调控机构实现集中监控的变电站、电网设备及告警信息数量持续增加，对调控专业准确掌握现场设备运行情况、快速响应电网设备故障、及时恢复电网运行方式提出了更高要求。需要调控专业更加快速、高效和智能地处理电网故障异常，提升电网设备运行监控的智能化水平。而现有电网监控业务依赖告警信息逐条响应的监视方式，需要对每一条信息逐一进行判别、分析并做出反馈，已无法满足电网"智能调度"的要求，对监控员判断及处理相关设备异常故障的分析决策能力提出了更高的要求，间接地导致了设备异常或故障漏判及误判的情况，从而导致异常故障影响范围的扩大化。

同时，随着智能变电站迅速发展，电网设备故障及异常处置、方式调整操作、设备消缺管理等监控业务工作复杂度不断提升，现有监控业务处理过程中存在信息分析与处置流程孤立、处置流程与监控操作脱离，缺少统一的标准化流程，人工经验依赖性高，智能化水平较低，呈现出各个层面的任务处置方法各异、相对孤立且无法形成联动的局面，造成监控业务人员的分析处置方式规范性和统一性降低。传统的被动监控模式需要向主动实时感知和标准智能处置模式转变，监控专业需要在电网事故和异常分析处理中发挥更加突出的作用，提升调控专业作为电网运行指挥枢纽的精益调控管理能力。

随着大数据与云计算技术的不断发展，以及二者之间的深度结合，带来了一次次的技术革命，其对于海量数据以及复杂数据的处理能力为电网调控管理工作的深入开展提供了新的解决方案。智能调度控制系统（D5000）、OMS 与 PMS 互联互通后的调度管理系统（OMS）、气象、山火、覆冰及智能变电站监控等系统包含了丰富的变电站设备运行、台账、检修、缺陷等数据。但这些监控数据分布在不同系统中，且缺少与设备的关联关系，没有统一的数据建模规范，大量数据无法有效利用。同时，传统的集中监控变电站运行统计方法无法处理庞大的数据量，这些，都为监控大数据分析平台的建设提出了现实意义。

7.3.1   监控大数据分析平台架构

基于调控大数据分析平台的监控运行管理系统包括数据对比统计分析、设备趋势性故障预警、运行检索、全景展示四大中心，以及支撑运行风险趋势预警、调控数据异常侦测、电网事件协同处置、监控业务流程管控、监控报表分析统计五大核心业务应用。系统框架如图 7-3 所示。

（1）数据源。基于监控数据的变电站设备运行大数据分析系统从 EMS 系统接入设备模型、监控数据、输变电在线监测信息、二次设备在线监测数据（录波数据等）等电网及设备运行数据，从 OMS 系统接入设备检修、设备故障、设备缺陷、设备台账等基础管理数据，从变电站点召设备模型、图形、监控信息点表、遥信遥测遥控历史数据等，从气象、操作票、雷电监测、视频、GIS 系统等其他系统接入相关辅助信息。

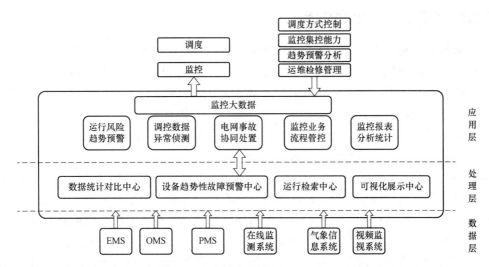

图 7-3　基于调控大数据分析平台的监控运行管理系统结构示意图

（2）数据集成软件。通过数据采集、数据转换、数据装载三个阶段完成各系统数据集成，实现大数据分析存储系统的数据导入，具体包括：

1）数据采集，将各模块相关数据根据其结构及类型进行提取。

2）数据转换，对数据格式、类型进行转换。

3）数据装载，把采集、转换后的数据按照一定的装载规则进行数据装载。

（3）数据辨识软件。由于数据本身的不完整、不一致、含噪声等原因，需要对数据进行辨识处理，可对数据的属性、解析规则、应用领域等进行辨识。

（4）平台中间层。平台中间层是一种通过软件在大数据平台上，对底层数据进行抽象和管理，对上层提供业务逻辑视图的技术实施方案。大数据分析系统下层容纳各种数据源的数据接入，数据表之间的连接关系复杂，而平台上层的应用专注业务逻辑，通常不必关心底层的数据表结构。此外大数据平台由于应用需求的不同，会配备不同的计算引擎，比如分布式计算平台计算能力强，但计算结果的实时性不好，多维分析引擎可进行实时或准实时的多维度计算，但计算容量受限。所以如何根据应用需求进行数据存储和计算的动态合理安排，是大数据平台有效运行的基础。基于大数据平台的特点，平台中间层需要实现如下功能：

1）将下层数据表的复杂关联结构进行业务抽象，形成表达业务的统一逻辑视图。上层应用只需要访问逻辑视图层进行业务操作，无需关心底层的数据表连接。

2）将上层的访问请求，转化解析为底层的计算逻辑任务，分发计算任务，并收集计算结果反馈给上层服务。

3）按照业务需求，实现底层数据在不同的计算引擎中的自动搬迁，从而实现对数据访问和计算的加速和优化。

（5）系统功能应用。系统基于大数据分析基础平台，通过大数据分析计算算法对设备监控运行数据、检修数据、缺陷数据等进行深度挖掘，提供变电站设备分析、电网事故分析、监控大数据关联分析等应用功能，并对数据分析结果进行趋势性、时序性可视化展示。

7.3.2 监控大数据平台功能

（1）数据统计分析中心。系统通过设备实时数据分析、设备历史数据分析、电网事件分析，实现对设备监控数据、检修数据、缺陷数据等，进行深度运行信息挖掘，大幅度提高监控信息分析智能化水平，为集中监控运行提供更加有效和实用性的技术支撑。主要包括告警信息总量分析、频发信息分析、未复归信息分析、母线电压越限、设备油温分析、软压板统计分析、通信通道状态分析、变压器挡位、直流系统运行状态等。

（2）设备故障趋势性预警中心。通过挖掘海量历史数据分析关联关系，建立设备故障异常模型，利用文本分析技术，从非结构化的数据文本中辨识出设备故障异常，并不断训练修正，实现对恶劣天气趋势性预警，设备家族性缺陷趋势预警、典型异常信息热点侦测、频发信息侦测诊断、监控信息关联性侦测、跳闸时序匹配侦测、跳闸信息匹配侦测等，提升设备运行趋势预警能力，实现异常及缺陷的事前预控，提高监控业务的智能化水平。

（3）运行检索中心。建立设备台账、设备参数、设备告警信息统计、设备缺陷记录及基于设备开展的调控业务等的数据模型，利用该数据模型将存在差异的各种信息进行关联、融合。利用对象名称检索、对象参数检索等索引技术实现设备台账、设备缺陷、设备告警信息的高效检索，同时支持检索关键字拼音、汉词缩写的自动提醒、自动填充，学习用户搜索习惯以优化搜索结果排序等。

（4）全景展示中心。采用可视化技术展示全网监控相关业务情况，包括各电压等级集中监控变电站情况、集中监控变电站 AVC 情况、开关常态化操作统计、各电压等级调控中心设备缺陷情况、各地市遥信告警信号量分布情况、全省设备跳闸数量分布；同时可展示全网监控管理人员和监控运行人员情况，统计人员到位率、人员学历分布、人员年龄分布、人员所属公司级别，及人员承载力情况等。

第8章

输变电设备状态在线监测

8.1　输变电设备状态在线监测背景

输变电设备状态在线监测是实现输变电设备状态运行检修管理、提升输变电专业生产运行管理精益化水平的重要手段。通过各种传感器技术、广域通信技术和信息处理技术实现各类输变电设备运行状态的实时感知、监视预警、分析诊断和评估预测，其建设和推广工作对提升电网智能化水平、实现输变电设备状态运行管理具有积极而深远的意义。国家电网公司面对"三集五大"体系建设要求，以提高输变电设备状态在线监测系统实用化、标准化、规范化水平为目标，全面优化输变电设备状态在线监测系统整体框架，提升状态监测装置质量及运行可靠性，完善系统功能，建立健全系统运维管理机制，为电网设备状态运行管理提供支撑。近年来，国家电网公司大力推进设备运维和检修管理方式创新，以加强设备状态管理为核心，以推广应用先进适用设备带电检测和在线监测技术为重要手段，显著提升了设备状态可控、能控、在控水平。

随着技术发展，输变电设备状态在线监测系统数据准确程度逐渐提高，逐渐具备接入调控中心集中监控的条件。调控中心制定了输变电设备状态在线监测系统主站完善提升功能需求规范，并研究制定智能变电站生产控制区状态监测数据接入方案。一般输变电设备状态在线监测功能应在智能电网调度控制系统平台上集成，部署在安全Ⅱ区，应符合电力监控系统安全防护等相关规定。其功能框架如图8-1所示，分为三个层次：数据处理、查询统计、辅助分析。

功能包括：数据采集、数据校验与存储、数据监视、告警管理、监测装置查询、监测量查询、告警查询、典型数据比对分析、设备异常状态趋势跟踪分析。

在线监测的采集信息应支持遥信量、遥测量及事件信息的采集。采集信息应根据各地调控主站应用功能建设需求加以适当扩展。采集范围应包括输电和变电设备状态在线监测信息。其中变电设备状态在线监测类型包括但不限于变压器/电抗器油中溶解气体监测、变压器/电抗器套管绝缘监测、电压互感器绝缘监测、电流互感器绝缘监测、金属氧化物避雷器泄漏电流监测，输电设备在线监测类型包括但不限于架空线路微气象监测、杆塔倾斜监测、电缆护层电流监测。对具备条件的装置，还应采集装置本体异常运行状态信息。

配电网作为电力系统的重要组成部分是电力公司服务用户的桥梁，电网电能质量能否满足经济技术发展要求将会成为一个突出的问题，电能质量的研究和发展是信息革命的必然要求。而且，电能质量的提高，可降低网损，提高设备使用寿命，减少电力生产事故，产生直

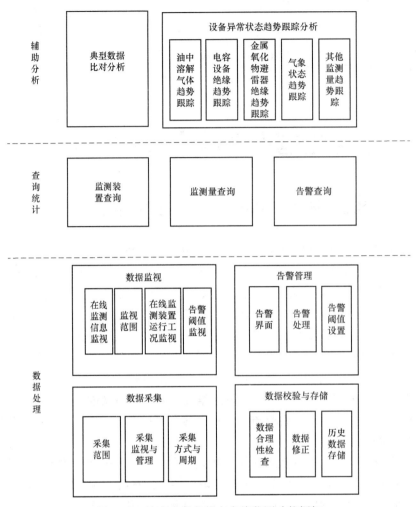

图 8-1 输变电设备状态在线监测功能框架

接经济效益。电力逐步进入市场，必然引起更大的竞争，在这种悄然来临的区域间电网竞争中，加强配电网电能质量监视是提高电网公司服务水平的重要途径。

8.2 输变电设备状态在线监测研究现状

随着能源短缺问题日益严峻、供电可靠性要求不断提高，电网运营面临巨大挑战，智能化成为国际电网发展的必然趋势，西方主要发达国家，例如美国、加拿大、欧洲等，已经对智能电网进行了相关研究，建设智能电网在欧美国家已经逐步上升到国家战略层面。伴随着传感器、通信和计算机技术的快速发展，电网的状态监测和故障诊断技术也获得飞速发展，欧美等国家已经在这方面取得了较大的突破。

虽然我国对智能电网的研究稍晚，但是发展较快，已经在相关领域做了大量的研究，取得的多项研究成果达到了世界先进水平。国家电网公司的智能电网的变电环节，提出实现高压设备的智能化，在信息化接入方面提供完整地解决方案，并在高压设备智能化方面进行了大量研究，在电力变压器、断路器、避雷器、互感器、GIS、电缆等设备状态监测与诊断评估、电介质材料老化检测和故障机理等方面，开展了大量的研究与实践，红外线测温、多组分油色谱在线监测、GIS 超高频局部放电在线监测等技术水平已经被广泛应用，使得监测技术和手段得到了大大的提升。

　　智能电网拓宽了获取全网信息状态的能力，通过安全与可靠的信息通道，实现电力系统全网实时信息的获取、分析、整合和共享。这样可以通过对全网实时、动态的状态信息分析和诊断，为电网的运行人员提供更加全面和准确的运行状态，并给出最优的控制方案、备用方案和辅助决策方案，从而保证电网的高效、安全与可靠运行。随着智能电网的发展，对其设备建立完善的监视体系已变得非常重要，国家电网公司已经提出相应的技术规范和制定技术导则，为状态监测技术的大规模、标准化应用奠定了基础，成熟的设备在线监测、带电监测技术也为实现综合状态监测提供了技术支持。典型的变电设备状态在线监测典型信息表如表 8-1 所示。

表 8-1　　　　　　　　　　变电设备状态在线监测典型信息表（遥测）

序号	设备名称	信号类型	遥测名	单位	最小采集周期
1	变压器/电抗器	油中溶解气体	氢气	（μL/L）	2h
2			一氧化碳	（μL/L）	
3			二氧化碳	（μL/L）	
4			甲烷	（μL/L）	
5			乙烯	（μL/L）	
6			乙炔	（μL/L）	
7			乙烷	（μL/L）	
8			总烃	（μL/L）	
9		套管绝缘监测装置	电容量	pF	10min
10			介质损耗因数	%	
11			全电流	mA	
12	电流互感器	电容设备绝缘监测装置	电容量	pF	10min
13			介质损耗因数	%	
14			全电流	mA	
15	电压互感器	电容设备绝缘监测装置	电容量	pF	10min
16			介质损耗因数	%	
17			全电流	mA	
18	金属氧化物避雷器	金属氧化物避雷器泄漏电流监测装置	全电流	mA	10min
			风速	m/s	
19	架空线路	微气象站	风向	°	
20			气温	℃	
21			湿度	%RH	

序号	设备名称	信号类型	遥测名	单位	最小采集周期
22	架空线路	微气象站	气压	hPa	
23			光辐射强度	W/m²	
24			降水强度	mm/min	
25		杆塔倾斜监测	杆塔倾斜度		30min
26	电缆	电缆护层电流监测	护层电流/运行电流	%	10min

输变电设备状态在线监测典型告警信息表（遥信）见表 8-2。

表 8-2　　　　　　输变电设备状态在线监测典型告警信息表（遥信）

序号	设备	信号类型	信息描述	信息分类
1	变压器（电抗器）类	油中溶解气体	氢气气体绝对值告警	异常
2			氢气气体绝对值预警	告知
3			氢气气体相对产气速率告警	异常
4			氢气气体相对产气速率预警	告知
5			氢气气体绝对产气速率告警	异常
6			氢气气体绝对产气速率预警	告知
7			乙炔气体绝对值告警	异常
8			乙炔气体绝对值预警	告知
9			乙炔气体相对产气速率告警	异常
10			乙炔气体相对产气速率预警	告知
11			乙炔气体绝对产气速率告警	异常
12			乙炔气体绝对产气速率预警	告知
13			总烃气体绝对值告警	异常
14			总烃气体绝对值预警	告知
15			总烃气体相对产气速率告警	异常
16			总烃气体相对产气速率预警	告知
17			总烃气体绝对产气速率告警	异常
18			总烃气体绝对产气速率预警	告知
19			一氧化碳气体绝对值告警	异常
20			一氧化碳气体绝对值预警	告知
21			二氧化碳气体绝对值告警	异常
22			二氧化碳气体绝对值预警	告知
23			甲烷气体绝对值告警	异常
24			甲烷气体绝对值预警	告知
25			乙烯气体绝对值告警	异常
26			乙烯气体绝对值预警	告知
27			乙烷气体绝对值告警	异常
28			乙烷气体绝对值预警	告知

续表

序号	设备	信号类型	信息描述	信息分类
29	变压器（电抗器）类	油中微水监测	水分告警	异常
30			水分预警	告知
31		局部放电监测	放电量告警	异常
32			放电量预警	告知
33		铁芯接地电流监测	全电流告警	异常
34			全电流预警	告知
35		顶部油温监测	顶层油温告警	异常
36			顶层油温预警	告知
37		套管绝缘监测装置	末屏断相告警	异常
38			介质损耗因数告警	异常
39			介质损耗因数预警	告知
40			相对介质损耗因数（初值差）告警	异常
41			相对介质损耗因数（初值差）预警	告知
42			电容量相对变化率（初值差）告警	异常
43			电容量相对变化率（初值差）预警	告知
44	电流互感器	电容设备绝缘监测装置	末屏断相告警	异常
45			介质损耗因数告警	异常
46			介质损耗因数预警	告知
47			相对介质损耗因数（初值差）告警	异常
48			相对介质损耗因数（初值差）预警	告知
49			电容量相对变化率（初值差）告警	告知
50			电容量相对变化率（初值差）预警	告知
51	电压互感器	电容设备绝缘监测装置	末屏断相告警	异常
52			介质损耗因数告警	异常
53			介质损耗因数预警	告知
54			相对介质损耗因数（初值差）告警	异常
55			相对介质损耗因数（初值差）预警	告知
56			电容量相对变化率（初值差）告警	告知
57			电容量相对变化率（初值差）预警	告知
58	耦合电容器	电容设备绝缘监测装置	介质损耗因数告警	异常
59			介质损耗因数预警	告知
60			相对介质损耗因数（初值差）告警	异常
61			相对介质损耗因数（初值差）预警	告知
62			电容量相对变化率（初值差）告警	异常
63			电容量相对变化率（初值差）预警	告知

序号	设备	信号类型	信息描述	信息分类
64	断路器（GIS）	SF_6气体压力及水分监测	SF_6气体压力告警	异常
65			SF_6气体压力预警	告知
66			水分告警	异常
67			水分预警	告知
68	金属氧化物避雷器	金属氧化物避雷器泄漏电流监测装置	阻性电流告警	告知
69			阻性电流预警	告知
70			全电流告警	告知
71			全电流预警	告知
72	架空线路	导线覆冰厚度监测	等值覆冰厚度告警	异常
73			等值覆冰厚度预警	告知
74			综合悬挂载荷告警	异常
75			综合悬挂载荷预警	告知
76		导线温度监测	导线温度告警	异常
77			导线温度预警	告知
78		微风振动监测	微风振动告警	异常
79			微风振动预警	告知
80		现场污秽度监测	盐密告警	异常
81			盐密预警	告知
82			灰密告警	异常
83			灰密预警	告知
84		导线弧垂监测	导线弧垂告警	异常
85			导线弧垂预警	告知
86			对地距离告警	异常
87			对地距离预警	告知
88	杆塔	杆塔倾斜监测	杆塔倾斜度告警	异常
89			杆塔倾斜度预警	告知
90	电缆	电缆护层电流监测	电缆护层电流告警	异常
91			电缆护层电流预警	告知

8.3 常用输变电设备状态在线监测方法

8.3.1 局部放电监测及三维定位

电气设备的局部放电对电气设备的绝缘会产生不同程度的影响，严重情况下导致绝缘介质击穿、设备故障，局部放电量水平的明显增加，局部放电的在线监测是发现潜在绝缘故障的有效手段。电气设备内部发生的每一次放电均会产生机械脉冲，脉冲透过油及内部变压器结构传播。这些机械脉冲可以借助安装在变压器缸壁的电压转换器转换为电压信号而被监测。三维定位系统通过环绕变压器缸壁外的多组传感器，可测量局部放电系统化的抵达时差，从而确定局部放电的来源。变电设备局部放电检测方法有脉冲电流法、油中溶解气体（DGA）法、超声波法、无线电干扰电压（RIV）法、光测法、射频检验法和化学法等。声电联合、声光联合等综合检测技术成为局部放电监测的主流方向。

8.3.2　在线油中溶解气体监测

油中溶解气体分析是诊断充油设备潜在故障的有效方法，其原理为变压器等出现异常或故障时，内部绝缘油在热和电的作用下逐渐分解出氢气、一氧化碳、甲烷、乙烷等气体，通过分析气的类别、浓度及变化趋势，判断变压器可能存在的潜在故障。油气相色谱分析的过程是从油样中取出混合气体，再将混合气体分离为要求的气体成分，通过各种气敏传感器将各种气体的含量转换为电信号，经 A/D 转换后将信息上传。在变压器油气相色谱分析过程中，从油中取出气体是一个重要环节，产生测量误差的原因多半是在脱气阶段，IEC 标准要求油中脱气效率应达到 97% 以上。分析方法一般分为三组法和全组法两种。三组分法使用渗透膜进行油气分离，气敏元件做传感器，一般适合于早期预警；全组分法适用于早期预警及估值发展趋势的连续检测，适合于色谱发现异常需要跟踪测试。

8.3.3　介质损耗和泄漏电流监测

运行中电力设备的绝缘状态对电力系统的安全运行至关重要，常规绝缘参数主要包括运行电压下流过设备的电流、电流型电力设备的电容量及其变化和电力设备的介质损耗。测量介质损耗和泄漏电流的主要方法有：① 硬件直接测量相位角，主要有过零点相位比较法、电压比较器法等；② 采用软件方法，对监测信号 A/D 变换后，采用数字算法得到介质损耗值，主要是谐波分析法等。③ 测量相对介质损耗，通过测量同一线路不同设备的泄漏电流，以其中某一种设备作为基准得到相对介质损耗。泄漏电流监测方法主要包含全电流和阻性电流法等，阻性电流主要反映设备内绝缘问题。

8.3.4　SF$_6$ 监测

SF$_6$ 因为其高效的绝缘性能在电力系统得到了广泛应用，高压断路器、互感器、GIS 都广泛采用 SF$_6$ 作为灭弧和绝缘气体。SF$_6$ 维持设备的绝缘水平和保证优良的灭弧能力，若设备发生泄漏引起 SF$_6$ 气体密度降低，设备的电气性能会大大下降，如开关设备的耐压强度降低，或断路器的开断容量下降。当环境温度变化时，在泄漏部位会出现"呼吸"现象，环境中的水分会进入设备内使 SF$_6$ 气体的湿度增大而影响电气性能甚至引发安全事故。目前 SF$_6$ 气体的在线监测的主要项目有气体密度、气体泄漏、气体微水含量等。

8.3.5　红外测温监测

红外线测温监测为非破坏性测试，可在设备带点时动态监测电气设备的热故障点，为设备状态检修提供技术依据。无论是电流至热，电压至热型或其他至热效应的设备，只要表面发出的红外辐射不受阻挡的输变电设备都属于红外诊断的有效监测范围，如输电线路、变压器、断路器、隔离开关、互感器、电力电容器、电抗器、避雷器和电力电缆等。

8.4　主要输变电设备状态在线监测

8.4.1　变压器类在线监测

（1）变压器油色谱在线监测。油色谱在线监测技术包括油气分离技术和气体检测技术。油气分离技术采用目前较为成熟的渗透膜脱气和动态顶空脱气；气体检测技术主要包括气相色谱和光声光谱法。就目前来讲比较成熟和有效的方法是气相色谱，而光声光谱属于比较前沿的技术，其有效性还未获得一致的认可。

1）油气分离技术。该种技术主要是把溶解在油中的气体分离出来，也称作脱气，目前所采用的脱气方法主要有以下几项：

a. 薄膜脱气法：这种方法应用扩散原理，应用一种聚合薄膜（这种薄膜的特点是气体分子可以透过而油分子不能透过），膜的一侧是变压器油，另一侧是气室，这样利用膜两侧气压的不平衡性，使得油中的气体扩散到气室从而实现油气分离。一段时间后达到动态平衡状态，然后通过计算可以得到溶解在油中某一气体的含量。

这种方法简单易行，但其缺点是达到动态平衡状态的时间很长，脱气缓慢，而且油中的杂质和污垢容易堵塞聚合薄膜，需要经常更换聚合薄膜，浪费财力。

b. 真空脱气法：主要包括真空泵脱气法和波纹管法两种方式，真空泵脱气法与离线色谱分析中抽真空脱气原理一样，使用微型真空泵，降压至 0.05～0.07MPa 即可脱去油中溶解的气体。该种方法的突出优点是脱气效率高，能够使油和气完全分离。但是其缺点是可重复性低，每次测量的数据可能差距很大；而且真空泵的磨损使抽气效率降低，导致测试结果偏低，因此此法已被逐渐淘汰。

波纹管法是波纹管通过电机的带动，反复的压缩油气抽成真空从而使气体分离出来，它的缺点是波纹管中残留的油会影响下一次测量。

c. 动态顶空脱气法：这种脱气方法是再脱气时，通过采样瓶内搅拌子的不断搅拌，使得气体析出通过检测装置，然后气体返回采样瓶内。当相同时间间隔内的测量值相同时，即脱气完毕。在各种油气分离方法中，顶空脱气技术具有油气平衡时间短（小于 30min）、脱气效率高、重复性好、分析灵敏度高等特点，因而被广泛采用。

2）气体检测技术。作为整个监测装置的核心部件，气体检测部件的性能优良决定了整个监测装置的性能，因此人们越来越重视对气体检测技术的研究。

a. 气敏半导体在气室中，应用气体传感器检测混合气体含量，本书选用电化学气体传感器来检测。电化学传感器的基本原理是应用燃料电池，电解液将燃料电池隔成两个电极，待检测气体在电池的一极，氧气在电池的另一极，通过氧化还原将化学能转变成电能，这样就可以通过测量电流值从而确定待检测气体含量。一般来讲，一种气体传感器对多种气体都有响应，只是对不同的气体灵敏度有所不同，所以通过此种方法测量的数值误差很大，容易造成误报或不报，这样对不存在故障的变压器，也能监测出故障。因此以该种方法作为诊断的依据不够科学。

b. 气相色谱法。在高纯氮气作用下将分离后气体样本输送到色谱柱中，各组分气体停留的时间取决于其相应的分配系数，分配系数大的停留的时间也越长。然后将各组分的气体通过高度敏感的热导池检测器（TCD）检测仪中，由 TCD 检测各组分气体的浓度并将浓度转化为相应的电信号输入到计算机中，该装置能检测多种气体成分，例如氢气、一氧化碳、甲烷和乙烯等。该方法的优点是可以准确检测每种气体的浓度；缺点是操作复杂，时间周期长，对技术的要求也比较高，因此比较适用于定期检测。

c. 光声光谱法。溶解在油中的气体经脱气后进入光声室，入射光经过频率调整后经滤光片进行分光，每一个滤光片只允许某种特定气体吸收波长的红外线透过，然后各种特定气体吸收波长的红外线以调制频率多次激发气体，使气体通过辐射或非辐射两种方式回到基态。非辐射方式回到基态的气体会引起局部温度升高，使密闭的光声室产生机械波，从而被微音器所检测到。通过计算机械波的强度，即可确定相应气体各组分的浓度。

光声光谱法的优点主要是：① 能够减少校验工作量。② 无需消耗气体消耗品，例如载气。③ 应用少量样品即可检测各组分气体浓度，时间短，效率高。④ 与气相色谱法相比，该方法不需要色谱柱，不受一氧化碳等气体污染影响。⑤ 可重复性非常好。

基于光声光谱法有上述的诸多优点，该方法已经在变压器气体检测中崭露头角，被越来越多的用户所接受。

（2）变压器局部放电在线监测。一般来讲，局部放电主要有以下三种：第一种是脉冲型的火光放电，例如汤姆逊放电；第二种是非脉冲型的辉光放电；第三种是介于前两种之间的亚辉光放电。根据变压器的局部放电特性，产生了脉冲电流法、射频法、放电能量检测法、超低频检测法、超声波法、光测法、红外热像法和超高频检测法（UHF）等。

1）脉冲电流法：在变压器套管接地、外壳接地、铁芯接地以及绕组间发生高压局部放电时测量脉冲电信号，测量出一些基本量可以反映放电脉冲的个数、大小和相位等，具有很高的灵敏度。但是脉冲电流易受外界噪声干扰，因此需要有效而准确地提取局部放电脉冲信号，以提高其抗干扰能力。该方法的缺点是测量的脉冲频率低，测量出的信息量比较少。

2）射频检测法：该方法通常用罗氏线圈型传感器从变压器和发电机等被检设备中性点提取信号，由于在高频条件下罗氏线圈型传感器铁耗很小，因此它可以工作在很宽的频率范围，极大地提高了测量频率；也由于其安装方便，不受系统运行方式影响，因此该方法在发电机在线监测领域已得到了广泛应用。该方法的缺点是只能分辨出单一的信号，不适用于三相变压器发生局部放电检测。

3）放电能量检测法：该方法是将每个周波中的电荷总量和消耗功率值进行测量，能量扫描仪上平行四边形的面积即为周波的放电能量。该方法可以用来测量电流法难以响应的辉光和亚辉光放电，其缺点是灵敏度较差，难以将因放电而产生的损耗分离开来。

4）超低频检测法：该方法是用 0.1Hz 的试验电压来测量电力设备的放电现象。其优点是可以减小测量设备容量，使测量设备重量可以更轻，体积可以更小，价格可以更低；其缺点是目前理论上还难以证明 0.1Hz 与 50Hz 工频电的等效性。

5）超声波法：该方法是通过变压器油箱上的压电传感器来测量其内部放电时产生的超

声波，并根据所测得的超声波来确定放电电流的大小以及其位置。该方法的优点是采用非电气接触式测量，可大大减小干扰的影响，虽然它难以定量判断变压器内部声介质对超声波的影响，但是可以定性地判断有无放电信号。目前该方法作为一种辅助手段应用于变压器的检测中。

6）光测法：该方法利用局部放电中产生的光现象进行测量：当电晕放电时，产生波长较短的光，通常来讲小于400nm，属紫外线的范畴；但较强的火光放电时，产生波长较长的光，通常来讲将超过700nm，属可见光的范畴。该方法具有很高的灵敏度及很好的抗干扰性；其缺点是由于变压器内部绝缘结构复杂，因此它的实际应用受到了很大的局限，即使如此，它可以作为其他测量方法的辅助手段从而应用于变压器的局部放电检测中。

7）红外热像法：该方法是利用放电时设备内的电热转换，检测表面温度的变化的方法。该方法可定性测量局部放电，借助计算机可以得到一定的量化关系；其缺点是目前还很难进行定量研究。

8）超高频检测法：超高频局部放电检测是通过超高频传感器接收局部放电所产生的超高频电磁波，实现局部放电的检测。这种方法的最大特点是，由于接收的是局部放电信号的超高频电磁波，因而抗干扰的能力很强，适合用于在线监测，而且灵敏度较高，能够对于缺陷源进行定位，发展前景很好。

超高频的检测方法最初应用于 GIS、电机、电缆的局部放电的检测，近年来超高频的方法已逐渐开始应用到了变压器中，最初是由荷兰 KEMA 实验室的 Rutgers 等人开始，后来英国的 Judd 等人也对该方法应用在变压器中进行了实验室研究，这些都为超高频的检测方法应用于变压器中奠定了坚实的基础。由于超高频检测法是通过传感器收到的超高频电磁波实现检测和定位的，因此与传统的局部放电检测方法相比，它的测量频率高（1GHz 以上）、频带宽（300～3000MHz）、信息量大、抗干扰性强。利用这种方法可以较全面地研究变压器绝缘系统中局部放电特性。

虽然该方法已经取得了较大进展，但变压器在局部放电时所激发的高频电磁波在变压器中的传播特性很复杂，而且由于变压器内部的结构可能会对电磁波的传播产生影响，还有变压器的箱壁对于电磁波的折反射等，使得超高频传感器所接收的信号可能已经和变压器内部的局放源所发出的信号有所差异，因此，作为一种很有发展前景的局部放电的检测方法，还有很多方面的工作需要深入的研究。

（3）变压器绕组变形在线监测。绕组是发生故障较多的部件，从解体检查情况看，绝大部分是由绕组变形引起的。目前对变压器绕组变形检测的主要方法如下：

1）频率响应分析：利用绕组变形前后电容、电感等值网络的变化，通过正弦波扫描，测量绕组的传递函数以反映绕组的状况。频率响应分析法是目前国际上较为先进的一种绕组变形诊断方法，能够检测到微弱的绕组变形，并且具有较强的抗干扰能力，适合现场使用的要求。但如何从量值上去判断短路实验结果，并与现行标准测量电抗值的变化统一起来，尚须积累经验。频率响应法具有很高的灵敏度，重复性好，但尚无明确的定量判断标准。

2）短路电抗测试：利用在变压器一、二次侧的 TV、TA 信号，通过空载测试修正励磁电流影响后，在线求得变压器的短路电抗，并利用短路阻抗测量法中的判据进行诊断，从而实现对变压器绕组状况的在线监测。能够对绕组变形导致的电抗变化量进行较精确的测量，但互感器等的角差以及电压波动会对测量结果有影响。与变压器保护系统整合为一体后会有应用前景。

3）振动信号分析：通过安装在变压器箱体上的振动传感器测量绕组与铁芯在运行时产生的振动信号，并通过比较其变化来反映绕组与铁芯的状况。测量系统与变压器无电气连接，可同时监测绕组变形以及铁芯等结构的松动等故障。积累经验、明确判据后应有应用前景，俄罗斯、美国和加拿大有较多应用。

（4）变压器铁芯接地电流在线监测。统计资料表明因铁芯问题造成的变压器故障，占变压器总事故中的第三位；而变压器铁芯多点接地是造成变压器铁芯故障的首要原因。铁芯在单点接地和多点接地两种情况下流过接地线中的电流值相差较大，国标规定该电流不能超过0.1A。通过监测铁芯接地电流可以及时发现变压器故障，目前其测量主要采用安装穿心电流传感器进行监测。

（5）变压器（电抗器）油中溶解气体报警值（见表8-3）。

表 8-3　　　　　　　　变压器（电抗器）油中溶解气体报警值

序号	报警参数	电压等级	油枕结构	正常范围	预警值	报警值
1	氢气值（μL/L）	110kV 及以上	隔膜式、胶囊式	＜120	120	＞150
2	氢气绝对产气速率 ml/天	110kV 及以上	隔膜式、胶囊式	＜3	3	＞10
3	氢气绝对产气速率 ml/天	110kV 及以上	开放式	＜1.5	1.5	＞5
4	氢气相对产气速率（%/月）	110kV 及以上	隔膜式、胶囊式	＜6	6	＞10
5	乙炔值（μL/L）	330kV 及以上	隔膜式、胶囊式	0.8	0.8	＞1
6	乙炔值（μL/L）	220kV 及以下	隔膜式、胶囊式	＜4	4	＞5
7	乙炔绝对产气速率 ml/天	110kV 及以上	隔膜式、胶囊式	＜0.06	0.06	＞0.2
8	乙炔绝对产气速率 ml/天	110kV 及以上	开放式	＜0.03	0.03	＞0.1
9	乙炔相对产气速率（%/月）	110kV 及以上	隔膜式、胶囊式	＜6	6	＞10
10	总烃值（μL/L）	110kV 及以上	隔膜式、胶囊式	＜120	120	＞150
11	总烃绝对产气速率 ml/天	110kV 及以上	隔膜式、胶囊式	＜3.6	3.6	＞12
12	总烃绝对产气速率 ml/天	110kV 及以上	开放式	＜1.8	1.8	＞6
13	总烃相对产气速率（%/月）	110kV 及以上	隔膜式、胶囊式	＜6	6	＞10
备注						

（6）变压器（电抗器）油中微水监测报警值（见表8-4）。

表 8-4　　　　　　　　变压器（电抗器）油中微水监测报警值

序号	报警参数	电压等级	正常范围	预警值	报警值
1	水分（mg/L）	220kV 及以下	＜20	20	＞25
2	水分（mg/L）	330kV 及以下	＜12	12	＞15
备注					

（7）变压器（电抗器）局部放电监测报警值（见表 8-5）。

表 8-5 变压器（电抗器）局部放电监测报警值

序号	报警参数	端电压	放电相位	正常范围	预警值	报警值
1	放电量	110kV 及以上	A、B、C 相	<300pC	300pC	500pC

注 到预警值时应充分考虑，信号为排除干扰之后。

8.4.2 电容器设备电容量/介质损耗因数监测

（1）电容器设备容量在线监测。电容量是电容器的直接参量，任何故障的发生基本都会导致电容量不同程度的变化。而电容器有功损耗很小，因此流过的电流几乎是纯容性电流。通过电容器的电流以及放电 TV 二次电压的高速精确采样，再利用快速傅立叶变换算法即可以分解出电压电流中的基波与谐波分量，得到准确的实时数据，就可以通过公式得到电容量，达到电容量在线监测的目的。缺点在于电容量的变化是由于故障持续一定时间后的结果，只有当电容量与正常水平差距较大时才能够被发现，且无法对故障点进行定位和分析。但由于该方法实施简单且成本相对较低，现场执行起来较为容易且对电容器运行状态有个直观的评估，因此得到广泛的认同及接受。

（2）介质损耗因数在线监测。电容型设备绝缘的介质损耗角正切值是对设备缺陷反映较为灵敏的检测参数。由于设备的介质损耗角一般很小，其测量准确度要求就很高，电容型设备绝缘在线检测方法主要是指其介质损耗的检测方法。

按照测量原理可将电容型设备绝缘在线检测的各种方法分为两类。一是主要靠"硬件"的检测方法，即依靠电子线路来实现。以过零相位比较法，也称脉冲计数法，电压比较器法以将西林电桥用于带电检测的一些方法等为代表。二是主要靠"软件"的检测方法，即依靠计算机软件的处理功能来实现，其典型代表有谐波分析法、正弦波参数法等。按照在现场控制或布置的方式可将电容型设备的在线检测分为三种形式。一为集中式检测，即采用屏蔽电缆将被测信号全部引入主控室进行检测及数据处理、诊断。这是目前采用较多的一种检测方式。二为分散式检测，也称便携式检测，即将便携式检测装置带到现场配以分散安装的传感器，对整个变电站中的电容型设备的绝缘状态进行带电检测。三为半集中式，也称分区集中检测方式，即将变电站中所有的电容型设备按变电站内分布情况分为若干区域，集中检测每个区域中所有设备的被测信号。国外目前对电容型设备绝缘在线检测技术主要集中在对硬件检测法的改善上。如澳大利亚研制的用于电流互感器及变压器套管介质损耗角在线检测的装置，便是利用脉冲计数法进行测试的。该装置采用了高速计数器对被测信号与标准正弦信号之间的相位差进行测量，并实时显示数字化测量结果，测量分辨率达到了 0.1mrad，已得到实际应用；南非的研究人员研究采用比较的方法，将介质损耗角很小的高压电容器上的电压作为标准电压，将被试品上的电流（转换成电压）与标准电压信号进行相位比较，来对设备的介质损耗角正切值实现在线检测。由于用作标准电压信号的高压电容器本身具有一定的介质损耗角，所以测得的是设备介质损耗角正切值的相对值。但当采用介质损耗角近似为零的高压气体电容充当标准电容时，可认为测得的是设备介质损耗角正切值的"绝对"值。他们研制的这套系统也已被用于测试套管和 TA 的介质损耗相对值。日本用相位比较法对电力电缆的在线检测的方法，从原理上也同样可用于电容型试品的在线检测。

（3）电容设备在线监测报警值（见表 8-6）。

表 8-6　　　　　　　　　　　电容设备在线监测报警值

序号	报警参数	电压等级	设备类型	正常范围	预警值	报警值
1	介质损耗因数	110kV 及以下	电流互感器	<0.007	0.007	0.008
		220、330kV	电流互感器	<0.006	0.006	0.007
		500kV 及以上	电流互感器	<0.005	0.005	0.006
		所有	串级式、电磁电压互感器	<0.015	0.015	0.02
		所有	非串级式、电磁电压互感器	<0.004	0.004	0.005
		所有	电容式电压互感器（油纸绝缘）耦合电容器（油纸绝缘）	<0.004	0.004	0.005
		所有	电容式电压互感器（膜纸绝缘）耦合电容器（油纸绝缘）	<0.002	0.002	0.002 5
2	相对介质损耗因数（初值差）	所有	全部设备	<10%	10%	30%
3	电容量相对变化率（初值差）	所有	全部设备	<5%	5%	15%

注　初值：设备投运、A、B 类检修后初始测量值。
　　初值差=（当前监测值-初值）/初值×100%。

8.4.3　金属氧化物避雷器在线监测

受潮和电阻片老化是 ZnO 避雷器的一般故障特征，其表现是元件的整体都伴有发热现象。ZnO 避雷器受潮故障的过程大致如下：在受潮初期，通常是故障元件本身发热；当受潮严重后，非故障元件也开始发热，而且非故障元件发热量大于故障元件。这样整体表现为局部出现发热特征。ZnO 避雷器电阻片老化变现为多个元件都普遍发热，老化程度不同的电阻片，常常表现为电压分布不均和发热程度不同。评价避雷器运行质量状况好坏的一个重要参数就是漏电流的大小，漏电流 i_x（简称全电流）由以下两个电流组成：阻性电流 i_r 和容性电流 i_c，i_r 与电压 u 相位相同，而 i_c 的相位超前电压 u 相位 90°。全电流基波相位取决于 i_r 与 i_c 分量的大小。氧化锌避雷器在线监测主要监测阻性泄漏电流，常用方法主要有：总泄漏电流法、阻性电流三次谐波法（将阻性电流经带通滤波器检出三次分量，根据它与阻性电流峰值的函数关系，得出阻性电流峰值）、基波法和常规补偿法（以去掉与母线电压成 90°相位差的电流分量作为去掉容性电流，从而获取阻性电流）等。目前应用较多的测试方法是用补偿法测量阻性泄漏电流。谐波分析法是采用数字化测量和谐波分析技术，从泄漏电流中分离出阻性电流基波值。该方法的优点是误差小，缺点是由于需要引入电压信号作为参考，电压互感器角差对测量结果有很大影响。而三次谐波法不需要引入电压信号作为参考，因此不受其影响，操作简单；其缺点是电网三次谐波对该方法的影响很大。信号重建法的原理是依据所得到的采样数据重新构建电压波形和电流波形，并根据它们的相位差计算出阻性电流。该方法需要保证采样所得到的频率为电网频率的整数倍，并且需要同时对电压和电流进行采样。相位补偿法是通过去掉与母线电压成 90°的容性电流，从而获得阻性电流的一种方法。

金属氧化物避雷器泄漏电流监测报警值，见表 8-7。

表 8-7   金属氧化物避雷器泄漏电流监测报警值

序号	报警参数	正常范围	预警值	报警值
1	阻性电流	<1.5 倍避雷器安装后初始测量值	1.5 倍避雷器安装后初始测量值	>2.0 倍避雷器安装后初始测量值
2	全电流	<1.3 倍避雷器安装后初始测量值	1.3 倍避雷器安装后初始测量值	>1.5 倍避雷器安装后初始测量值

注　1. 不同厂家避雷器泄漏电流值差别较大，但一般不应超出上述范围，初始测量值小于厂家宣称值即可。
　　2. 初值：设备投运、A、B 类检修后初始测量值。

8.4.4　绝缘子在线监测

（1）非电量测量法。激光多普勒振动法是利用已开裂的绝缘子的振动中心频率与正常时不同的特点，通过外力如敲击铁塔或将超声波发生器所产生的超声波用抛物型反射镜对准被测绝缘子，或用激光源对准被测绝缘子，以激起绝缘子的微小振动，然后将激光多普勒仪所发出的激光对准被测绝缘子，根据对反射回来的信号的频谱的分析，从而获得该绝缘子的振动中心频率值，据此判定该绝缘子的好坏。

超声波检测法是基于当超声波从一种介质进入到另一种介质的传播过程中，在两介质的交界面发生反射、折射和模式变换纵、横波转换的原理实现的。通过接收超声波发生器发出的脉冲，超声波在进入绝缘子介质和穿出绝缘子介质时的反射波来限定绝缘子的位置区间。当绝缘子出现"开裂"时，则在接收到的反射波的时间轴上将出现该缺陷的反射波，由时间轴上的该缺陷波的大小及位置，即可判断出缺陷在绝缘子中的具体情况。超声波检测法和激光多普勒振动法可检定出开裂绝缘子，对于具有"零值自爆"特性的玻璃绝缘子的在线检测确有高效。日本在这一领域研究较多，也取得了一定的进展。但超声波检测法存在的耦合和衰减及超声波换能器的性能问题在远距离遥测上目前未有大的突破，尚处于摸索阶段，该类设备目前主要用于企业生产的在线检测及实验室检定。激光多普勒振动仪的缺点是体积庞大、笨重、使用及维修复杂，以及它对未开裂的劣质绝缘子检测效果很差，这些缺点限制了它的适用范围。

利用绝缘子表面的热效应原理进行在线检测的红外热像仪法，对于涂有半导体釉的耐污绝缘子的遥测相当有效。因为此类绝缘子在线带电运行时，正常绝缘子的表面电流较大、温升较高，而劣质绝缘子的表面温度比正常绝缘子低好几度，用红外热像仪易于识别但对于玻璃绝缘子或普通釉的瓷绝缘子，其正常的表面温度比劣质的表面温度仅相差 0.3℃左右，在复杂的现场环境下，测量极其困难，而红外热像仪高昂的造价亦令众多用户对其性价比难以接受。基于此，目前国内外大多采用电量法进行绝缘子在线监测。

（2）电压分布检测法。电压分布检测法是一种传统的绝缘在线检测方法。随着传感器技术的发展，该法也被赋予了新的内容。基于泡克尔斯效应的光纤场强传感器能在基本上不改变绝缘子串电场强度分布的情况下，准确测定各绝缘子的电压分布情况。

在信号处理方面，目前普遍采用将测量结果经电光转换后，通过绝缘杆内的光纤传输到低端，再转换成电信号读数的方法。直接将测量结果转换成语言信号报出的方法电压分布检测法的特点在于直观，能准确判断绝缘子性能的变化。光学测量电压分布方法消除了以前测量方法的准确度不高、读数困难等特点。虽然已研制出自爬式绝缘子检测仪，减轻了现场操作人员的劳动强度，但每次测量必须登高才能完成，操作人员的劳动强度较大、工作安全性较差的缺点仍然令这种方法难以得到广泛应用。

（3）脉冲电流法。脉冲电流法则是通过测量绝缘子电晕脉冲来判断绝缘子的绝缘状况。其原理是存在劣质绝缘子的绝缘子串中，由于劣化绝缘子的绝缘电阻很低，它在绝缘子串中承担的电压也较小，于是其他正常绝缘子在绝缘子串上的承受电压必然明显大于正常情况时承受电压，而因回路阻抗变小、绝缘子电晕现象的加剧，电晕脉冲电流必将变大，根据线路上存在劣质绝缘子时电晕脉冲个数的增加、幅值的增大的现象，利用宽频带电晕脉冲电流传感器套入杆塔接地引线，取出电晕脉冲电流信号，通过一定的信号处理手段，从而达到在低端检出不良绝缘子的目的。该法存在的主要问题在于传感器的选择、信号的提取及辨识、现场干扰的排除等。随着高低频传感器和滤波器的研究和发展，这个问题已基本解决。

（4）绝缘电阻法。绝缘电阻法通过测量绝缘子绝缘电阻来判断绝缘子的绝缘状况，绝缘电阻的测量是通过泄漏电流的测量来实现的。研究表明绝缘子污闪时泄漏电流与其表面污秽程度之间有密切的关系。污闪是否发生与泄漏电流密切相关，当泄漏电流越大，发生污闪时候的污闪电压就越低。泄漏电流是电压、气候大气压力、温度、湿度、污秽三要素综合作用的结果，是动态参数。绝缘子的泄漏电流与所加电压成正比。

8.4.5　电力电缆局部放电在线监测

在生产过程中或在施工时，绝缘介质可能会有气泡的残留或一些杂质的掺入，而气泡和杂质的击穿电压低于其平均电压，故这些区域会首先发生局部放电。当电缆内部局部放电时通常伴有多种现象：例如产生电磁波，产生电脉冲，产生超声波或者产生光和热等，而且会产生新的生成物或者造成气压和化学变化等。由以上的这些局部放电特征，现在常用的检测方法包括超高频检测法、高频电流检测法、超声波检测法等多种方法。

（1）超高频检测法。超高频检测法（UHF）：该方法的原理是电缆内部发生局部放电后会产生高频电磁波信号，这样通过 UHF 传感器可以检测到该信号，从而可以判断是否发生局部放电。UHF 法的优点是可以进行局部定位，并且 UHF 传感器可以移动，非常适用于在线检测；其缺点是易受广播电视信号干扰，并且 UHF 传感器现场引起的局部放电也具有很强的灵敏性，当检测超高频信号时需要移动其传感器来进行检测。

（2）高频电流法。高频电流法（HFTA）：该方法只需检测电缆本体和电缆接地线两个部分。电缆本体可以看成一个天线，根据以往的检测经验，应用 HFTA 法检测会受到大量干扰，需处理数据后分辨出电缆的局部放电脉冲；当发生电缆局部放电时，脉冲电流可以通过电缆接地线进入大地，故可以在电缆接地线上连接高频传感器，从而确定是否有局部放电现象发生。HFTA 法的优点是原理简单，安装方便，缺点是易受广播电视信号干扰。

（3）超声波检测法。超声波检测法（AE）：当电缆发生局部放电时，通常会产生声波，这样我们就可以利用超声波感应器来探出电缆中的局部放电现象。该方法的优点是不需要和高压电气直接相连，可以在不断电情况下对电缆进行检测；缺点是声波衰减比较大，需要提高其灵敏度和抗干扰性。

8.4.6 GIS 在线监测

以 SF_6 作为绝缘的全封闭组合电器（GIS）是由断路器、电流互感器、电压互感器、隔离开关、接地开关、母线及避雷器等设备依据变电站的电气主接线的要求组合在一起承担电能传递和切换任务的成套装置。GIS 的主要故障模式大致分为局部放电、载流导体局部过热、气体质量下降、机械故障等。

GIS 内部由于制造、安装、运行时可能出现各种缺陷，如导体表面毛刺、部件松动或金属接触不良、绝缘子表面附着污秽物或导电微粒、绝缘子内部有空穴 SF_6 气体质量变化、TV 和 TA 的绝缘劣化、接地开关和隔离开关的机械故障等。在 GIS 的运行中这些缺陷的存在都会导致不同程度的局部放电。长期的放电会使绝缘的缺陷逐渐扩大，造成整个绝缘的击穿。国内外多年来的 GIS 运行经验表明，GIS 内部局部放电的监测是发现故障的有效方法。

对局部放电的研究结果表明：GIS 中的局部放电具有非常快的上升前沿，局放脉冲激起电磁波和声波；局部放电使得 SF_6 气体电离，伴随着发光和化学生成物。因此，局部放电发生时伴随着电、声、光等物理效应和一些化学效应。这些现象都可以揭示局部放电的存在。局部放电的监测手段可以分为非电量方法和电量方法两个大类，分述如下：

（1）非电量方法。包括光学方法、化学方法和机械/声学方法。

1）光学方法：通过 GIS 上的观察窗用光电倍增管测量 GIS 内部放电点发出的光。现场应用表明：① 局部放电辐射的光子沿传播路径被 SF_6、绝缘子等吸收；② 存在监测死角。监测灵敏度不高。

2）化学方法：基于分析 GIS 局部放电引起的气体生成物。

现场应用表明：① GIS 中的吸附剂、干燥剂影响测量；② 断路器动作产生的电弧也会影响测量；③ 短脉冲放电产生的分解物很少，且生成物密度随着与放电点距离的增加减小得很快。该方法灵敏度不高，但对于很小气室内的气体的监测有效，也有时与特高频法结合进行局部放电定位。

3）机械/声学方法：导体外壳、绝缘子上的局部放电以及自由微粒引起的局部放电会引起外壳的震动，可采用加速度传感器或者超声波探头等来监测。超声波监测 GIS 局部放电的基本原理是：当发生局部放电时，分子间剧烈碰撞并在瞬间形成一种压力波产生超声脉冲，类型包括纵波、横波和表面波。不同的电气设备、环境条件和绝缘状况产生的声波频谱都不相同。GIS 中沿 SF_6 气体传播的只有纵波。这种超声纵波以某种速度以球面波的形式向内部空间传播。由于超声波的波长较短，它的方向性较强，能量集中，通过压电传感器可以很好地对放电信号进行定性、定量、定位的分析。由于信号衰减较快，该方法的监测范围受到限制，不适用于固定安装的永久性装置，因为这样的话需要安装较多的传感器。目前与特高频法结合进行局部放电定位，尤其是自由微粒的定位。

（2）电量方法。包括常规的测量方法（外被电极法、测量地线脉冲电流法以及绝缘子内预埋电极法）和特高频方法。

1）外被电极法：用贴在 GIS 外壳上的电容性电极来耦合和探测内部放电激起的电磁波在传播路径上引起的电压变化。传感器结构简单、易于实现，但灵敏度不高。

2）测量地线脉冲电流法：GIS 内部产生的局部放电脉冲在 GIS 内传播，在外壳接地线处会沿着接地线继续传播，因此可用高频电流互感器作为传感器来测量流过地线的脉冲电流。由于地线穿过线圈，传感器最好采用钳型的。该方法检测灵敏度较低，有的电力公司用它作为 GIS 普查/巡检的一种手段，有成功检测到案例的报道。

3）绝缘子内预埋电极法：利用制造时已经埋在绝缘子里的电极作为探头进行 GIS 内局部放电测量。方法抗干扰性好、灵敏度高，但需要在绝缘子制造时设计预埋电极，需考虑预埋电极对绝缘子性能的影响，增加了绝缘子制造的难度。

4）特高频法：SF_6 的绝缘强度很高，GIS 中局部放电能够辐射很高频率的电磁波，可达数 GHz（现比之下，空气中的电晕放电的辐射频率一般在 100MHz 以内）。多年的研究和应用证明在特高频段监测 GIS 的局部放电抗干扰性强、灵敏度高。经过近 20 年的研发，目前的监测系统不仅可以进行局部放电的监测，也可以进行局部放电定位。目前，特高频法已经是广为接受和认可的 GIS 局部放电监测方法。系统工作方式有在线的和离线的，将它与化学法和声学方法灵活地联合使用可以检测和定位一些设备（如 TV、TA、接地开关等）内部的局放。传感器有体外置式和内置式的两种：① GIS 外置式传感器，GIS 上的很多临时绝缘子置于连接法兰之间，法兰之间存在宽度约几个厘米的间隙。局放激起的特高频电磁信号经过法兰传播时将通过这一缝隙辐射到 GIS 体外。外置传感器通过测量这个位置的电磁场来监测 GIS 内部的局部放电。这种方式的监测方式的一大优点是传感器独立于 GIS，监测时无需拆卸 GIS 的任何部件，整个测量系统可以移动且传感器很轻，便于携带，使用很方便。当然，体外传感有空间电磁干扰的问题；② GIS 内置式传感器：内置式传感方法是把天线固定安装在 GIS 体内特定的位置。这些位置都是在 GIS 的设计和制造阶段确定好的，因此该方法不使用已经运行的 GIS。这种传感方式的传感效率高，也有利于抗外部干扰。然而由于特高频信号衰减较快，为了覆盖整个 GIS 各处可能出现的局部放电，需要每隔一段距离（5～10m）安装一个传感器，因此需要较多的传感器。

断路器（GIS）SF_6 气体压力及水分监测报警值（见表 8-8）。

表 8-8　　　　　　　　断路器（GIS）SF_6 气体压力及水分监测报警值

序号	报警参数	安装部位	运行状态	正常范围	预警值	报警值
1	SF_6 气体压力	—	—	—	无	密度继电器报警值
2	水分	断路器间隔 隔刀间隔		有电弧<300（ppm）	240Pppm	300ppm
		母线、TV、避雷器、出线套管		无电弧<500（ppm）	400ppm	500ppm

8.4.7 架空输电线路在线监测

（1）输电线路监测概述。输电线路的在线监测包括多个方面，主要有：图像或视频监测、微气象监测、覆冰监测、微风振动监测、杆塔倾斜及沉降监测、导线温度检测、绝缘子盐密度监测等。

1）图像或视频监测是一种综合性的在线监测方式，它可以将输电线路及周围情况通过图片或视频的方式实时传给指挥中心，通过这些信息可以直观地发现输电线路的风偏、舞动、覆冰，绝缘子的污秽覆盖，周围的树木、建筑施工和鸟窝等异物的情况，这样可以有针对性地对某些监测点进行重点监控，大大减小人工巡视的劳动强度，且具有很高的效率。

2）导线温度监测系统可以根据周围的实时环境信息计算出当时的导线载流极限，从而极大地提高导线的输送能力，缓解输送能力与用电量之间的矛盾。

3）微气象监测可以比较准确地反映输电线路走廊周围的复杂气象条件，弥补了气象台仅能对某地区进行气象监测的不足，充分利用这些信息将会给导线振动、弧垂、风偏和覆冰等情况提供诊断依据。

4）覆冰监测的技术原理可分为两类：一种通过绝缘子串上的拉力传感器分析导线覆冰后的受力情况，并可以兼顾风速风向等重要信息，及时预报覆冰情况；另一种是对导线的弧垂、倾斜角等信息进行采集分析，并参考环境参数进行综合计算，进而精确计算出覆冰的厚度及重量等信息，提前做出除冰警报。

5）微风振动监测利用振动监测仪器将导线的振幅、频率以及周围的风速、风向等信息记录下来，对这些数据进行分析，不但可以为预防振动提供依据，还可以为导线的疲劳寿命提供参考。造成风偏放电的原因有很多，包括强风、暴雨、冰雹、温度、湿度等自然条件因素以及设计规程的标准等人为因素，通过对风偏与风速、风向、温度、湿度等因素之间的关系进行统计学研究，并进行一定的经验积累，就可以实现预警风偏放电。

6）杆塔倾斜及沉降监测主要对采煤矿区、土质疏松地区以及地表环境恶劣地区的杆塔进行检测，可以通过全球移动通信系统（GSM）或其他仪器对杆塔的倾斜、沉降、位移等进行实时测量来实现，有效避免了杆塔大幅度倾斜和倒塌造成的供电中断等严重事故的发生。

7）绝缘子盐密度监测将光传感器置于和绝缘子相同的环境中，当表面布满污秽时，光在传播过程中会产生散射等损耗，对光信号进行分析就能得到绝缘子污染的情况，从而避免了绝缘子污闪、跳闸和电流泄漏等现象。

（2）输电线路在线监测报警规则。

1）导线覆冰报警值（见表8-9）。

表8-9　　　　　　　　　　　导 线 覆 冰 报 警 值

序号	报警参数	正常值	预警值	报警值
1	等值覆冰厚度（mm）	$0 \sim 0.2D$	$0.2D$	$1.0D$
2	综合悬挂载荷（kN）	$0 \sim 0.4T$	$0.4T$	$0.5T$

续表

序号	报警参数	正常值	预警值	报警值
3	不均衡张力差（kN）	<单相导线的最大 使用张力×15%	>单相导线的最大 使用张力×20%	>单相导线的最大 使用张力×25%
参数说明	报警参数：等值覆冰厚度； D：设计冰厚（mm）； T：绝缘子串的额定机械破坏负荷（kN）			

2）导线温度报警值（见表 8－10）。

表 8－10　　　　　　　导 线 温 度 报 警 值

序号	导线类型	正常范围	预警值	报警值/允许温度
1	钢芯铝绞线 ACSR	<60（68）℃	60（68）℃	>70（80）℃
2	钢芯铝合金线 ACSR	<60（77）℃	60（77）℃	>70（90）℃
3	钢芯耐热铝合金绞线 TACSR	<128℃	128℃	>150℃
4	钢芯高强度耐热铝合金绞线 KTACSR	<128℃	128℃	>150℃
5	钢芯超耐热铝合金绞线 UTACSR	<170℃	170℃	>200℃
6	殷钢钢芯超耐热铝合金绞线 ZTACIR	<179℃	179℃	>210℃
7	殷钢钢芯特耐热铝合金绞线 XTACIR	<200℃	200℃	>230℃
参数说明	报警参数：导线温度； 单位：℃（摄氏度）			

注　1. 钢芯铝绞线和钢芯铝合金绞线的允许温度原标准为 70℃，现标准分别为 80℃和 90℃。

2. 对已建线路，按照原标准考虑。

3）微风震动报警值（见表 8－11）。

表 8－11　　　　　　　微 风 震 动 报 警 值

序号	导线类型	正常范围	预警值	报警值
1	钢芯铝绞线、铝包钢芯铝绞线	0～±75	±75	±100
2	铝包钢绞线（导线）	0～±75	±75	±100
3	铝包钢绞线（地线）	0～±100	±100	±150
4	钢芯铝合金绞线	0～±100	±100	±120
5	铝合金绞线	0～±100	±100	±120
6	镀锌钢绞线	0～±150	±150	±200
7	OPGW（全铝合金线）	0～±100	±100	±120
8	OPGW（铝合金和铝包钢混绞）	0～±100	±100	±120
9	OPGW（全铝包钢线）	0～±100	±100	±150
参数说明	报警参数：动弯应变； 单位：$\mu\varepsilon$			

4）普通挡距微风振动报警参数与报警值汇总表（见表 8-12）。

表 8-12　　　　　　　普通挡距微风振动报警参数与报警值汇总表

序号	导线类型	正常范围	预警值	报警值
1	钢芯铝绞线、铝包钢芯铝绞线	0～±100	±100	±150
2	铝包钢绞线（导线）	0～±100	±100	±150
3	铝包钢绞线（地线）	0～±150	±150	±200
4	钢芯铝合金绞线	0～±120	±120	±150
5	铝合金绞线	0～±120	±120	±150
6	镀锌钢绞线	0～±200	±200	±300
7	OPGW（全铝合金线）	0～±120	±120	±150
8	OPGW（铝合金和铝包钢混绞）	0～±120	±120	±150
9	OPGW（全铝包钢线）	0～±150	±150	±200
参数说明	报警参数：动弯应变； 单位：μɛ			

5）盐密报警值（见表 8-13）。

表 8-13　　　　　　　　　盐　密　报　警　值

序号	名称	正常范围	预警值	报警值
1	盐密	依据设计设定	90%设计值	100%设计值
2	灰密	依据设计设定	90%设计值	100%设计值
参数说明	具体数值由用户依据 Q/GDW 152—2006《电力系统污区分级与外绝缘选择标准》及最新污区分布图、设计值、绝缘子形式、参数不同分别设定			

6）杆塔横担歪斜报警值（见表 8-14）。

表 8-14　　　　　　　　　杆塔横担歪斜报警值

序号	杆塔类型/电压等级	正常范围	预警值	报警值
1	钢筋混凝土电杆	<横担长度×0.8‰	横担高度×0.8‰	>横担高度×1‰
2	角钢塔	<横担高度×0.8‰	横担高度×0.8‰	>横担高度×1‰
3	钢管塔	<横担高度×0.8‰	横担高度×0.8‰	>横担高度×1‰
参数说明	1. 报警参数：倾斜度； 2. 单位：mm/m，即 1/1000，或‰； 3. 综合倾斜度，表示为 TG（Tower Gradient）； 4. 杆塔横担歪斜度，表示为 CAG（Cross Arm Gradient）			

注　1. 报警值参照架空线路评价导则；

2. 预警值定为报警值的 80%。

8.5　输变电设备故障诊断方法简介

故障诊断技术已有 30 多年的发展历史，但作为一门综合性的新学科，输变电设备故障诊断方法是近年才发展起来的，其涉及现代控制理论、信号处理与模式识别、计算机科学、人工智能、电子技术和统计数学等学科。目前输变电设备故障诊断方法有很多种，初步实现了设备故障的诊断和预警。本节着重介绍几种常用的故障诊断算法。

8.5.1　基于专家系统的故障诊断方法

专家系统是人工智能中最成功和最有效的分支，它模拟人类专家的思维决策过程，运用系统存储的大量领域知识和经验，对用户提出的问题进行推理和判断，能解决只有人类专家才能解决的问题。专家系统用于变压器故障诊断由两个独立的系统组成：即监测系统和专家系统，监测系统的输出数据就是专家系统的输入数据。在电力工业中，长期以来，由于已有大量数学模型和数值算法，专家系统的应用因而被忽视。在电力设备故障诊断中，利用专家系统的优点，能够准确地模拟人脑的真实思维过程，实现专家系统在故障诊断领域内的作用与目的。

专家系统应用在电力变压器故障诊断中取得了一些成绩，但是在实际应用中也存在一些问题：

（1）知识获取的"瓶颈"问题，知识的获取需要依靠人工移植，即由知识工程师将领域专家的知识移植到计算机中，所以获取完备的知识库是形成故障诊断专家系统的瓶颈。

（2）系统维护比较困难，专家系统的知识库要经常根据实际情况进行相应的修改，所以专家系统的维护工作量较大。

（3）专家系统推理方法的问题，简单实用的推理方法容易出现匹配冲突，容错能力较差，一旦发生知识库没有涵盖的新故障情况，专家系统将发生诊断错误或得不到结果。

8.5.2　基于人工神经网络的故障诊断方法

自从 20 世纪 80 年代初兴起第二次神经网络热潮以来，神经网络以其特有的联想记忆和并行处理能力已经渗透到各个专业领域，神经网络具有高度神经计算能力和极强的自适应性、鲁棒性和容错性。用神经网络处理问题只需要进行简单的非线性函数的多次复合，无需建立任何物理模型和人工干预，具有自组织、自学习能力，能映射高度非线性的输入输出关系。人工神经网络（Artificial Neural Network，ANN）在故障诊断中得到高度重视和广泛研究，它在处理不确定性问题时具有独特的优势。应用人工神经网络诊断变压器故障，仍然存在一些期待解决的问题，大量研究结果表明：① 如何确定合适的神经网络结构问题。采用适当的神经网络结构进行故障诊断时，神经网络可以较好地处理不确定的、矛盾的，甚至错误的信息，较好地抑制了噪声干扰的影响，使诊断系统具有良好的鲁棒性。② BP 网络存在收敛缓慢，易于陷入局部极小点的问题。在实际应用中，为了保证网络的适应能力，就需要庞大的训练样本集，但如果样本数据差异过大，网络收敛就更为困难。③ 神经网络在学习完成之后一般都具有较好的内插结果，但外推时则可能产生较大误差，特别是当系统非线性较强或具有病态特性时误差更为严重。

8.5.3 基于模糊理论的故障诊断方法

从美国科学家 Zadeh 在 1965 年提出模糊理论（Fuzzy Theory）以来，模糊理论的应用研究取得了重大进展，它能够解决精确理论所不能解决的非确定性语义及模糊概念的问题。在模糊系统中，模糊化、模糊推理、模糊判决是构成模糊系统的最基本的模块。正是由于变压器故障诊断中的故障现象、故障原因和故障机理的不确定和模糊性，才使模糊理论来描述和解决变压器故障诊断问题较传统方法更优越、更实用。

虽然研究人员已经将模糊理论成功应用在变压器故障诊断中，但应用模糊理论进行变压器故障诊断时还是应注意以下问题：① 虽然模糊理论用于故障诊断概念清晰、推理简单、计算方便，但是对复杂的诊断系统，要建立正确的模糊规则和隶属函数是非常困难的，而且需要花费很长的时间。② 模糊诊断的准确性问题，由于变压器内部故障机理的认识局限和模糊系统中主观因素的影响，使诊断结果往往带有片面性，还必须在实践中完善。③ 对于一般难以找出规则与规则间关系的更大规模系统，存在模糊规则和隶属函数集合"组合爆炸"的问题。另外，由于系统的复杂性、耦合性，由特征空间到故障空间的映射关系往往存在较强的非线性，利用规范隶属函数代替不规则隶属函数，可能使得非线性系统故障诊断结果不理想。

8.5.4 基于 Petri 网络的诊断算法

Petri 网络是在构造有向图的组合模型的基础上，形成可以用矩形运算所描述的严格定义的数学对象。Petri 网络是离散事件动态系统建模和分析的理想工具。电力系统故障发生隶属于一个离散事件的动态系统，由系统中各电压的变化、各类保护的动作反映故障，并把切除故障的过程看作一系列事件活动的组成，而事件序列与相应实体联系在一起。动态事件主要包括实体活动和信息流活动。鉴于电力系统故障动态过程描述的可行性，可用 Petri 网络构造电力系统诊断模型。

基于 Petri 网络的诊断方法的主要特点是它可以对同时发生、次序发生或循环发生的故障演化过程进行定性和定量的分析，比较适合于变电站的故障诊断。该方法存在的不足之处主要有：① 对大规模电网基于 Petri 网络模型建模式，因设备增加和网络扩大会出现状态的组合爆炸；② Petri 网络方法的容错能力较差，不易识别错误的报警信息；③ 基本的 Petri 网络不能描述时间特征要求高的行为特征，因此在复杂系统建模时，需要采用高级的 Petri 网络。

8.5.5 基于多代理系统的诊断算法

多代理系统（MAS）被看作是分布式人工智能的试验平台，当一个问题在多个物理上或逻辑上形成分解的问题求解实体时，每个子问题求解实体（Agent）仅仅拥有问题求解所需的有限数据、信息和资源，不同的子问题求解问题之间必须相互交互才能最终求解问题。MAS 中 Agent 的自治性以及 Agent 之间的合作和协同等特征为电力系统故障诊断提供了一种自然的建模方式。

MAS 研究的重点在于如何协调在逻辑上或物理上分离的具有不同目标的多个 Agent 的行为，使其联合采取行动或求解问题，协调各自的知识、希望、意图、规划和行动，以对其信息和资源进行合理安排，最大限度地实现各自的目标和总体目标，以对更复杂、更大规范的问题的解决起到重要作用。MAS 是解决输变电设备故障诊断问题很有前途的发展方向。但 MAS 中各 Agent 的知识和行为、协调与协作是有待深入解决的核心问题。

8.5.6　基于遗传算法的诊断算法

遗传算法是一种新发展起来的优化算法，由美国学者 Holland 于 1975 年首次提出。从 1985 年起，国际上开始举行遗传算法的国际会议，以后则更名为进化计算国际会议。遗传算法已经成为人们用来解决高度复杂问题的一个新思路和新方法。它依据适者生存和优胜劣汰的进化规则，对保护可能解的群体进行基于遗传学的操作，不断产生新的群体并使群体不断进化，同时以全局并行搜索优化群体中的最优个体以求得满足要求的最优解，近年来，它在优化组合问题求解、机器学习、模式识别、图像处理等领域已展现了它的应用前景和潜力。遗传算法以其较大概率求得全局最优解、计算时间较少、具有较强鲁棒性等特点在电力系统中也得到了应用。

8.5.7　基于分形理论的诊断算法

分形理论是美籍法国数学家 B.B. Mandelbrot 于 20 世纪 70 年代创建的。分形理论作为一个全新的科学领域，从它诞生之日起，就有了长足的发展，很有可能成为诊断领域中的一个新的有效工具。设备故障诊断是通过测量反映设备运行状态的特征信号，并根据从特征信号中提取的征兆和气体信息来识别设备的运行状态。然而，在实际现场量测的这些特征信号或参量是随时间变化的不十分规则的函数，其变化趋势也没有一个确定的函数关系，有些甚至是随机变化的信号。这些特征信号在一定的尺度范围内部具有分形特性，可以通过计算分维数来进行诊断。根据分形理论，具有自相似性的系统可由局部信息量表示整体特性，因此，当监测参量有限时，可以采用分形理论来解决。

参 考 文 献

［1］ 朱斌. 电网设备监控实用技术. 北京：中国电力出版社，2015.

［2］ 国家电网公司. Q/GDW 11398—2015 变电站设备监控信息规范.

［3］ 国家电网公司. Q/GDW 11288—2014 变电站集中监控验收技术导则.

［4］ 国家电力调度控制中心编. 电网调控运行人员使用手册. 北京：中国电力出版社，2013.

［5］ 国家电力调度控制中心编. 国家电网公司继电保护培训教材. 北京：中国电力出版社，2009.